“十三五”国家重点图书出版物出版规划

经典建筑理论书系

建筑评论
——现代建筑与历史嬗变

Essays in Architectural Criticism: Modern Architecture and Historical Change

[英] 艾伦·科洪　编著

刘　托　译

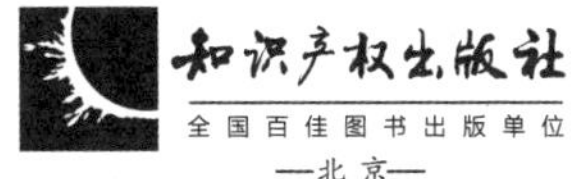

图书在版编目（CIP）数据

建筑评论：现代建筑与历史嬗变 /（英）艾伦·科洪编著；刘托译 .—北京：知识产权出版社，2021.10

（经典建筑理论书系）

书名原文：Essays in Architectural Criticism：Modern Architecture and Historical Change

ISBN 978-7-5130-7282-3

Ⅰ.①建… Ⅱ.①艾… ②刘… Ⅲ.①建筑艺术—艺术评论—世界 Ⅳ.① TU-861

中国版本图书馆 CIP 数据核字（2020）第 213673 号

责任编辑：李　潇　刘　翯　　**责任校对：**谷　洋

封面设计：红石榴文化·王英磊　　**责任印制：**刘译文

经典建筑理论书系

建筑评论——现代建筑与历史嬗变

Essays in Architectural Criticism: Modern Architecture and Historical Change

[英] 艾伦·科洪　编著

刘　托　译

出版发行：	知识产权出版社有限责任公司	网　　址：	http://www.ipph.cn
社　　址：	北京市海淀区气象路 50 号院	邮　　编：	100081
责编电话：	010-82000860 转 8119	责编邮箱：	liuhe@cnipr.com
发行电话：	010-82000860 转 8101	发行传真：	010-82000893/82005070
印　　刷：	三河市国英印务有限公司	经　　销：	各大网上书店、新华书店及相关销售网点
开　　本：	880mm×1230mm　1/32	印　　张：	12.625
版　　次：	2021 年 10 月第 1 版	印　　次：	2021 年 10 月第 1 次印刷
字　　数：	250 千字	定　　价：	79.00 元

ISBN 978-7-5130-7282-3

京权图字：01-2021-5494

译者的话

在信息快速流通、文化频繁交流的今天，出于对自身生存环境的关注以及对生活环境改善的预期，我们萌生了迫切了解和比对外面世界的冲动，也由此带来了对扑面而来的现代西方理论思潮进行模仿与赶超的躁动，很多人对当代著名建筑师及其代表作品已是如数家珍，对国际上流行的建筑艺术理论也耳熟能详。相比之下，对于国外的建筑评论及其对建筑创作的影响和意义，关注者就不是很多了。无论是国内的建筑界，还是一般的知识分子阶层和社会大众，对建筑批评在总体上还是保持着一种漠然的态度，建筑艺术远未如文学、美术、音乐、戏剧、舞蹈、影视等其他姐妹艺术那样，形成健康的批评氛围和气候，这其中的原因有很多。1987 年我曾参加在浙江东阳举办的国内第一次建筑评论会，记得当时与会者都期望着中国的建筑批评与评论能健康发展，能跻身艺术批评的殿堂，能有有益于时代的建筑艺术创作。十余年过去了，情况未如人愿，可见此项工作任重道远。

约制和影响城市规划、建筑创作的因素有很多，有政府的意志，有业主的品味与好恶，有建筑师的创作态度与功力，有城市大众潜在的审美需求，等等；在这些因素之外，我感觉还有特别重要的一项，那就是建筑批评。这种批评既是独立于其他各种社会因素之外的，又是涵盖和溶释了各种社会力量的一种看得见、捕捉得到的现实力量。这种批评遵循艺术批评本身的标尺和规则，不屈服于权贵，不觊觎规则之外种种利益的诱惑，它应该代表社会的良知，肩负时代所赋予的历史责任，成为建筑艺术之舟的航标。

我一直都以为艺术实践与理论之间是一种互补的关

系，批评则是二者之间的纽带和润滑剂，因而任何一种艺术的健康发展都离不开艺术批评。中国当下的建筑创作尤其需要批评。因为这是一片长满荆棘、亟待开垦和耕耘的撂荒地。创作的艰辛需要鼓励和呵护，社会的成见与偏见有待转变和改善，人们的审美品味需要关照和提升，这些想法可以说是翻译出版本书的初衷，也是本书以及建筑评论本身的社会意义所在。

本书的作者艾伦·科洪是一名建筑师，更是一位出色的建筑批评家，其丰富的实践经验和厚实的理论功底使他的批评具有一种穿透力。作者的视野非常广阔，既有对现代建筑运动中历史建筑和历史人物的批判，也有对当代建筑创作中所呈现的文化和艺术现象的深刻分析，内容涉及现代建筑运动以来影响建筑艺术进程的重要建筑实践和风云人物，剖析了现代建筑运动的一些重要理论和思潮，同时也紧扣当代城市与建筑设计中的许多焦点问题，从他的建筑批评中可以触摸到现代建筑发展跳动的脉搏。书中触及的领域也非常广泛，既有城市问题，也有环境问题；既有艺术问题，也有技术问题；涉及社会政治、美学、历史、语言学等诸多方面，展现了现代建筑评论的广阔疆域，无论对业内人士，抑或关注建筑艺术的普通民众而言都有裨益。借本书的出版，祝愿中国建筑批评崛起，成为推动城市与建筑艺术健康发展的一种力量。

艾伦·科洪的评论文章理论深厚、引证广博，以译者的功力自然难以尽展其风采，退而求得能正确传达原文信息，并尽可能使读者领略其文章的品貌，便是译者的期望了。

刘托

2004年3月7日于北京

谢 忱

书中评论的写作年代跨越了 18 年之久（1962 ~ 1979 年），其中大部分是在一些特殊场合的触动下完成的，因而它们反映了一些特定时期大家感兴趣的课题，可以被当作一个特别时期的晴雨表，在这一时期，主导建筑的理念飞速地变化着。尽管如此，不同文章中所表现出来的一些共同的主题，赋予了这一文集以思想上的统一。

我决定按照题目而非年表来安排这些随笔。这不可避免地会使观念的变化和思想的发展看上去模糊不清，但它也有实际的好处，即它能使读者按照一种概念分类来进行选择，尽管这种分类缺少坚实的方法论基础。

书中提出的一些思想并非个人所有，而我对许多人的感激是难以列举的，这将在文章中明显地表现出来。然而，我还是要对一些建筑师和思想家进行特别的感谢。首先我要感谢约翰·米勒（John Miller），正是通过与他一起就作品方案的来龙去脉进行讨论，许多在我的随笔中涉及的问题开始变得清晰起来；接下来我要感谢罗伯特·马克斯韦尔（Robert Maxwell）、科林·罗（Colin Rowe）和托马斯·史蒂文斯（Thomas Stevens），与他们的友谊和交流多年来为我们提供了一种不间断的鼓舞和榜样的力量，尽管我的观点与他们的并非总是一致。此外，还要感谢托马·洛朗（Tomas Llorens），他对我近期的几篇评论所做的原文校勘做出了重要贡献。

目　录

CONTENTS

序

肯尼斯·弗兰普顿

艾伦·科洪（Alan Colquhoun）接受过正规的建筑师教育，并在这一领域有着丰富的实践经验，他对雷纳·班纳姆（Reyner Banham）所著《第一代机器的理论和设计》（*Theory and Design in the First Machine Age*）的评论，使他作为一位建筑批评家而声名鹊起。该文发表于1960年，其重要性表现在以下两方面：首先，由于班纳姆与福利制国家文化中的新人文主义彻底破裂，在英国，人文主义在很大程度上已支配了战后的建筑走向；其次，科洪所做的抨击引发了后来一些以科林·罗为代表的批评家去探讨尚未独立的现代建筑文化，无论是在理论上还是在建筑实践上，这些探讨都经受了比英国经验主义批评更加严格的检验。

如果说《第一代机器的理论和设计》提高了该领域历史研究的水准——实际上它已提高了这种水准——并对现代（建筑）运动的功能主义和将现代运动的成就归功于新黑格尔诠释派提出了挑战，那么我们这里所强调的则是方法上的客观性，正是靠这种方法上的客观性，班纳姆的实证主义偏见被科洪展露无遗。正如科洪在结束他的评论时所说："奇怪的是，在承认该时期某些建筑物的确是杰作后，班纳姆又想拒绝它们的神秘性，而没有这些神秘性那些作品就不可能存在。”你会为他判断一个杰作的标准而惊诧，同时也会为他在证明一件建筑杰作的同时又能够证明它是一个失败之作的诡辩而惊愕。除了这个特有的反讽实例之外，科洪的著述始终贯穿着平和的推理且文笔优雅，正是这种文风赋予了他的评论一种不寻常的穿透力。

虽然全书被划分为四个相对独立的部分，科洪的文章看起来仍像被分解为三个清晰的时间段，这不仅反映了他本人鉴赏力的发展，同时也反映了在同时代的建筑评论中方法和焦点的变化。除却1967年对后来产生了巨大影响的《类型学与设计方法》（*Typology and Design Method*，第一篇用英语发表的以类型学为主题的评论）外，科洪发表于20世纪60年代和70年代早期的那些文章几乎完全是针对勒·柯布西耶（Le Corbusier）的学术评论。然而在20世纪70年代后期，以他迄今尚未出版的有关超大街区的评论来看，他有意将自己的注意力转向当代实践的紧要问题。这一点明显地表现在他对阿尔瓦·阿尔托（Alvar Aalto）晚期职业生涯的简短而精辟的评价上，以及以《规则、现实主义与历史》为题的评论性的概述中。在他批评家生涯的第三阶段，这一阶段按年代顺序与第二阶段有所重叠，科洪有意致力于符号学问题的研究，并更全面地投身到类型学和诸如符号、类型等涉及建筑形式的发生和诠释这些概念之间的冲突上。科洪建立了贯穿所有这些阶段的一条通道，并持坚定而宽容的立场，以此应对形成于现代运动晚期的各种形式的简约主义艺术，包括从班纳姆的关于巴克敏斯特·富勒（Buckminster Fuller）的科学评价到位于德国乌尔姆（Ulm）的造型设计学院（Hochschule für Gestaltung）的方法崇拜，也包括从克里斯托弗·亚历山大（Christopher Alexander）的作品中潜在的控制论行为主义到罗伯特·文丘里（Robert Venturi）以怀疑和讽刺的口吻提出的“装饰的库房”方案。

如同班纳姆受英国正统经验主义的影响和科林·罗受波普学派（Popperian）怀疑主义的影响，科洪使用了某一特殊范畴的区分方式，这种方式一部分依赖于法国语言结构主义 [列维—施特劳斯（Lévi-Strauss）和巴特（Barthes）]，另一部分依赖于德国唯心主义哲学。作为一名结构主义者，科洪坚持要区别文化和历史中共时的和历时的概念；作为后黑格尔派他对区别自然与文化费尽心机，借此防止“自然主义”思想的侵袭，他的结论是人造的世界永远而且到处都是人工化的。

科洪展示了他推演假设的能力，这种假设强调公共程序的合理化，无论是在人为操纵的政策方面还是建筑的形式方面（或两者兼而有之），这种能力也许在他有关巴黎蓬皮杜中心（Centre Pompidou）的评论中体现得最为明显。他对雷蒙德·威廉斯（Raymond Williams）公开了自己的看法，即追求对文化的完全不同的解释，这种解释符合不同民族在不同历史时期对“文化”一词的见解。诚如科洪所言，尽管英国人总是给文化附加的嘲讽和狡辩，但法国人近来已经改变了这个术语的含义，从将其作为唯一的国家范畴改作为“斯堪的纳维亚和盎格鲁 - 撒克逊的制度”。这种矛盾的心态同时明确地表现在蓬皮杜中心的形式和过程中，科洪写道：“从戴高乐主义的立场来看，有一种新的情况，即通常存在于保守派中的对‘有机’社会传统价值的尊重，已经被对‘现代的’和先锋派的狂热所取代。这种狂热混合着在它们的取向中所固有的矛盾，因为先锋派本身也受困于类似的矛盾。一方面，它希望以自由创作（纯粹自由主义的艺术）的名义摈弃学院（精英）文化；另一方面，它又提出了一种严格的功能主义和一种纯粹的形式主义，这种形式主义对‘一般人’来说是不能接受的，因为它拒绝了所有惯例和它所附着的感觉习惯（自由国家的商业主义则越来越紧密地将自己附着于这种习惯上）。”

1976 年科洪以一篇关于蓬皮杜中心的评论对当代建筑实践进行了批判，获得了广泛的赞许，他借此向社会表明自己密切关注现实的迫切问题，大约在两年以前他就关注建筑空间创作，当时他写了一篇有关赫曼 • 赫兹伯格（Herman Hertzberger）的比希尔中心（Centraal Beheer）的文章，当时这座比希尔中心刚刚在荷兰的阿珀尔多伦（Apeldoorn）落成，文章的笔调宽容但仍富批评色彩。这篇文章证明了科洪作为一位批评家的能力，我们可以在他富有见地的评论中发现一种特别具有启发意义的东西。对他来说，问题是建筑师和业主各自所采取的立场和态度，不可避免地要在自然与文化之间加以区别和抉择。与此相关，最近有人提出了一个假设——

这个假设很实用因而很诱人——即文化能借助自然的社会力量以某种方式进行伪装，这种力量超越了自身的能量。有两种“自然的”主张，第一个是主张科学技术，并将其当作决定现代世界（蓬皮杜中心）问题的药方；第二个是将建筑假定为一个开放式的基础结构，这种基础结构通过使用者（比希尔中心）对空间自觉的占用使其获得潜在的意义。事实上，这些自觉的原则都明显存在于上述两种建筑物中，然而科洪能够通过自己的立场对评论每个实例时所采取的不同态度加以澄清——特别是以这种观点来看，每个实例都与完全不同的“自然性”和“社会性”的关联直接对应，每种态度都将产生明显不同的结果。

因此，蓬皮杜中心的技术含量占据着由于建筑秩序的缺乏而留下的空间，该中心那种罕见的开敞式无边界的空间，无法产生富有意味的人类艺术创造，而这种意味可能恰恰被人们视为对缺乏文化形式的弥补。科洪为此写道：“就比奥博格（Beaubourg）而言，这种适应性原则似乎已导向一种过于简化的解决方案，这种方案并不关注建筑物的规模。随后的空间及尺度呈现出一种完全不同于原先想象的规模……原来的方案在构思上倾向于更小的尺度概念。作为建筑师和使用者之间的中介，‘空间分配者’质疑‘灵活的空间’在现实中是否比一个传统形式的空间更灵活，这成为一个待决的问题。很明显，有种观点认为出现了一种新的专治，按这种观点建筑空间的‘家具’都必须经过‘设计’……否则空间会丧失所有的视觉协调。我们因此而身处一个显然矛盾的境地，即我们希望建筑更‘民主’，并对所有反应更‘敏感’，而结果却使我们对建筑施加了一种更大的不变性，造成一种官方的整体艺术创作，这比艺术家的整体艺术创作令人更不愉快，阿道夫·卢斯（Adolf Loos）对这种风格持一种强烈的反对态度。”

一方面是空间的不确定性，另一方面是技术上的确定性，建筑师将这两方面之间的平衡分解为不同的目标，涉及了完全不同的价值体系，科洪对比希尔中心的观察证实了这种平衡：“穿行于这个建筑物互相连接的空间，欣赏由空间串接所形成的纵向对角线景色，感受相对平静和相对运动的区域或寻找充满日光的空间，你可以相信这栋大楼的确‘让每个人感觉到如同回到自己家里一样’。这种感觉似乎通过增加整体社区感而加强，同时暗示了个人和群体都可以识别的半私密性的岛屿概念……这个建筑物的基本成就是，它将一个大家共享工作空间的法则在较大规模上推进到实际操作阶段。还有一点同样重要，即它提供了一种建筑整体观（与被细分为各自独立的办公室的建筑物相比）并在小尺度上提供了认同感[相较于大统舱式的办公室平面（Bürolandschaft）类型]，这也是一项原则。”

科洪对上述两件建筑作品进行了同样严厉的批判，指出两者实际上都没有反映城市的文脉和公众的关系，虽然它们被置于这种关系之中。他对其中一个将商业街区粗暴地插入都市结构体的做法进行了批评，这一批评虽然针对这一特例，但同样可以应用于另一作品，如比希尔中心，它所形成的城堡形金字塔体量从某种角度来说就更严重了。正如摩西·萨夫蒂（Moshe Safdie）在蒙特利尔设计的集合住宅（Habitat），人们在这里面对这样一个情景，即任何形式的都市立面或界线事实上不可能存在。

约翰·萨默森（John Summerson）在1957年英国皇家建筑学会的演讲《现代建筑理论案例》中提出的论点——大意是人们不能有两种统一的根源——遭到科洪的挑战，当时科洪这样写道："赫兹伯格构思了不少内部空间，它们源于一个单一重复的观念，但要说在建筑概念秩序里不该有超过一个以上的占支配地位的思想，这是没有道理的。"然而这并不说明赫兹伯格设计的比希尔中心对美学标准没有任何尊重和思考，何况这些标准排除了任何正面的描绘和有关再现的考虑。有趣的是，在这种审视中人们注意到赫兹伯格此后如何修改他的建筑语言，以便迎接创造一个具有代表性的公共形式的挑战，首先是在他1979年为乌得勒支（Utrecht）设计的音乐中心实现了这一目标。

在《规则、现实主义与历史》（1976年）与《历史主义与符号学的局限》（1972年）两篇论文中，某些内容显得有些武断，科洪开始探索自己运用的那些原则的发展演变，也就是后期写作中作为他批评立足点的进化的、有效的方法。在早期发表的这些随笔中，科洪努力区分语言学和美学之间的本质差别，力图证明语言学系统是开放的、传统的和“自然的”，而美学符号则是封闭的、“人为的”和象征性的。语言是共时性的，由组合的规则所构成，只是经过偶然事件而逐渐地转变；而美学的系统是历时的，由历史的和思想的力量所决定，这些力量集结在建筑领域之外。正如科洪所认为的那样，美学的规则是标准化的，因为“它们反映一个特定社会的态度、价值和意识形态”。

19世纪的折中派是自相矛盾的，其现象之一是在推崇社会民主的现代主义者如尼古劳斯·佩夫斯纳（Nikolaus Pevsner）将折中主义看作一个共时的不和谐音符而加以摈弃之前，现代式样之争被某些后黑格尔派的批评家如格特弗里德·桑佩尔（Gottfried Semper）视为变化过程中的一个辩证活动。历史式样被19世纪的折中主义视作一个共时的组合，在这个组合中部分隐喻似乎已不存在，但这种隐喻以几乎相同的方法被应用，就像文艺复兴为了自身的目的已经重新解释古代的建筑类型和元素。体现在这个组合中的历史元素是一个美学代码，它们完全就像是折中主义类型学的要素。正如科洪所暗示但从未正式声明的那样，这个折中主义最终难以被人们所信任，部分是因为缺少根基的都市体块没能将自己的理想植根于中产阶级之中，部分是因为历史式样没有能力表现新的科技现实。由于预测到这一窘境，具有启蒙作用的先锋派艺术采用了一系列的回避策略。首先，它试图提供一部使人普遍感动的形式辞典[伯克

（Burke）、部雷（Boullée）]；然后，它以一种执著的精神精心阐述符号 [勒杜（Ledoux）、勒克（Lequeu）] 的本质特性；最后，在 19 世纪末，它以自然为基础重建一种建筑的文明化。它表现出这样一种姿态，即在批判理想形式的同时，力图将自身基础建立在格式塔心理学的经验论证据上；也就是说，建立在利普斯（Lipps）和沃林格（Worringer）心理 - 生理学的美学理论基础上。

19 世纪末的先锋派想尽办法试图将他们的美学基础建立在两个明显是自然本能的基础上。首先，假设潜埋在人们当中的天生具有的表达力充分释放，也就是说，“社会主义”工艺美学觉醒 [范·德·威尔德（Van de Velde）的没有字母的文学表现]；然后，蕴藏在该时代新的技术潜能中，被先锋派感觉为一种道德上的力量 [维奥莱·勒 - 杜克（Viollet-le-Duc）、霍塔（Horta）]。这两种美学原则于第一次世界大战末开始枯竭，并在多元论和泰勒主义（Taylorized）的成果脚下败退了，看起来这直接导致了 20 世纪 20 年代现代主义的先锋派重新回到了新柏拉图形式（纯粹主义，风格派），然而人们仍在寻找容纳新纪元生产过程的美学规则。科洪对这种转变的策略做了下列论述：“现代建筑获取每天的生活断片和历史之中的断片。按这种观点，现代建筑本质上是构成主义的。它将意义系统打碎成为可以携带意义的最小单元，再将它们重新结合，尽管整个系统正是抽取这些单元的系统。”

因此，正如科洪所论证的，现代建筑有充分进化而来的内涵来支持自己，首先是作为一种普遍的文化，然后是当作主导的美学，持续了几乎 50 年。然而，它总是缺乏民众支持，因为它作为再现的艺术能力有限。不同于查尔斯·莫理斯（Charles Morris）继查尔斯·皮尔斯（Charles Peirce）之后于 1939 年《科学、艺术与科技》一文中所做的明晰的区别，现代运动大体上拒绝对认知和评价本体的方法作出区分。按照科洪的观点，现代运动将两者混淆在一起，对实用的建筑物而言需要承担再现的角色，或“相反，负担再现的功能，同时也需负责解决实际的建筑问题”。

如在新理性主义运动中显示的那样，对古典类型学的最新回归明显有着重建标准美学法则的趋势。然而，正如科洪稍后所承认的，其危险在于这种回归可能导致对前工业化建筑的过分重视。新古典主义带来的风险，如业内精英（纸上建筑师）所声称的，将使建筑承担“空无”[罗西（Rossi）、克里尔（Krier）] 的风险。

在《历史主义与符号学的局限》一文中，科洪坚持主张符号学在本质上并非被视为一种衍生的方法，首先因为“没有任何逻辑系统能包含它自己的解释”[哥德尔（Gödel）]，其次因为结构上的语言学是“一种描述性的，也许是一种解释性的方法。它与潜在的语言的正式结构有关，与它的意义或价值系统无关”。科洪在最后坚持认为，建筑师像诗人一样，不能够逃避现代的需要去重建一个来自美学范畴的富有表现力的语言体系，这种语言是在过去社会已经存在的。对科洪而言，罗兰·

巴特（Roland Barthes）主张的有区别的重复（répétition differente）概念是一种必然的趋势，是一种未来文化组合（bricolée）的必然结果。但若真是如此，如何才可以将这种形式看作是规范的呢?

在一篇名为《形式与图像》的评论（1978年）中，科洪回答了这个问题，他认为，虽然图形可以看作源自文化自身的意义，但全部形式可以被说成是持有某些属性，这些属性归因于语言的“自然”意义。通过引进图形修辞学，科洪在早期评论中对语言学和美学之间的探讨所做的区别成为似是而非的混合物，因为传统的建筑图形，例如维特鲁威柱式或哥特式尖拱，完全是一种具有象征性的、具有文化积淀的和社会所确定的要素。这种“确定性”在18世纪退化，这时修辞学才有了它在语言学上的最初地位。而且，现代形式对图像的胜利，也就是说一般几何学的兴起和应用，作为建筑规则（纯粹主义）的基本标准，产生了一个开放式的和重新组合的“语言学”结构。正如科洪所提出的，“虽然这种图像的概念假定建筑是一种带有有限元素的语言，这种元素存在于历史特异性之中，这种形式的图像观念坚持认为建筑形式能被简化到一种与历史性无关的‘零度’；建筑作为一个历史现象不是由以前存在的东西所决定，而是由社会的和技术的实际情况所决定，而这种实际情况遵循生理学和心理学上的‘不变的规律’运行。”

由于承认消费主义的影响，现代建筑在过去30年发生退化。科洪发展出形式和图像概念，并建立起一个批评的门槛以评估 20 世纪后期流行的两个“改革派”的价值观，即查尔斯·摩尔（Charles Moore）和罗伯特·文丘里的新现实主义学派及由阿尔多·罗西（Aldo Rossi）推崇的新理性主义学派。前者开创了自由主义与经验主义文化传统，将其当作一种方法，用以设置建筑符号，好像它们是一般记号语言系统的断片，这种系统由于个人的趣味和环境的不同而呈开放型的变化；后者是受到马克思主义的“否定”思想的激发去寻找一种借喻的元语言，用这种元语言可以使建筑追溯到多立克柱式源头。如果创造者愤世嫉俗地一味追求美国式球形结构的技术开放性，伴随着运用遗失的特有的地方语的借喻片段，那么比较之下，后者则忠实于启蒙运动后期的理性主义，拒绝 20 世纪超级科技，支持那些公众建筑形态和类型，如山形墙、尖窗、庭院和骑楼，这些图像与类型曾经一度由工业时代前期的科技和文化的条件所决定。然而正如科洪所写的：“在建筑的修辞学年代，实用性的理性需要并不反对象征形式的需要；但今天它们倒时常出现对立。”

除对新理性主义可能排除实用性进行批评外，科洪也不能对美国新现实主义的作品忽视公众区域的做法予以宽恕。在《符号与实体》（1978 年）一文中，他就文丘里和劳赫（Rauch）设计的位于奥伯林（Oberlin）的艾伦纪念艺术博物馆（Allen Memorial Art Museum）评论道：“虽然这是一个‘文化’建筑物，蕴含着强大的建筑文脉，但他们却决定将它解释为一个‘装饰的库房’，以避免扩建的新馆去努力表现旧馆那些‘纯艺术’特质。

这告诉我们，‘装饰的库房’的想法并没有被局限为一种有限的商业类型建筑，而是适用于所有的场合，除去那些隐私的、个人化的场合——这种场合被认为用乡土符号来表示更为合适。”接着他又论述到，为了将公共建筑简化为廉价的符号，就像在节俭的车库上采用的那样，文丘里提出一个简单化的做法，完全像“他在《建筑的复杂性与矛盾性》（*Complexity and Contradiction*）一书中抨击现代建筑单纯化的做法一样”。

在评论《从凑合到神话，或如何将一堆东西重新结合在一起》中，科洪有意识地将迈克尔·格雷夫斯（Michael Graves）的作品放置在一个思想的真空地带，这个地带位于美国“新现实主义”所辖的机会主义经验论和当代欧洲新理性主义批评之间。通过对杰斐逊派（Jeffersonian）自然神教的有意识的回归取得立意，“作品弥漫着这种自然神信念，这种信仰认为建筑是一个永久的符号语言，起源于大自然……在他的论述中常用‘神圣的’和‘亵渎的’字眼，说明他把建筑视为一个世俗的宗教对象，这种宗教在某种意义上具有启示性。”

当然，问题是这个策略再一次混淆了自然和文化的范畴，即把文化变为一种极端脆弱的东西，因为当你面对现代经济时，文化形式不可避免地被减弱到一种元语言状态，这种元语言通过以假乱真而非拼凑的效应，完全成为虚幻。我已经注意到格雷夫斯近来为波特兰市政大厦（Portland Municipal Building，1980 年）所做的获奖设计证实了这样一种趋向，即建筑不是海市蜃楼。

面对“装饰的库房”形式的多层公共结构，人们不得不承认格雷夫斯最近的作品与他20世纪70年代中期设计的“废墟”房子那种“壮观的”拼凑形式摇摆于新和旧、人和自然、虚幻和真实之间，格雷夫斯对古典建筑（fabriques）的怀旧偏爱——使他早期作品中所受到的立体主义的影响逐渐丧失——在目前所设计的公共建筑中到达了顶点，这种公共建筑不仅使用装置模仿自然和浪漫，而且模拟根本不存在的建筑形式，如海市蜃楼。在追寻格雷夫斯的成就轨迹，对比古典和现代历史变迁时，科洪写道：“这种表现系统与‘古典的’秩序正好相反，依照这种秩序，短暂的事物被转变成持久的，依照这种秩序，耐久性同样也是一种价值，而物质性则是一个先验的符号。伴随着结构的工具主义化，神话已被改头换面，并且在现代运动中与工具本身共同发生作用。格雷夫斯的建筑选择了一条替换路线，神话成为纯粹的神话，建筑符号漂浮在格式塔的非物质性的世界中，以及记忆与联想的非历史主义世界中。”

对柯布西耶的解释很可能具有重要的启迪作用，首先是在那些能够展示柯布西耶式复合性记号语言的篇章中，这些记号语言在某一层次上继续显示着不同文化间的共鸣，而这种共鸣正是目前大量建筑中所缺少的。好像作为现代主义先驱的柯布西耶水平如此卓越，以至于他能够在任何一座建筑物中获得多样的意义。对柯布西耶两件建筑作品的研究，构成了科洪早期的最佳评论——《形式与功能的相互作用：对柯布西耶两件后期建筑作品的研究》——这篇文章大约在 17 年前最先发表于《建筑设计》(*Architectural Design*）杂志上。有关这两个个案设计，即位于巴西利亚的法国大使馆（French Embassy，1964 ～ 1965 年）和威尼斯医院（Venice Hospital，1964 ～ 1965 年)，其惊人之处是它们都追求一个一直潜伏在科洪的许多批判之中的主题，这个主题一直未被公开探讨过。这种主题是批判的需要，也是实践中精确区分作为公共表现的建筑和作为活动的居住建筑物的需要，同时承认这两个文化类型从不完全分离，即便在其中一方可能占支配地位的情况下，也会在一定程度上存在互补的情况。帕拉第奥（Palladio）的巴巴罗别墅（Villa Barbaro）可以很容易地证明这个原理，不过它在柯布西耶的这两个设计中获得了相同的位置，正如科洪所指出的——“一方面，法国大使馆直接运用简洁体量的概念，有意‘释放持续的感觉’，并取得‘表面’的有关观念，这种观念构成柯布西耶古典主义倾向的基础。另一方面，威尼斯医院像是衍生于一种相反的倾向，这种倾向以他对空间成长模式的调查为基础，同时也源于他对不规则的风土建筑的自然形式的兴趣，以及将功能有机体直接地转换为适当的形式。”

然而如果我们更进一步地观察的话，就能看到这些意见的两极同时存在于个案设计中，每个设计较之最初看到的模样都归结于更多的补充原理。这里不能详论更多的见解，柯布西耶晚期的作品提供了这篇随笔中涉及的这些见解。然而，读者可以注意到一个特别有启迪作用的观察，科洪称之为荷兰建筑的构造主义学派 [参见阿努尔夫 • 卢钦戈（Arnulf Lüchinger）1977 年 3 月发表于《A+U》的名为“荷兰的结构主义对当前建筑的贡献”的富有启发性的评论]，如在阿尔多 • 范 • 艾克（Aldo Van Eyck）和赫曼 • 赫兹伯格的作品中所表现的。此外，柯布西耶在他为威尼斯医院所做的设计中也采取了外表上相似的手法。科洪将范 • 艾克的阿姆斯特丹的孤儿院中基本单元的同形重复和柯布西耶的医院方案中所采用的星团结构系统进行了区分：“这里的基本单位是按它本身等级进行设计的，采用生物学的而非矿物学的构成形式，可以局部修改而非原则上的破坏。康迪利斯（Candilis）、若西克（Josic）和伍兹（Woods）为柏林的自由大学（Free University）所做的个案设计显然与这样的结构形式有关。顶层平面的概念令人想起北非伊斯兰教的清真寺，学生居住区单元被成组地聚集在小庭院周围，环绕一个中心庭院，形成卫星城系统。”科洪一直关注于威尼斯医院所附加的样式是如何成为几何控制的对象的，这一点凌驾于其他要素之上，构成了柯布西耶曲折式与荷兰结构主义的重复模组化之间的区别。当然，像比希尔中心一样，威尼斯医院的确是一个没有传统感觉上的那种立面的建筑物，但是它又被紧密整合到城市结构体之内。建筑在模型上被设计为一个都市，圆顶病房和宽敞的走廊似乎是中世纪卡纳里吉奥式（Cannaregio）风格的街道、沟渠和广场空间形态的摹写。柯布西耶的威尼斯医院具有一种诗意的复杂性，这种复杂性在20世纪建筑物的总体趋势中一直是缺少的。正如科洪所观察的那样，该设计像同时被赋予了史前湖上住所、清真寺、修道院迷宫、空想共产村庄、医院和大墓地的特征，“其价值取向与一般人公认的合理的社会价值完全不相符，很可能这样一种治疗机器（machine à guérir）并未能将自己托付给能够主宰建筑命运的保护人。”

这个预言或观察直接透视现代建筑，当代批评在需作出重要选择时在很大程度上缺少这种率真精神。在科洪的批判中很少有谴责的腔调，这是对科洪判断力的一种衡量，依靠这种判断力他能够坚持自己的道德立场而不屈从于什么道德准则。他在关于迈克尔·格雷夫斯的文章中写道：“批判占据着狂热、疑问及诗意的同情与分析之间的真空之地。除了特别的场合，它的目的既非颂扬，也非谴责。”正如他所澄清的，滑稽本身不足以成为艺术的动因；相反，艺术必出于敏锐和见多识广，这些价值应既可以分离又能够调节，因为现代世界混合了那些不同的价值。

借助倡导一个可应用的综合性方法，科洪奉献给读者一篇富有教育意义和鞭笞作用的评论，正如标题所揭示的，这篇评论直接涉及“柯布西耶作品中的概念转移”。科洪勾勒出柯布西耶采用的“拆毁/重建”的组合方法的整个轮廓，同时描述了如何使用这种方法来调节现代世界所存在的某种文化矛盾。例如，在传统古典类型学和现代形式（纯粹主义的历史性个案设计）之中，必须接受工具观念的引入；这两者之间存在着矛盾，或者面对现代文化中的平等主义存在两难选择：即如何借助充分的技能和信心去获得广泛的支持，从而将古典空间组织原则与从风土建筑中得到的语汇相结合。如科洪所提示的，正是柯布西耶这种转换的策略，使自己能重新解释古典范例，让这种典范吸收工业的和风土的元素。有时这种基本的策略直接存在于古典形式的变体中，例如列柱走廊在柯布西耶的作品中变成底层架空柱。只有这个时候，这种列柱系统才会位于建筑物之下，而非位于建筑物之前。正如科洪所强调的，这里的理念首先是颠覆，然后再行讨论传统的“底部、中部和顶部”，这一点被以下事实所证实，即“五项原则”（Five Points）被公布时本来还有第六个原则，即“消除檐口”。如科洪所暗示[以位于加尔什（Garches）的斯坦别墅（Villa Stein）和巴黎的瑞士学生宿舍（Pavillon Suisse）为例]，檐口的造型活力退化为厚重的女儿墙，通过中心窗的位置或在主要立面顶部的庞大开口加强了这种退化。这样，柯布西耶通过变体处理了列柱式和檐口，并在更加细致的基础上对古典的开窗进行了变体处理。人们会发现奥古斯特·佩雷（Auguste Perret）如此心爱的新古典法式窗将被带形窗（fenêtre en longueur）取代，水平滑动的工业化窗扇不仅改变了窗的形式，而且改变了它开启的方向。

然而，人们应该注意到，带形窗的采用并未使孔洞式开窗全部消失，这种窗子常与阳台一起出现，作为一种山花墙的代用品。然而，高耸的窗口通常被用作构图重心。科洪指出，沿着瑞士学生宿舍出入口走廊的外观立面，在尺度方面连续带形窗的使用与“采用幕墙隐藏立面上相应楼层的方式”是互不相容的。

注意到柯布西耶如何限制将自由平面（le plan libre）使用到传统的主要楼层上之后，科洪继续显示“五项原则”如何使柯布西耶将一个严肃的古典主义立面与经验主义的乡土便利性相结合，后者以内部空间（poché）进行补充，构成自由平面具有代表性的开敞空间。在所有这些手法中，柯布西耶提出了大胆的目标，并经过诗意化隐喻和转喻置换策略，将原本作为竞争对手的古典文化价值、风土形式以及工业产品结合在一起。评估这种努力的成功和失败，既要考虑其自身的实际状况，也要考虑到现状的混乱关系。科洪所写的最后一段文字正好可以作为这篇序言的结束语——建筑理论已经被各种形式的决定论或大众主义统治了10年以上，但它们之中任何一种理论都没有把建筑看作是以自身的因素组成的一个文化整体。在任何一个历史瞬间，未经加工的建筑素材在很大程度上都是建筑文化。如果建筑创造涉及如何将现行文化加以变化这一观点不被理解，我们就会拥有携带着文化意义的建筑。

导言

现代建筑与历史性

建筑理论似乎一直是建立在这样两种历史观之上。一种观点是坚持历史是永恒价值的容器，它以神话形式和无可置疑的事实从一代传承到下一代。在这里我们可以不问那些公认的基准是不是自然法则或文化习俗的结果，而统统称之为“标准的”见解。这种见解伴随着神话的起源、对黄金时代的信仰和时代的价值，以一种纯粹的形式显现出来。另一种观点是坚持历史是一个进化的过程,在这一过程中,文化的价值系统只拥有相对真理。在某个时代中被看到的完全真实的东西在下一个时代或许不会发生。因此，每个时代都建立起它自己认同的价值系统。这种带有相对色彩的观点对未来持有一种乌托邦式的幻想，这种幻想的未来毕竟胜于可以模仿的过去，这种观点也优于将历史归因于一个目的和一个终极的历史观。

尽管这两种历史观明显对立，但它们仍能用存在主义的或文化学的观点进行解释。在第一种观点中，人们可以将基准看作建立在历史时间之外的绝对标准，或者这些基准是由历史惯性或约定俗成的做法来建立和认同的。在第二种观点中，历史的进化既能被看作由严格的规律所决定，在这种情况中人类的参与是自然而然的，并不仰赖有其历史记忆的社会，同时也能被当作一个辩证过程，在这个过程中，文化的记忆和习惯扮演着重要的角色。

很显然，呈现这两种历史观是无意识的，它们就像是简单的替代方案。它们是在各自历史条件下产生的，第二个观点可以看作对第一个观点的批判。但是这并不意味着我们必须接受第二个观点。我们不可能再将这两种历史观分别看作表现的幻影和独立的存在事实。类似于对神话的诠释，文化的实证主义解释依靠于隐喻的置换，因此它同样需要解密。

在中世纪和文艺复兴时代，标准化的观点受到亚里士多德学派和新柏拉图主义观念的强烈影响，建筑的美学和实用都被包容在单一的存在论中。依照存在论的观点，物质是由思想“创造的”，作为宙斯宠儿（deus artifex）的建筑师，在创造宇宙的过程中扮演着一个与上帝相似的角色。[1]美的观念与数学、音乐和自然法则是不可分的。[2]几何学的关系和整体比例的关系可以使建筑物产生和谐，也有助于稳定感，因为这些关系以约束物体的外观和它们的内因为基础。[3]

这种建筑观点在18世纪并没有消失，但是它得到了很大的修正。建筑的起源不再被束缚于古代典籍有关神的起源这种权威论述上，取而代之的是它服从于一种重新建构的历史假设，其目的是为当代实践提供一种理论上的基础。所罗门庙被原始的小屋代替，成为建筑的起源和范例。[4]人们不再按照前人规则或隐藏在事物之中的意义来证明传统，而宁可用人类社会的风俗习惯来证明。[5]18 世纪历史重建的目标是将真实的原始习俗与赖以产生这些习俗的自然加以区分——以便淡回到原始的和自然的“动机”。因此，习惯就像自然界的规律一样，强制性地建立起一个“第二自然”。我们仍然能够发现那些曾存在于文艺复兴时期的有关绝对标准的思想，依照它来衡量美学的判断，不过现在这一标准被看作是与人类的情感和理智相通的，而不是某种神秘的“意解”。

这样一个标准化的观点随着实证主义思想的兴起而消退。异域文化（和中世纪一样）的发现和古典风格不再是唯一的传统，在新古典主义理论类型系统中很难对这些建筑类型作出回应。如果哥特式建筑变成一个新的规范，这不是因为它表现了一种绝对的和不可改变的系统，而是因为它包含了“过程”原则，既包含工匠的自然创造，又包含理性原则的具体化。正是因为缺少固定的原则，使得哥特式建筑既代表了有机社会的价值，又担当了迅速进化的社会工具。它是乡愁的同时又是进步的，是感伤的又是实证的。

实证哲学在将纯粹的手段与意义区分开的时候，同时也将建筑推向了折中主义和功能主义。从 18 世纪晚期至今，建筑在相对主义的思想两极之间摇摆不定：根据共时相对主义思想，所有的风格都是可能的；同时根据历时相对主义思想，所有的风格又都是被禁止的。从另外的观点来看，历时相对主义——确信建筑形式连续进化——可以看作 18 世纪对建筑起源探索的延续，仍然有种回到原始陈述的感觉，这种陈述澄清了历史积聚的隐喻。于是我们看到现代功能主义的起源位于非常复杂的建筑观念混合体中，既包含相对的和进化的建筑观念，也包含以自然法则为基础的建筑观念。

按照这种判断，现代主义是19世纪实证主义特色的延续。依照这种观点，建筑拥有了一种作为历史发展特别阶段的反映或征兆的意义。这种历史的解释暗示在建筑的意义中，而不仰赖它自己对过去的记忆。时代精神要求建筑要焕然一新。

然而，从另外的一个观点来看，现代建筑早已远离了19世纪的思想。整体而言它与先锋艺术相关联，其主要特征之一是对19世纪历史主义的拒绝——对那一时期趋向的拒绝，这种趋向是将艺术和建筑学的作品看作为解读道德和历史的思想编写好的文本，而忽视它们作为艺术表现形式的特质。

这种新的形式主义分享了历史进化论的观点，但拒绝了传统艺术样式上隐喻性的手法。艺术并不是某种透明的物质，用以描述外在的“真实”；它是一种真实的符号。只有经过艺术自身的实体才可以揭示这种真实。现代建筑认同了这一艺术观。建筑不再被看作一种自然的结构，思想的表现并没有展现在这种结构的表面，建筑被看作是不透明的和反射的，服从于它自身内部的真实规律。

然而，在建筑中，这种自主性的存在是与它自身技术紧密结合在一起的。因此，现代建筑以一种与其他艺术完全不同的形式将绝对的形式主义与社会真实生产力融合在一起。在现代建筑中，19 世纪工具主义和现代形式主义交织在一起，而这种情况并未发生在任何其他艺术门类中。

正是这种融合，使技术可能得以实现，也使技术有可能在创造理想社会的角色上发挥作用。一方面是建筑变成纯粹的工具，它的形式对功能而言是完全一致的，它的任务是改变世界而不是想表现它。另一方面是建筑变成纯粹的艺术，服从它自身的规律。

依照这种观点去解读柯布西耶的作品，人们会发现柯布西耶比 20 世纪任何其他先锋派建筑师更了解建筑内部的矛盾。在他的作品中，人们看见了解决这两个价值系统的一种执着的尝试：一方面是确信建筑应被划为生产过程，另一方面是将建筑定义为服从美学规律的独立的美学学科，这种美学是以心理学为基础的。但是，在柯布西耶那里，人们不只找到这两个并置的系统，也看到建筑的传统语言被转换成一种新语言的过程。这样，柯布西耶的建筑依靠转换维持了它与过去的联系，完成了从古典形式到新的建筑形式的转变。没有什么比他的“五项原则”更清晰地说明了这一点，所有的“五项原则”全部都是传统建筑语汇的变体。

在柯布西耶的作品中，与传统艺术语言的妥协在现代主义初期阶段大体上是一种典型的趋向。然而很多现代艺术“支持”传统的隐喻，而且将艺术作品表现为与世隔绝的客体，这种客体与真实有着直接的关系，而且同样不可避免地使用隐喻。但是在现代艺术中，隐喻变成了颠覆性的而非慰藉性的。如诗人 C. 戴 • 路易斯（C.Day Lewis）所说，现在采取的是思想的碰撞形式，而不是结盟的形式。[6] 传统艺术的从属结构被保存下来，但是它的主要目标被溶解在比喻丰富的和按等级组织起来的形式目标之中，这种形式产生了以文化为中心的感觉，而且赋予人一种可以在先验的层次上解决生活问题的印象。但是作为一种颠覆行为，现代艺术走在一条通向自我毁灭的道路上。因为它的颠覆行动一旦成功，所有传统艺术的痕迹将被破坏，那必将失去它自己存在的目的和理由。现代艺术无情地转向冷漠——这种趋势在建筑上呈现为一种特别的形式，即由产品的“真实世界”填充了建筑形式的“空虚”。

在产品的真实世界和现代建筑艺术表现的理想世界之间建立起联盟，使产品世界造成的建筑“污染”得以延续，建筑和庇护所仍然能够被当作神话来描述。在文艺复兴时期，这个过程是按照人文主义的和神学存在论的解释而发生的，现在它们依赖现代建筑使自己变成了神话，而不需要形而上学的辩护。只要建筑技术对营建任务而言是不充分的，上述这种理想就能够得到维护。个别的建筑物仍然可以被认作理想的表现。但是只要现代建筑所倡导的建筑技术在第二次世界大战后的生产领域开始取得成功，那么建筑的理想无论是作为艺术还是作为理想火花的放射都将开始消失。现代建筑变成了现实制造过程的一个纯粹的工具，呈现在人们面前的是一个生产系统和一种社会形式。

依照这种观点，建筑作为先锋派的对象，既在形式处理的领域建立起自己的庇护所，又同时被转换成方法论。设计方法变成了建筑师可以在制造过程中扮演自己特殊角色的最后一个堡垒。一方面,发展了各种不同的造型方法，用以应答复杂的建筑计划；另一方面，方法论借助于系统分析、计算机技术和行为科学等学科而被理论化。

今天出现的对现代主义的批评正是来自上述情形。依照这个理论,建筑学是一门艺术,而不是一门科学学科。建筑的活动有它自己的知识对象，而不同于科学的对象。建筑的知识对象是建筑本身，这正像它在历史上的定位一样，不是由抽象的功能所组成的，而是由具体的形式所组成的。

这种立场意味着对以下观点的拒绝，即历史是一个连续的进化过程，在这个过程中经济和科技的发展与艺术的表现之间存在着一种精确的平行关系。“结构主义”观念给予了这个批评以理论上的支持。自 19 世纪末以后，结构主义抨击了进化论所支持的历史相对论，而且强调要用系统方式补充历史研究。当谈及 19 世纪语言学家赫尔曼·保罗（Hermann Paul）的时候，恩斯特·卡西雷尔（Ernst Cassirer）对此立场进行了简洁的描述，他这样写道:“对历史知识的每个分支而言……都对应着一门处理一般情况的科学，历史的客体在这种一般情况下进化，探寻那些在人类现象的所有变化中保持不变的因素。”[7]

按照这种观点，意义只能存在于已经存在的文脉之中。在任何历史时刻，都有一个完全相互关联的意义结构。如果我们想要了解任何特定的文化情形，我们一定要调查它的共时构成，而不要独自按照它的历时发展去解释它。共时情形总是包含过去的痕迹，这些痕迹并不像进化论的观点那样只是遗痕和残迹；相反，它们有可能赋予文化情形以意义的要素。不是将文化的基准看作位于它们自身之外的某种朦胧的和虚假的真实，而是将其看作表现我们所能体会的唯一真实：这种真实在符号和象征形式中是明晰可见的。我们可能改变这些基准，但是我们不能够忽略它们。所有的文化现象都被规则所控制，不存在具有外在“自由价值”的真实，使我们能抛开文化立场去观察文化现象。很显然，这种观点关系到把语言看成所有文化行动范例的态度。就语言而言，我们对世界的把握受制于我们不能够改变的已存结构，这一点虽然是真实的，但却不完全适用于艺术，艺术的观念昭示我们可以自由地表现那些以前并未彰显的真实外貌。因此，当我们把这个结构主义模型应用到艺术上的时候，我们必须解答的是发生在已有文化基准的框架中艺术风格和品味的改变是如何发生的，我们还必须决定在什么层次上这些基准保持不变的水平。[8]

依照结构语言学的模型，语言是固定的，而可以自由处理和变化的是话语。这需要预先假定语言给予每个讲话者进行组合和交换的无限自由。相反，在艺术中，每个艺术家所探寻的东西是一组程序和规则，这些规则吸收被社会认同的美学基准，通过古代文法和修辞被组织起来，按照结构语言学所定义的，它们是一种语言和话语之间的中间形式，在类型学上构成了确定的实体，这种实体在社会文脉中传达着艺术的意义。

现在让我们将这种观点应用到建筑中。假定建筑的意义仰赖于那种预先设定的已存类型，那么我们有两种方式来解释这些类型是如何在建筑或城市创造中运行的。它们或者被视为不变的形式，这种形式潜埋于每个建筑物的无限变化的形式之中（在这种情况中，它们接近原型或最初类型的观念），或者它们被视为历史的遗存，以一种片段的形式传递给我们，但是这种形式的意义并不依赖于它们在特别的时间以特别的方式被组织起来。

在第一种观点中，类型具有一种衍生的含义：正是这种特质在其最初的版本上留下了烙印，后来的每种形式都将能追溯到它。[9]在第二种观点中，类型只有实际上的形式含义，这种形式具有丰富的意义，而且能在不同的历史环境中不断被重新解释。如果我们观察所谓的后现代主义的作品，便会看见它的解释会在类型思想的两极之间发生变化。

我们已经将类型学与新理性主义结合起来，这种类型学倾向于第一种解释，它们的作品主要源于城市和景观研究，通过这种研究，建筑从都市关系中获得它自身的意义。这一研究领域起初基于文化上的同一、同质和历史连续性这样一些理念，它与一些思想有关，即建筑的类型被作为文化记忆的工具，城市被作为一种媒介，在城市中这种记忆变成有生命的东西。因此，这种类型观念与公众领域的社会政治观念紧密联系在一起，同时与把城市作为公众机构和公众活动的空间这种观念联系在一起。

当涉及单体建筑物的时候，我们能看到这些对象不仅属于一个形式类型学，而且属于社会应用类型学。[10] 人们一直希望建立一种建筑分类来涵盖整个社会领域，正因如此，新理性主义对18世纪后期的建筑和早期现代运动的建筑表现了某种痴迷，在这两个时期的建筑有一种相似的尝试，即对整个建筑领域进行类型学的梳理。

把价值建立在最少变化的和最趋稳定的类型上，这种观点将不可避免地导致简单的形式。就阿尔多·罗西而言，这一点还不仅如此，这些形式有保持其隔绝状态的趋势，并且声明对形式序列的扩展没有兴趣。在罗西的类型清单里，古典风格和中世纪风格直接并置，当它们集合在一起的时候，只形成一种“收集”的效果，被组织在一种梦幻的空间中。绝对拒绝按照文艺复兴时代的透视方法去发展建筑物之间的空间，举例来说，我们在利昂·克里尔（Leon Krier）的作品中就会发现这种方法的应用。这种拒绝也同样明显地表现在罗西对建筑物的分类上，在那里，轴线和空间变形都没有发挥作用，而在迈克尔·格雷夫斯的作品中，二者却是一个强有力的特征。很明显，这里有一种真正的现代感受力在起作用，这种感受力拒绝任何“决定”的形式和任何完全的意义。罗西关于类型的解释不但将传统形式还原到它最初的本质，而且也抵制了这些形式想要重新建立一个审美空间环境的可能性。城市和建筑物都被看作是由不连续的和即时的图像所组成的。

但是在新理性主义那里，还存在着另外一种倾向，我们可以通过利昂·克里尔和罗博·克里尔（Rob Krier）的作品来说明这种倾向。这些作品向我们展示了一种综合类型学，并提供了一组都市空间“设计规则”，这种设计规则囊括了所有的设计。这些设计规则无论对建筑物还是对城市来说都以新古典主义形式为基础。因此，与罗西不同，利昂·克里尔设计了一种完全封闭的模型，含蓄地否定了在整个结构中发生变化的可能性。

利昂·克里尔对建筑技术的态度与这一模型是相当一致的。他必须回到技术当中，因为古典建筑的公理正是从技术中发展起来的。建筑的风格不能被认为是独立于结构形式之外的；他因此而回归到新古典主义有关原始起源的教义中，依照这种学说，建筑的意义在本体论上，与它的结构技术连接在一起。然而，引人注目的是利昂·克里尔事实上创造了一些新的类型，这些类型的组成通常是柯布西耶类型的逆向操作。将柯布西耶早先对古典建筑的逆向操作又加以逆向操作，这种作法似乎在坚持这样一种解释，即将类型作为新意义的一个出发点，而不是原型的恢复。正如罗西的理念所表明的，历史的类型能够被重新审视，即使对它们的应用要求使用传统技术，但它们的形式可以被重组，以满足现代特有的实际目的。

然而毋庸置疑，选择罗西和利昂·克里尔的作品作为例证，是因为这两位建筑师通常将类型看作是表现一种深层文化连续性的东西。他们的态度与 18 世纪新古典主义非常相似，依照他们的观点，建筑在不变地诉说它自己的起源和它最初形式的同时，反映着人类理性的永恒原则和人类社会的基础。

在上述第二种观点中，我们发现了一种似乎与这种立场截然相反的有关类型的态度。如果选择文丘里来例证这一观点，那么我们就会发现这不是为了将他的作品简化为一个理论的例证，而是因为事实上他的确是在用一种理论向我们表达这种观点。毫无疑问，人们在努力尝试复原或回忆一种标准的传统。但问题是要从中梳理出一种在过去的储存记忆中汲取信息的类型学参考框架，以便使建筑既丰富又能够进行对话。文丘里接受了对传统的这种看法，即建筑具有沟通能力的部分是它的装饰性的表面，所留下的建筑实体本身被当作提供活动的一种中立和无声的结构架构。因此，对文丘里而言，类型的观念是不能与装饰的观念相分离的。文丘里不仅将结构从意义中分离出来，他也将形式及空间从意义中分隔开来。他的理论对形式主义是一个打击，正如对功能主义的打击一样。这个打击表现为有意识地弱化建筑师的传统角色，在传统角色中工程师和艺术家从未完全区分开。现在人们看到的坚固和实用是由生产过程的特殊需要来支配的。建筑师的角色被弱化为记号的提供者。

凭借着这种分离，文丘里希望不仅给予现代主义的整体观念，同时也给予所谓适切、适用这些传统观念以致命一击，这些观念的特质为装饰、结构和目的之间，以及表现与真实之间的联系提供了保证。但是建筑物整体上仍然保持了它作为一种建筑理念的特质，建筑物由此变成了矛盾话语的表现。以这种批评姿态，文丘里保持了现代主义反对偶像崇拜的传统——“将隐喻作为冲突”。

在放开装饰和实体的联系后，文丘里的实例鼓励恢复任意样式的图像，在这种图像中实体和意义的话语分离没有做得那么明显。传统的外观被使用——如菲利普·约翰逊（Philip Johnson）的美国电话电报公司总部——似乎在这些外观和它们所附着的建筑物之间有一种“自然”关系。在作为宫殿的建筑物与作为多层标准办公区的建筑物之间有一种分裂——这种分裂被一种想要尽可能平稳地解决构图问题的努力所掩饰。建筑师像是在使用他的所有技巧以隐藏建筑物的固有矛盾。比较路易斯·沙利文（Louis Sullivan）与麦金、米德和怀特联合事务所（Mckim，Mead & White）的作品，这种对古典模式的同化显得更为肤浅直接。

有一些当代建筑师尝试将传统的类型重新纳入现代建筑中，这些例子似乎指向这样一个相同的事实：我们与建筑传统的关系必须是一种间接的关系。建筑传统反对现代主义抽象化，现代建筑很容易融入生产过程，就其正在尝试复原的东西而言，传统更多地受到它所正在努力否定的东西的影响。

对现代主义的批评基于在建筑形式与现代社会经济和技术的基础之间没有绝对的因果联系这样一种判断。现代主义确信有这样一个绝对联系的信念来自这样一个历史假设，即假定在历史的每个时期，生活和艺术风格的客观情况完全一致。当我们看到建筑师为了证明历史决定论，需要下决心采取行动去创造一个“现代风格”的时候，这种观点的谬误就变得十分明显。现在，历史决定论已是一种事实，在这种情况中无论我们持有什么样的意图和行为都不会以这种或那种方式影响这个论点，但与此同时我们又通过一种有目的的行为，创造了一种表现历史和象征历史的风格，在这种场合下历史已不再是决定论的。[11]

我们很容易摧垮被称之为时代精神的“强大的”理论和揭露现代运动的实质：一种风格上的偏爱，一种特别的品味，在某一时期影响着某一群建筑师。但是讲述特别时期的建筑与它赖以产生的历史背景没有任何关联，则是相当不容易的事情。如果我们在“弱势的”意义上和严格的隐喻意义上使用时代精神这种观念，我们就必须承认建筑从来不是一个独立的实践过程。罗西、克里尔和文丘里全部使用了“弱势的”时代精神理论。建筑不仅变化为一个技术的和工具的实践，它的意义也被修正。我们不可能接受海因里希·韦尔夫林（Heinrich Wölfflin）著名论述中的全部含义，即“风格是一个时代的形式”。[12]我们也不会接受这种说法，即在所有的表现中可精确地定义“一个新纪元”，基于这样一种方式，经济基础和作为意识形态的上层建筑之间存在着因果联系。但是韦尔夫林的论述包含一个不可否认的事实：表现真实性的艺术形式确实在改变。在表达者（所指）和被表达的事物（被指）之间没有固定的和绝对的联系。如同其他艺术一样，对建筑来说这也是真实的。艺术风格就像它所表现的那样赋予真实性以某种意义，虽然这种意义必然超越时下的情况并已经植入文化传统中。艺术风格同样会受现在和过去所影响，这两种影响共存于一种特殊的紧张状态中。

随之而来的是，自觉拥抱历史风格的艺术作品应该在某些方面了解观察者的历史观点。如果没有这种认识，我们就会面临这样一种情形，即在风格和意义、形式和内容之间似乎存在着自然的和无疑问的一种关系。风格在这里显现为一种解决方案，意义靠这种解决方案被固定了，风格不再表现为需要努力产生意义。采用这种风格的建筑物看似正在使用一种丰富的形式语言，然而事实上却是在使用一种预定意义的语言。对真实性而言，形式最初被使用的时候似乎与真实性相关，而现在它们是作为纯粹的意识形态出现的。文丘里用无情的逻辑暴露出的正是这种现代大众文化状态。而以现在更系统的形式探索，试图去了解而且去超越的也正是这种状况。

今天，建筑深陷于一种艰难的抗争中，即努力去超越现代主义自身的极限和恢复建筑传统中较深层次的内涵，在建筑上这种联系仍能与我们的现状相关。这项目标必定与在本文开始时提到的这两个历史传统和两个稍后我们将进行检验的类型学观念达成妥协。的确，在这两个对立的组合之间有一种清楚的关系，虽然这种关系不是同构的。类型的起源观点产生了历史的标准观点，当把类型作为图式的时候，或作为可供折衷选择的实用性风格的时候，它就承担起了一种历史相对主义的观点。

我们已经看到现代主义在求助于两个历史观念——一个是标准化的观念，这种观念包括了贯穿整个历史的常数；另一个是相对主义观念，它源自决定论的历史进化观。重要的是，要了解各种不同的修正理论和实践也同样在这两种历史观念之间摇摆。

我们当然无法接受历史相对主义的这种观点，即尝试让建筑学简化为实证的或行为的“科学”，却无视建筑属于文化层面而不属于自然层面这一事实——建筑从来就无法摆脱它作为再现艺术所具有的意识形态角色。但是人们似乎同样无法接受这种假设，即采取相反的态度和接受建筑扮演的再现角色，从而否认风格的历史主义和与此相关的意识形态的力量。

如果在历史之外建立绝对标准，而不理睬建筑的意义以历史为根基这种事实，并且这种意义不能与由历史中获得的那些建筑形式的意义相分离，那么就必须同样拒绝历史的标准化观点。就求助于形象用以唤起建筑传统这一点而言，建筑本身必须对这种传统的意义进行表述。

正是依靠这种对传统的解释，才能建立起建筑的对话和批评。如果这种阐释在具有“绝对”形式价值所构成的封闭世界里努力，或者是在折中主义“表演”的毫无限制的世界里起作用，那么批评就被剥夺了所有的价值。如果批评要完成它的评判功能，那么它就一定要有属于建筑传统的这样一种应用准则——以此为基础，并依靠它来衡量和评估现在的各种可能性。

CHAPTER Ⅰ.

第一章

现代建筑与符号的向度

第一节　现代建筑运动

这篇评论最初发表于英国《美学》(*Aesthetics*)杂志，1962年1月号，第59～65页。

在一个机器革命的世界中，对艺术表达的重要性进行再评价，这有意无意地成为50年内所有先锋派运动的根基。然而在文学、音乐和绘画中，机器有如一个主角，一直扮演着一个虽说是断断续续的但通常是极为特殊的角色，在建筑学中，它则是新形式的发展和美学理论演变的基本原因。这一事实往往模糊了一些同样重要的因素，这些要素埋藏在人们对象征形式的表达欲之下，这些要素与建筑相关，正如它们与其他艺术相关一样。有关现代运动的批评［以尼古劳斯·佩夫斯纳的《现代设计先驱》(*Pioneers of Modern Design*)为例］，往往专注于它在社会方面和技术上的影响力，或是直接关照它先前的那些运动，如新艺术和英国自由式风格。在强调建筑的活跃和充分展示手工艺外表的同时忽略了它们的理论背景，它们呈现出这样一种印象，即现代建筑是由紧密相连的和作为重要根基的过去自然产生出来的结果。

班纳姆在《第一代机器的理论和设计》中改变了这种看法，当时他调查了那些被上一代涉足现代运动的评论家视为禁忌的问题。在他的文章中，他给发生在20世纪最初10年的建筑革命的起因做了如下总结："在这些预先埋下的因素中,首要的是一个建筑师对社会责任的良知；其次是对建筑理性或结构方式的探索，这种观点此前已出现在奥古斯特·舒瓦西（Auguste Choisy）《权威的建筑》（*Histoire*）一书中；再者是学院的教育传统……主要来源于巴黎美术学院（Ecole des Beaux-Arts）的影响。"[1]很显然，班纳姆想要确立现代运动赋予美术以全新的和重要的影响这一理念，尽管其影响在当时还未显现出来。

遭到过第一代现代建筑师最猛烈攻击的巴黎美术学院，传授了某些平面组合和形式构成方面的原则，这些原则的基础可以追溯到18世纪的心理反应理论和被学院派奉为圭臬的新柏拉图主义学说。艺术包含某些特定的原则，这些原则不受制于工艺或技术方面的因素，在19世纪末，这一思想如同其在部雷时代一样强烈。正是这种思想催生出了像查理·勃朗（Charles Blanc）[2]这样的学院派和像保罗·塞尚（Paul Cézanne）这样的革命派。现代运动毫不费力地将这些思想的风格主义外衣剥去，构想出以抽象形式为基础的建筑或艺术作品，并有义务忠实于普世价值观。现代建筑具体形成的时机是现代运动与理性主义以及强调道德的理论交汇之际，并且相互间产生部分融合，所形成的理论包括了新的结构技术以及迈向世纪末所引发的新的社会意识。

班纳姆博士展现了学院传统如何继续对包括那些大声反对巴黎美术学院在内的现代建筑师保持影响，这尤其像朱立恩·高德特（Julien Gaudet）在20世纪末所撰写的著作中所总结的。事实上，这是他这本书的主要论题之一，正是班纳姆从上述影响的结果中得出的结论使他容易受到批评。尽管直到该书末尾他才公开自己的批评立场，但他所持的一般立场在一开始就很清晰。班纳姆显然没有重视这些已经被他揭示的事实，在他经常使用的带有轻蔑意味的术语“学院派”一词中就显示了这一点，似乎具有学院派特征构成了人们对艺术作品发起责难的依据，否则这些艺术品本可以通过现代性的检验。他的最后论题是，现代建筑师如柯布西耶，由于坚信某种“不变的”建筑价值而被导向对机器年代产生误解，而原本他们曾一直力图尝试与其达成妥协。不可否认，柯布西耶为其矛盾的建筑发表过声明，但是班纳姆不仅关心那些使建筑师的作品合理化的理论，而且也关心作品本身。他接受了现代建筑是科技的一部分这一普遍的理论，而且谴责了20世纪20年代的建筑，因为它们无法符合这个理论。按照他的想法寻找完美和最终的形式，特别是那些在逻辑上得自于机器技术的纯几何实体形式，将对机械形式的自然演化关闭大门，并造就一个不成熟的学院派。

这个论点看似基于这样一种假定，即建筑形式的演化是一个不变的过程，而且它所显现的技术过程，在任何时刻都只能是单一的和像字面上解释的那样。在评论史中，某种解释似乎是不可避免的，这一点可能也是真实的；但这也许是本不该发生而实际上确实又发生了的解释。这种看法似乎与宣称这种解释本应该由技术过程的客观事实来独自决定的观点非常不同。

班纳姆对先锋派的基本原理中的矛盾所做的评判过于单纯化，从而出现了那些导致功能主义理论的基本概念。在纯粹的形式中，这些概念似乎表现出一种与诸如艺术的本质和艺术家的作用这些与传统观念极端对立的态度。在传统观念中，依照法律赋予建筑本身的权力与责任，建筑师作为艺术家被视为视觉形式的切实操作者，但最终还是源自控制着人类如何理解世界的心理学要素。在以往，建筑形式被看作是埋藏在大千世界之中且独立于建筑师之外的要素，建筑师个人的想法只是那个要素的一部分。依照这种观点，建筑师就如同助产士一样成为自然力的代言人，并身兼隐藏中的自然之法的见证人，事实也确曾如此。建筑师只是使技术转变成具体化的媒体，只是模糊地运行“艺术的”行为。这种创造性源自隐藏于宇宙中的创造力，并且在所涉及的范围内吸收了如此多的力量，从而有利于问题的解决。因此各种人造物之间并没有什么不同，也并未散发出什么特别的光辉。

在根本上这种想法是一种理想主义者的观点，并且正是功能主义所依附的观点。绝非是功利主义和实用主义，而是功能主义力图使机械过程精神化，并消除和弥合机械和精神的分裂，以及决定论和自由意志的分裂。

在机械形式方面，柯布西耶惯常使用的一些不规则的形式表明了这一观点，并且揭示了类似泰奥迪勒·阿尔芒·里博（Théodule Armand Ribot）[3]在发电机动力学中发明的一种情绪状态的创造力，就这种思想层面而言，如果你把皮耶·蒙德里安（Piet Mondrian）的哲学与功能主义哲学做比较，你就能看见一种奇特的对应现象。表面上它们好像分岐于思想的相反两极，然而实际上两者都拒绝人与绝对真理之间的协调方式与步骤。作为绘画的主题，这种对自然形式的拒绝与建筑中对派生的和主观形式的拒绝是等同的。为艺术而艺术与完全入世的建筑是一类相同的事情。

看起来，这种态度主要是在完美主义方面，而不是在它所坚持的可论证的真理方面不同于"传统的"态度。如班纳姆所表示的，如果坚持那些作品中的学院派想法并主张极端功能主义，那么这些想法和主张在实践上将会是基本原理的必要成分。在柯布西耶的文章中，我们看见两种并列的态度——一方面是整体的景象，在这种景象中形式和功能是统一的；另一方面是功能服从形式的理想主义。但是柯布西耶并未声明要对此做系统化的研究，也许是因为存在于这种争论中的矛盾所表现出的观念冲突只能在作品中被解决——只有在象征性的层次上才可能出现辩证的秩序。我们似乎有理由假设我们带着某些装备来到这个世界，我们用这些装备去美化我们的世界，正如我们也可以假设除了技术之外我们赤身裸体来到世间。然而人是历史性的动物，因此有生存的技艺——依照这种观点，我们在心态上、在我们所做的一切事物中都携带着历史信息。

虽然班纳姆是一位严谨的历史学家，对涉及的运动和人物都持审慎的态度，然而他显然受到未来派画家富勒的强烈吸引。未来主义无疑对现代运动的孕育有重要的影响，尽管发现了迄今为止一直被疏忽的新材料，班纳姆可能夸大了这种影响。既然未来主义只代表了当时所发生的复杂思想相互交织的一个层面，那么这种影响力究竟发展到什么程度并不是重要的问题。班纳姆对柯布西耶的设计没有体现未来主义的特征表示惋惜。然而同样“不纯的”特质也存在于未来主义作品中，而且毋庸否认，安东尼奥·圣伊利亚（Antonio Sant’Elia）构思的未来城市（Città Nuova）中央车站彻底显示了学院派手法。如果将未来主义当作革命性建筑的根源，那么学院派特征的存在就像是这场革命中的一个必需的组成部分。从柯布西耶的作品中传递出的学院理论，以及从未来主义中找到的动态特征，依此判定前者是改良论者（retardataire），后者是革命论者，进而得到的历史正确性值得怀疑。

富勒的情况则完全不同，班纳姆把他作为解决争论的救星，并借此提出建筑本身的有效性这一基本问题。他的作品表达了功能主义教条的一种极端形式。富勒曾批评欧洲的现代建筑师，而当时所有的先锋派观点都支持这些建筑师，而他们也在形式组成上创作了一系列不带任何先入为主观念的作品，尽管富勒的哲学立足于“以不停的趋势面对持续加速的改变”的观点，[4]然而在静态屋（Dymaxion House）计划中却采用了圆顶，表现了一种终极的形式——代表技术达到最佳状态而无须任何改变的图像。毋庸否认，在富勒对数学的态度中隐藏着一种神秘主义。如果说这种神秘与柯布西耶的柏拉图哲学过于不同，那么也不是说它就是更理性的，并且将同样受到班纳姆的责难，因为它不表现真正积极的和实在的技术态度。富勒和柯布西耶之间的区别不在于他们对数学的理想和重要性的认识，而在于数学所起到的象征作用。在富勒的圆顶中，形式可以通过它们那富有表现力的线条来加以识别，类似于那些哥特式结构，在这种结构中一个构架可以独自地定义它所附寄的空间体积，这似乎例证了富勒的艺术形式可以归附于技术过程的哲学。在柯布西耶看来，造型艺术行为是具体化的。其作品的形式如曾呈现的那样被凝固在空间里，仿佛是一些明确的几何图形。纯粹的几何形体在这两人的作品中发挥着同样的实质作用：审美和规律相互认同。但就富勒而言，明确的表达和鉴赏都是发自对艺术的超级理解，将审美转变成行为。在柯布西耶看来，行为凝固在给人以美感的物体中。按富勒的说法，思想阐释形式；按柯布西耶的说法则是形式解释思想。如班纳姆所言，数学是一种减法过程，一旦被完全吸收在最终的产品中，将会把构造的原则简化为纯粹经验主义的水平。然而圆顶是纯粹的结构形式，通过构思而表现为审美价值的目标，并且承担着一种意义，这种意义胜过了特殊场合层面的或使用上的价值。事实上，富勒的圆顶是“理想”的结构形式，每一处差不多都像是密斯·凡德罗或柯布西耶的建筑作品。不同之处是富勒的圆顶构成一个一般的观念，即活动的清晰度是无法表达的。

的确，人类似乎有一种根深蒂固的冲动，想从事件的流动中提取静态的表征，这种静态的记号是人类测量自己的固定标尺。的确，状态的经常变迁可能是世界的一种本质，正如它呈现给我们的那样，连续变化的观念已表现在我们的实际经验中，诸如技术发展便是来自自然的一种抽象化。我们必须树立这种观点，即将这种抽象化与那种可能存在于感觉和智力中的取向相对照，也就是说用可认知的整体形式去看待世界。

尽管在该书的最后章节中，班纳姆给富勒提出了很重要的意见，但是他最后关于现代运动的观点依然是矛盾的。如果富勒是正确的，那么整个20世纪20年代欧洲建筑师的全部作品就都将是有问题的，因为这些作品明显建立在并非由技术所决定的形式上。另一方面，如果这些建筑师并非真地关心文字上的解释，而是关心机器的象征解释，那么富勒的批评就站住了脚，而且赋予机器在建筑中的作用以某种意义，这种意义比起同样反映机器技术过程的结构形式要显得更重要。当班纳姆分析这些作品而且允许他的感想自由释放的时候，他像是确定了这种观点。最后他从纯粹美学的观点来讨论瓦尔特·格罗皮乌斯（Walter Gropius）在德国建造的联盟展馆（Werkbund Pavilion），而且用了几页的篇幅分析了两栋建筑物，这两栋建筑物是他选择用来表现这场运动最高潮的例证，即密斯的巴塞罗那馆和柯布西耶位于珀伊塞（Poissy-sur-Seine）的萨伏伊别墅（Villa Savoye）。在谈到这两座建筑时，班纳姆说："如同其他建筑杰作一样，它们具有十分重要的地位，它们表达了一种人与环境紧密相关的景象，具有权威性和适用性。"[5]这句话清楚地暗示了在纯粹技术上的价值之外对建筑象征作用的一种赞同。

奇怪的是，班纳姆既承认该时期某些建筑作品是杰作，又拒绝作品中的那些神秘色彩，而没有这种神秘色彩有些作品又无法存在。你会怀疑他靠什么标准来评判杰作；他又靠什么样的诡辩表明一座建筑物同时既是杰作又是败笔。班纳姆想将存在于现代运动中的这种不明确性清理出历史，这种不明确性基于如下事实，即功能主义者的理论具有深远的意义，是普遍流行于19世纪思潮中的结果，虽然表面上它们有冲突。直到18世纪中叶人们才挣脱古代和中世纪的传统，在这种传统中理想主义和实用主义、创造活动和工艺训练是密不可分的，由于这种传统被打破，导致了一个新的历史时期，而对建筑活动整体进行有意识的探索在这一时期变成当务之急。学院传统事实上被认为是革命的开始，而非衰微时期的尾声。工艺和文学艺术之间的最终区别是建筑将是在画板上还是在加工间中被完成，而与人为的感性和习惯无关。整个现代运动反映的正是建筑上的这种分裂情况。

班纳姆的著作以他的分析方法和他对现代运动包罗万象的图景的描绘令我们赞赏。但是假如作者从他自己引证的历史证据中得出更独到的结论，那就将更为客观了。他所宣称的许多明确的目标并没有达到；但也许这些目标本身的价值就让人质疑，而且现代运动的真正意义存在于无意识的理论基础中，这种意义将在作品本身中被辨认出来。个人的观点应该加入对历史的裁判中，这是不可避免的、正常的和人们所需要的；然而你会有这样一种感觉，即最终没有得到对现代运动的定论——而且在未来非常长的时间内也不会得到。

第二节　技术的象征与字面上的表征

这篇评论最初发表于《建筑设计》(*Architectural Design*) 1962 年 11 月号，第 508 ~ 509 页。

20 世纪中叶，建筑中存在着一些值得注意的事实，多数建筑物采用了笨重的和传统的建造方法。从建筑技术观点来讲，这像是现代运动早期理想的退化，因为现代运动的目标是表现充满张力的结构和人造材料中内在的轻盈。

的确，对今天被提到的多数建筑物来说，建筑师们运用的是混凝土结构或钢结构中的一些简单原则，这些结构隐藏在幕墙形式中，并以此表示将已被柯布西耶在 20 世纪 20 年代进行过明确表述的理论付诸实践。然而这些建筑物中的大多数，其建筑品质是如此的贫乏以至于你不得不提出疑问，按合乎逻辑的要求，优秀建筑的必要特征是否一定要被隐藏起来而不被人们所看到？在建筑师之中的确有一种趋向，即只要设计上允许，建筑师就力争突破简单的框架结构，用墙板填充到某种结构形式中，赋予建筑物更大的可塑性和适应性，同时也赋予形式以更大的空间密度。

剑桥大学凯厄斯学院宿舍（Caius College Hostel）和皇家艺术学院大楼（Royal College of Art Building）（图 1 ~ 图 3），这两座分别由莱斯利·马丁爵士（Sir Leslie Martin）和 H.T. 卡德伯里 - 布朗（H.T.Cadbury-Brown）设计的建筑都旨在表现并取得了一种量感效果，而这种效果并非是它的设计和结构所必须诠释的结果。皇家艺术学院大楼的混凝土框架部分被砖墙所覆盖，加上位于屋顶的绘画室，强调了一种垂直感，并营造了一种暧昧的感觉，即分不清建筑到底是框架结构还是承重墙结构。凯厄斯学院宿舍使用了砖结构，并有意夸张这种结构的厚重感，创造了城墙或罗马圆形剧场所具有的围合感与防护感。

一般人可能会得出这样的结论，即这样的建筑物是对我们城市中出现的“玻璃盒子”建筑的反抗，并且在建筑行业中肯定存在这样一种分歧，这种分歧反映了不同看法

图1 凯厄斯学院宿舍，英国剑桥，马丁爵士和科林·威尔逊（Colin St.John Wilson）1962年设计

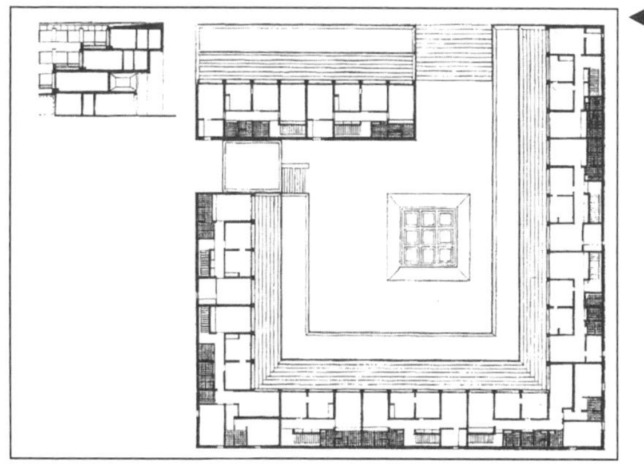

图2 凯尼斯学院宿舍东—西剖面第三层平面图

图3 皇家艺术学院，H.T.卡德伯里-布朗、休·卡森（Hugh Casson）和R.Y.古登（R.Y.Gooden）设计

之间的一道鸿沟，即什么是适合“办公室”的建筑，什么又是适合于私人住的建筑。但是如果真有这样一道鸿沟，它就有可能存在于每位建筑师的思想中。今天，需要每位建筑师在这两种建筑观念中进行抉择。一方面，建筑被看作由独特艺术品和个性化的灵感创造物所组成；另一方面，它又被归属于公众领域，个体的感性受制于“技术”一词所涵盖的宽泛意义。

现代运动尽管有其理论，但也无法在这两种观念之间建立实质上的关系。想知道为什么如此，就必须更密切地观察那些维持现代运动生存的真实条件。理性主义建筑无论有何神秘魅力，都大量采用传统材料来建造，这种说法具有真实的依据。20 世纪早期唯一真正投入使用的改革是悬索结构。发生在建筑物的构成和外观上的其他变化，是有关机器时代的性质和建筑社会目标的推演理论，它们一起形成了“功能主义”建筑的巨大力量，其形象大量地来自表现派、立体派艺术家，或新古典主义美学理论。整体而言，这种建筑形成了先锋派运动的活跃派别，并且在借助技术的同时，也借助于将建筑艺术作为拯救社会的武器。事实上，“功能主义”建筑是一个纯粹的艺术品，驰骋于手工艺专断的规则之外，也不受个人幻想的束缚，是依靠完美精密的构思而产生的作品——机器被升华到了柏拉图式的水平。

除非我们了解现代运动中符号所表达的作用与在早先建筑中所发挥的作用在根本上是相同的，否则我们就不能把握现代运动的意义。一方面，在批评中有一种试图区别功利主义道德标准和美学标准的倾向。依照这种观念，美学与“形式”有很大关系，而逻辑的、技术的和社会学的问题则属于经验活动的范畴。但这种区分是错误的，因为它忽略了这样一个事实，即建筑属于象征形式的世界，在这种象征形式中，建筑的每个方面都以隐喻的方式呈现出来，存在于造型中的逻辑不同于解决实际工程问题的逻辑。两个思想系统互不相连而相互平行。

这种情况确实存在于现代运动中，就像存在于任何其他时期的建筑中一样，现代运动是真实而确定的。在现代运动中新技术是一种观念而非一个事实。技术作为一件艺术作品变成建筑的部分内容，而不只或不主要是一种建造方法。我们对科技创造建筑的赞赏更多地归结于它们在象征表现方面的成功，而并非在于它们解决技术问题的程度。然而技术上应用的很多材料都被认为是机器技术的产品，建筑师从不把它们视为“预制的”，而是将它们构筑为一种被预先考虑的可塑形式，尽管这种形式本身是由机器技术的观念所引起的。柯布西耶曾使用的幕墙可以作为一种例子，在那里，闪光的窗棂是如此轮廓鲜明且比例匀称，从而保持了立面的整体性，并在整个建筑物表面创造了一种伸展的充满张力的感觉。

现代运动所假定的技术革命和社会革命并未发生，这一事实表面上产生了这样的结果，即现代运动作品只是个体意志的结果——并到达了这样一种程度，即所有的建筑都必须以此为基础。这点一经确认，艺术和技术之间的必然联系就被打破了，建筑师可自由地扩展他赖以进行设计的理论上的文脉关系。这个关系的建立是基于一种已经站不住脚的观点，即对社会、艺术和技术抱有一种乌托邦式和未来学的观点。对建筑而言，不可避免会导致对形式的研究采取更为经验主义的态度，而这种形式基本上与复杂的技术问题无关。

在某些程度上，经济上的需要已经将这一点强加于设计者身上，但是也毋庸置疑，人们为了建筑自身的缘故一直在追求传统或半传统的材料赋予建筑的那种集合感与永久感，建筑技术和公众方面的形象日益落在个人的符号表达之外。就像利用那些具有轻盈体态的和思想细腻的建筑来重新创造世界的冲动和激励，在不确定的和变化的世界里，建筑为人类希求给自己的精神世界创造一个坚实的隐匿处所的愿望指出了道路，每一座建筑在本质上都是理想世界的一个小宇宙。

在这里我们面对一种进退两难的困境，这个困境处于现代运动的脚下，并且今天仍然还在显现。如果建筑物要保有它们作为符号的独特品质，那么它们又如何才能成为工业系统的最终产品？这一系统的目标就是要寻找普遍的解决方案。在20世纪20年代，出现了一系列独特的解决方案，但结果表明那只是不可能实现的理想世界的符号。今天我们面对着即将来临的一场建筑技术革命，这是一种实实在在的东西，它使唯一的解决方法难以奏效。

所有的象征表达形式都源自并有赖于现实世界。建筑只能存在于与其相关的社会学的、技术的和经济情况的相互关系中，这种关系一旦停止，建筑也就随之死亡。但是直到今天，在社会配置方面，建筑已经创造了一直都在迎合设计者意愿的符号形式。不管这种营造方法是人工的还是机械的，这种情况都可能存在，但重要的是要能使设计者一开始就参与这一过程。

当我们讨论建筑的时候，我们也正在讨论整个建筑物或建筑综合体。因此任何设计元素一定要在全部的文脉关系中被考虑到，因为任何要素都是整体的一部分。可以附加和可以互换的模块简单组合系统虽然能够适应任何情况，但不能给建筑提供一种基本条件，因为建筑物的形式特性依照它的尺寸、位置和设计而改变，每一座建筑物并不只是它各部分的总和。

不过，对于建造巨大和复杂的建筑而言，这样一种系统则依赖于一个与经济运作相关的机构组织。事实上，大量这样的系统在被运作着，当它们或多或少满足了装配组合的机动性的时候，它们就不能满足设计中的机动性。它们在所采用的所有可能的安排中只能解决最简单的那些。这样，一个装有填充嵌板的结构框架，因其嵌板是简单的添加物而变得没有任何表现力。作为单元聚合体的建筑确实能够取得巨大的强度和统一，不过每个个体单位的设计必须在总体上能预见到这种组合，这一点才能够完成。从将一个单元在加法系列中连接到另外一个单元的简单操作来看，这一过程还必须做些修正，这些修正既非经济的也非逻辑的。这里，在作为建造方法的技术和作为建筑形式本身内容的技术之间存在着混乱。这种系统致使建筑物不能在造型上用象征手法表现乌托邦理想，而这种理想无疑会给建筑技术以激励。

在讨论位于拉格尼（Lagny）的一系列金属材料住宅（图 4）时，柯布西耶说道："这里的问题司空见惯。"然而这些房子有一种由其独特性带来的魅力。它们为重复而设计，但是其构件都保持着某种造型的和表现的目标，

图4　法国拉格尼的金属住宅方案模型，柯布西耶于1958年设计

这种目标并不允许扩大或减少。同样，在汽车设计中，一个特定的模型是独特的，尽管它被重复多次。也就是说，不管这些例子是否与这些大量生产的住宅或学校问题相关，毋庸置疑，如果不想让建筑失去象征主义表现手法的全部可能性，就必须将严肃的思想赋予与特定建筑意图相关的构件设计问题。

对基本问题的解决似乎超出了建筑师的控制，在这种不固定的情形中，对建筑师而言，有一种遁入逃避主义和与此无关的象征主义死水中去的倾向。但令人投身象征主义的冲动本身并不是错误的，因为没有它建筑将无法存在。然而多数社会需要这样一种建筑，它表达社会的理想，它为人类提供精神食粮。这其中也有一种危机，即社会的经济机制可能使这样的建筑不能出现。这种情况特别真实，因为许多把自己看作现代运动继承人的建筑师从根本上误解了“现代运动”的目标及其优点。建筑的科学、施工和装配的合理化，尽管它们至关重要，还都停留在语言文字中。只有当建筑师抓住了这个世界，并依照象征主义形式的逻辑对它进行组织的时候，建筑才会产生。

第三节　形式与功能的相互作用：对柯布西耶两件后期建筑作品的研究

这篇评论最初发表于《建筑设计》1966 年 5 月号，第 36 期，第 221 ~ 234 页。

在柯布西耶的作品中，位于巴西利亚的法国大使馆和位于威尼斯的医院似乎代表了两个极端。一方面，大使馆直接提出了简单体量的概念，旨在“释放固定不变的感觉”，同时提供了与所谓“表面”相关的思想，这两点形成了柯布西耶的古典主义化倾向；[6]另一方面，医院像是源于相反的倾向，这种倾向体现在柯布西耶对成长模式的研究上，体现在他对民间建筑不规则的和自然的建筑形式的兴趣上，也体现在功能有机体系直接向它的合适形式进行的转化上。

然而如果我们更进一步观察的话，我们就能看出，这两个极端被同时表现在两个设计中，与先前乍一看相比，每个设计都表现出两种思想的互补关系。在大使馆的设计中，最直接的和最明显的事实，是将建筑物分解为两个简单的但对比强烈的体块（图 5）。为了表达官邸和大使馆办公楼之间在功能上的交互作用，建筑师希望能在一个单一的复合体中发展他的方案。但是在这样一种解决方案中，很难避免官邸对办公楼形成制约。柯布西耶显然想要让大

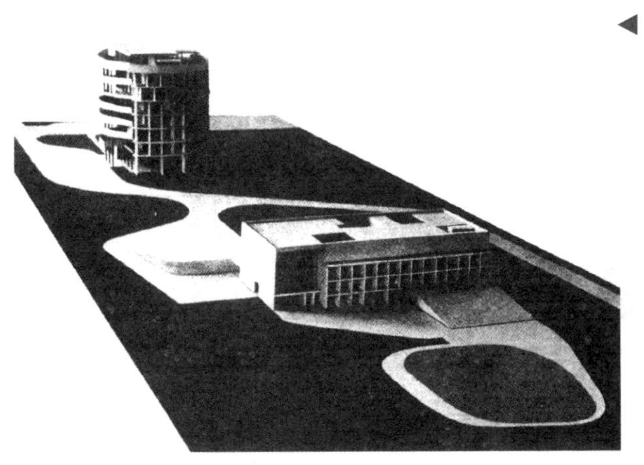

图5　位于巴西利亚的法国大使馆方案，柯布西耶于1964～1965年设计，模型北部景观

使的官邸携带传统的意义，这种意义关系到大使及其随员的感受，为此他必须将两栋建筑完全分开。

官邸是一座低矮的立方体别墅，位于场地东侧，约横跨场地的一半，面向湖面。大使馆办公楼靠近西部的场地边界，这里与市中心有比较便捷的联系。大使馆办公楼是一个圆筒形7层高的塔楼，它的高度使它能够越过住所俯瞰湖面，圆筒形形式使它成为较小的住所矩形组合体的补充。一条车道连接着两栋建筑物和场地间的两端，并赋予场地一种旋转的对称关系。这种对称是柯布西耶经常采用的一种策略（图6）。

大使馆办公楼是柯布西耶完成的唯一一个圆筒形建筑作品实例[就我所知，在已出版的作品中，在斯特拉斯堡和缪克斯（Meux）都没有见到圆筒形方案]，但是他早期对简单几何形体的研究，以及《走向新建筑》(*Vers Une Architecture*）一书中的谷仓照片和他所画的比萨斜塔草图都显示了他对该问题的兴趣。在这种解决方案中，圆形的遮阳板幕墙环绕着一座不规则的直角形建筑物，建筑的墙壁和地板只在某些位置延伸到圆形内表面（图7），

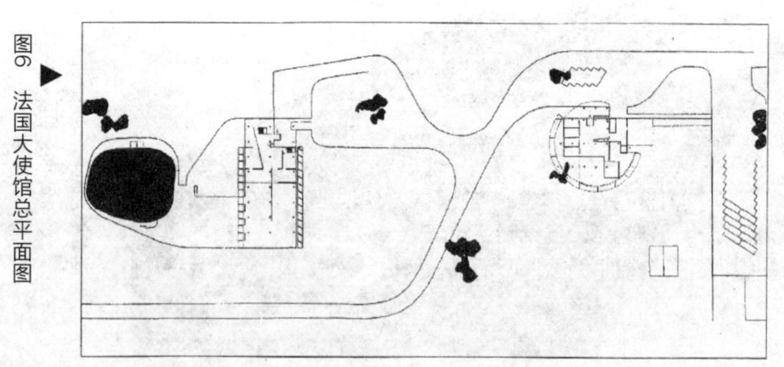

图6 ▶ 法国大使馆总平面图

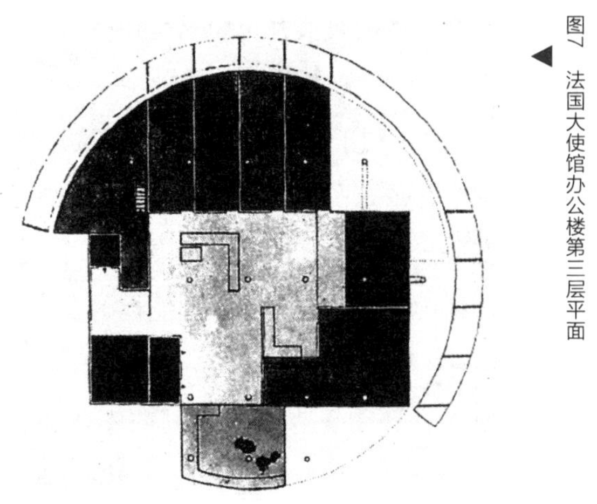

图7 法国大使馆办公楼第三层平面

增加了一个物体内嵌入另一个物体的印象，由于环绕的弧形只延伸到圆周的3/5，使得建筑物在电梯桥和楼梯的位置突破外壳而出现锐利的尖角。切开圆周的结果是适应了用行车道将建筑物分解为入口通道和安静工作区域的布局，阳台在车道上方延伸出遮阳板；此外这些阳台的间距大小不同，最低的一个尤为突出，被看作入口的雨篷。位于每层楼的中厅，从圆周的中心稍微偏移，形成数排面对北面和东面展开的办公室。这些办公室和它们各自的阳台在每一层都有所变化，给予遮阳板内部表面以一种不断更新的联系。感觉上圆柱体是中空的，并且它的内部表面似乎独立于围护结构之外。

这种简单的立体观念根本上不同于文艺复兴时期所奉行的观念。在那里，圆形的理想形式占据着有确定功能安排的空间区域。我们需要同时表现功能和理想的系统，因为仅表现前者将导致明显的混乱，但若只是表现后者则将拒绝功能的真实性，而只是在主张一种失去意义的形式。

这种形体也不同于富勒所提出的动感圆形住宅方案，在这栋住宅中，柏拉图思想呈现为一种机械决定论的外观，而且变成一种绝对化的生物形态，这可以把人们从不得已的选择中解救出来（喜欢功能性的安排而胜过其他的选择）。

在大使的官邸中也存在着相同的不明确性，这种不明确性产生于一组不同的功能和形式的决定因素（图 8）。在官邸的设计中，这些内容被简化为三个要素：一个由接待室和办公室组成的主体，一个包含大使私人寓所的“阁楼”和一个与前两者相连并包含主楼梯的宽敞的门廊 - 玄关。入口和接待室位于二楼，两条宽广的斜坡道将该层与底层相连接，一个引导空间从西面导向入口门廊，另一个引导空间从东部的接待室导向一个环

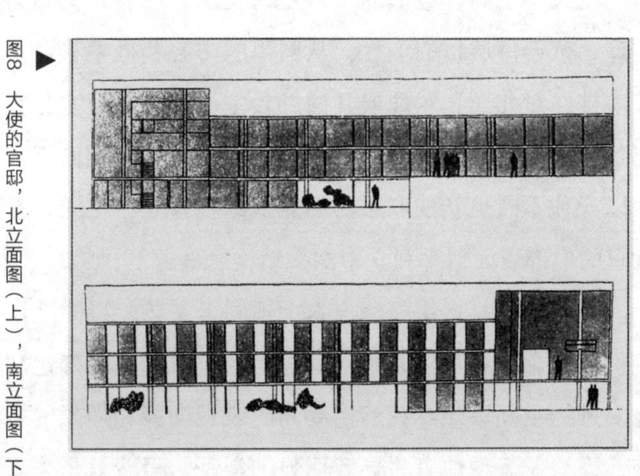

图8 ▶ 大使的官邸，北立面图（上），南立面图（下）

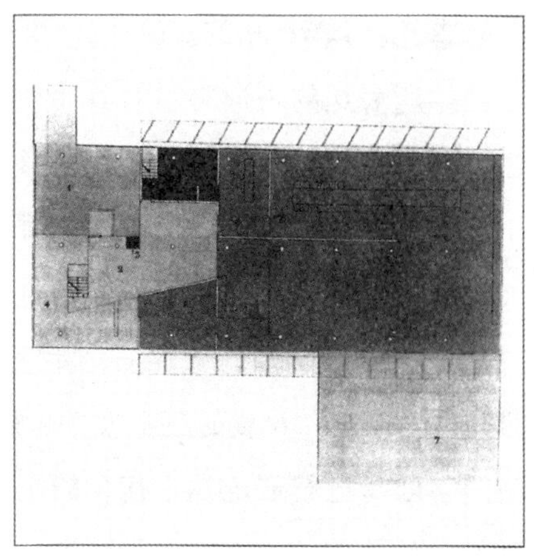

图9 大使的官邸，第二层平面图

绕着游泳池的花圃（图9）。从场地东南角看，入口斜坡像一个墩座墙支撑着大使官邸，并且超越其间场地的阻隔将两座建筑物连接在一起。

在建筑物的一端建造门廊，这是柯布西耶的作品中常见的手法。它首先出现在位于加尔什的斯坦别墅[可以说它本身是新精神馆（Pavillon de l'Esprit Nouveau）的派生物]中，而后经过微调，又重现在位于昌迪加尔（Chandigarh，印度北部城市，旁遮普邦和哈里亚纳邦首府）的高等法院中。在法国大使馆中，门廊成为一个透镜，大使馆经过它被联系到大使的官邸和场地较低一端（在这两栋建筑物的布局中，能通过东边界的门廊看到大使馆，并且在大使馆东侧上的办公用房里也能通过门廊看到湖面）。门廊是建筑物的眼睛，正是通过这个门廊，人们进入了一个神秘的内部空间，这个内部空间也将人们与场所或城市中的公众空间相互联系在一起。在加尔什和大使馆这两个实例中，在体块一端的开口使呈对角线的布局充满活力，并创造了一个与严格的直角外形反向运动的感觉。

这个门廊所表达的古典暗示有其明显意图，它的位置意味着对对称的一种讽刺和拒绝，而且赋予了门廊一种古怪的、富有修辞色彩的独立性。门廊的开口以此突破了阁楼的坚硬墙壁，这种空间颠倒的做法使阁楼层与接待室楼层具有了同样的重要性——接待室的重要性因它们所具有的“家庭”尺度的遮阳板得以强调。

大使的官邸是巴黎瑞士学生宿舍的主管者住宅的派生物。然而，该住宅的墙面并未被穿透，一方面因为门廊的联系作用在语义上成为了多余；另一方面则因为在瑞士学生宿舍中底层架空柱需要视觉上的通透并使上层淡化。需要确定的是，大使住宅需要绝对的私密，屋顶庭院也形成了一种私密性的户外空间，这个空间尺度亲切，重复了与接待室相连的户外开敞空间。

在这栋建筑物和大使馆建筑中，遮阳板属于先前用在印度的那种类型，它们由远离窗户的侧壁组成，这些侧壁由主体结构之外的结构独立支承。早先遮阳板结构被构思为对付玻璃幕墙的反射。在柯布西耶后期的风格中，其主要发展之一是将它们作为独立结构来使用（虽然他在某些晚期建筑物中继续以其最初形式来使用它们）。当采用这种方法的时候，这些遮阳板就变成穿孔墙壁，而当墙壁被“无向度感的”和不能穿透的坚硬外壳所替代的时候，这些墙壁就在外部和内部之间重建起已失去的过渡空间。在底层，这种墙体元素的连续穿透性有可能省却了底层架空柱，而无须受到重量和庞大体积的牵连，按这种方式也可以把主房间放在一楼。在大使的官邸中，底层既能被当作是开敞的，也可以被当作是封闭的，这就允许它用斜坡隐藏部分形体，从而产生一楼升起到二楼的印象。在一楼有房间的地方，遮阳板可以直达地面，而在没有室内空间的地方，遮阳板的间距被扩大了一倍，使人联想起底层架空柱，然而这并没有破坏遮阳板的形式意义。

巴西利亚法国大使馆建筑中的构成问题比较简单，对比之下，威尼斯医院的情况却是复杂且特殊化的。可以（即便是在场址要求高度限制的情况下）设想这样一种解决办法，即将原来采用垂直方式进行组织的不同类型的住宅改为以水平方向进行联系，但是柯布西耶已决定用垂直方式划分不同性质的空间，以便每个楼层服务于一个不同的目标，而且任何一个交叉点的位置，原则上都是典型而完整的组织。这一点无论从管理的观点和可持续性的观点来看都具有明显的优势。它也重复了这样一种城市肌理的模式，这种肌理表现为运河和庭园穿插在建筑之中。在威尼斯，城市本身就是建筑物，而这座医院不过是整座建筑物伸向水面的触角而已（图 10）。

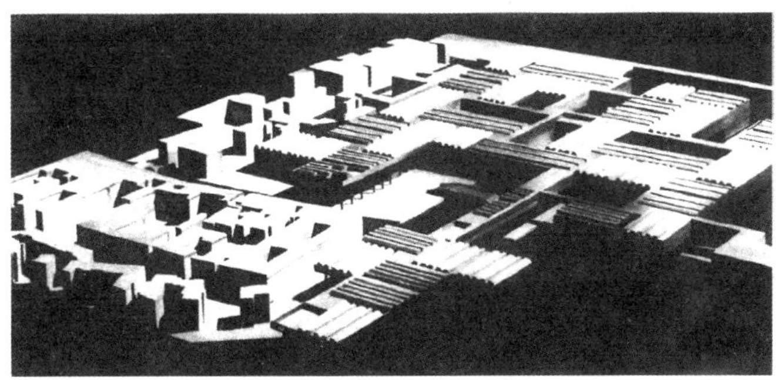

▲ 图10　威尼斯医院，柯布西耶于1965年设计，第二次的方案模型

医院靠近大运河（the Grand Canal）西北端，跨越将威尼斯与麦斯垂（Mestre）分隔开来的咸水湖湖面。由于接近铁路终点站和麦斯垂的工业污染区，这就决定了医院呈现出坚实的墙壁和轻巧的屋顶外观。建筑物覆盖着一个很大的区域，在体量上和重要性方面可以与圣马可广场（Piazza San Marco）、奥斯派戴尔市中心（Ospedale Civile）和圣乔治修道院（Monastery of San Giorgio Maggiore）这些建筑相比。对于由象征威尼斯公共生活的各种小规模却意义重大的建筑物集合而成的城市而言，这座医院确是一个重要的项目（图 11）。这种解决方案将这一角色所暗示的纪念性与中世纪城市尺度的亲密性以及保持和谐的品质加以结合。如果建造完成，那么想要使通常需要靠发展旅游才能保持活力的城市周边地带走向繁荣，这还有很长的路要走。

底层的住所呈现为 L 形的平面，在 L 形的转角处包含一个独立的区段。接待室、管理室和厨房占据了 L 形的主要空间，护士会所占据着独立的区段。直接的通道

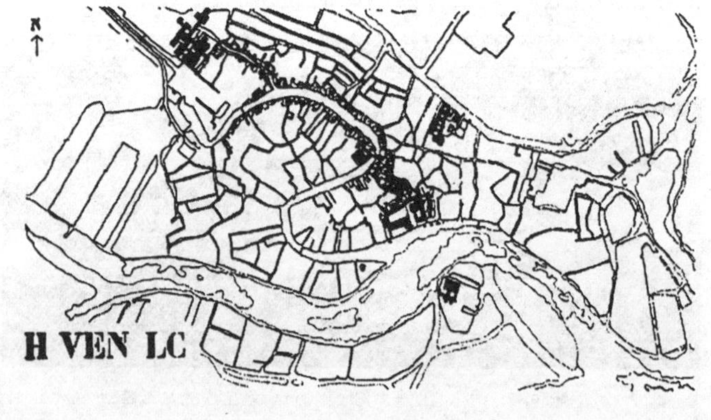

图11　威尼斯平面图显示了柯布西耶设计的医院与市立医院、圣马可广场、圣玛利亚教堂、圣乔治修道院之间的关系▶

系统突破了 L 形体，渡船和汽车出入口导向了主入口大厅。渡船途经的路线在尽端以一座桥梁连接着宗教与娱乐中心。其中夹层是底层空间的延伸。

门诊和治疗部门位于二层 a 区，并以自由方式安排在核心的周围。其中包括一些手术观察室，也以上述病房的方式组织在核心的周围（图 12)。二层 b 区是所有电梯之间的一个水平交通系统——病人使用中央电梯，职员使用外围电梯（图 13)。占据整个顶层的病房区段

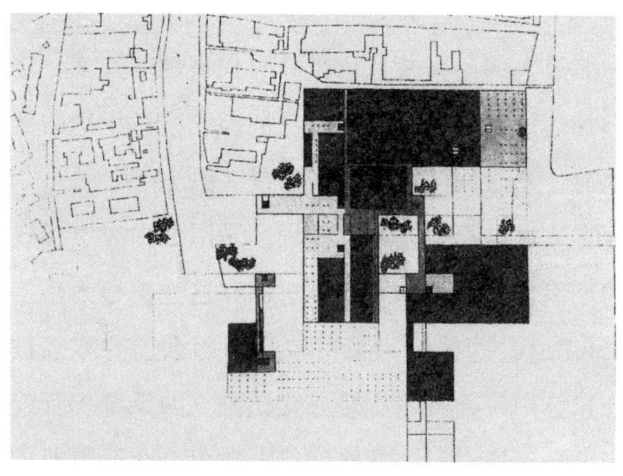

图12　威尼斯医院第一次的方案，1964年，二层a区平面图

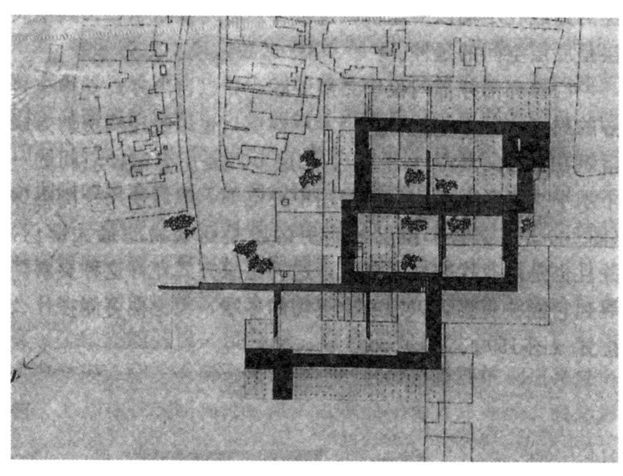

图13　威尼斯医院第一次的方案，1964年，二层b区平面图

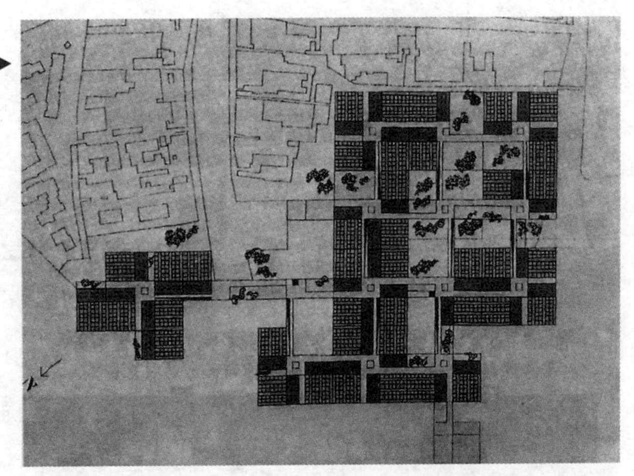

▲图14　威尼斯医院第一次的方案，1964年，三层平面图

是建筑物的最大部门，并且也是最有代表性的要素，这种组织方式允许这种要素扩展到它能被观察者识别的建筑物的尽端，无论他可能在什么位置（图 14）。

平面的基本单元和它的生成程序是围绕中央电梯核心旋转的一组方形病房——柯布西耶称这一核心为小广场（campiello）。这些单元采用彼此紧邻毗连的方式被组合在一起，用“调整”旋转方式让独立的系统相互连锁。这些单元汇聚成一个方格网络，在每个交叉点形成一个小广场。

该平面不同于那些以增加同构的单元为基本特征的方案（如阿尔多·范·艾克在阿姆斯特丹设计的学校）。在威尼斯医院，基本单元本身是按等级安排的，采用了生物学的而非矿物学的分类方法，可能有局部性的修正而没有原则性的破坏。它明显与康迪利斯、若西克和伍兹为柏林自由大学所做的设计方案有关。顶端平面的理念令人联想起北非伊斯兰大学，学生的居住单元聚集在小庭院周围，形成了环绕于中央庭院周围的人造卫星系统。如同在伊斯兰大学中一样，整体支配着部分，设计中所附加的性质受到几何学的有效控制。

与附加式相反，几何式方案由重复的正方形和黄金分割的长方形这样一个系统组成。两个正方形中的较小者构成重心，与整体架构并非对称关系，而是以对角线相联系。这个中心也位于长方形的交叉点上，这些长方形是依几何比例划分整个正方形而得到的，附加部分的网格由八个单元组成，这种网格依照8，5，3，2即斐波那契数列（Fibonacci，一种整数数列，其中每个数字等于前面两个数字之和）进行划分。小的正方形中心是治疗部门的重心和为病人服务的主要垂直循环点，围绕这一循环点，在顶层有一开口把光线投给环绕在中央核心周围的底层庭院，正如在拉托里特修道院（Monastery of La Tourette），带有循环通道的传统庭院被修改为依照轴线设置的十字环路系统——这种轴线带有一种典型柯布西耶式的功能主义和神秘秩序的印记（图15）。

中央核心（从另外的观点来看，它只是许多的距

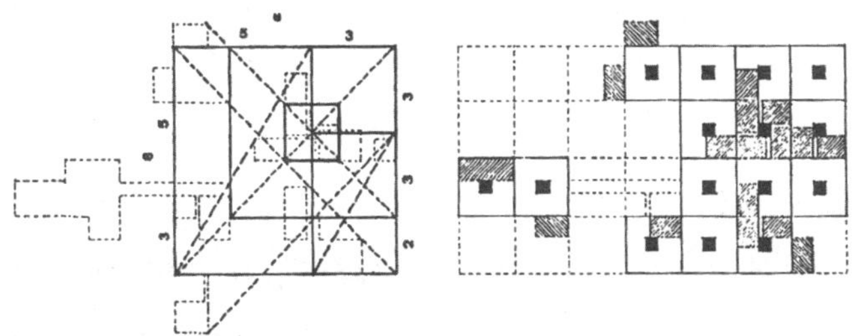

▲ 图15 威尼斯医院几何图解（左）与附加图解（右）

离相等的电梯核心之一）只决定了建筑物东南与西南立面的固定联系。在概念上，建筑物能扩展到西北和东北立面上，这些立面以较为自由的方式横跨咸水湖，并扩展到西北和东北的迪卡纳里吉奥运河（Canale di Cannaregio），你可以设想在那里将发生进一步的扩展（在第一期和第二期计划之间，事实上可用的场地增加了，并且人们可以看到扩建工程对原先的全部计划并没有造成破坏）。

病房环聚于中央天井周围，其中一翼延伸到咸水湖，在渡船入口的上方形成一个U字形，类似前庭的感觉。一座桥梁从这里跨过运河，通向位于对岸的独立的病房综合区。

尽管这栋建筑物在柯布西耶的作品中具有特殊性——也许能被解释为复杂地段问题的特性——但其中许多原型在他比较早的作品中存在着。位于珀伊塞的萨伏伊别墅，扁平的立方体向上伸展并敞向天空，是最先作为“类型”解决方案来建造的。这一点看起来似乎很清楚，这种“类型”解决方案不能够等同于班纳姆在《第一代机器的理论和设计》中讨论过的物件类型（object-type），因为柯布西耶时常在不同文脉关系中使用相同的类型。我们必须设想他的“类型”观念与一种神秘形式而非解决特别问题的方法有关，而且如同人的面相造型或音乐模式，许多不同的内容都能被附着于相同的形式上。在他1930～1939年为可持续发展的美术馆（Museum of Endless Growth）所做的设计中显然有一个相似的构思，如同威尼斯医院一样也考虑到扩展性的问题，只是采取了一种不同的方式解决了同一问题。1925年在巴黎大学城（Cité Universitaire）设计方案中，柯布西耶则设计了一个纯粹的单层工作区，所有房间完全从屋顶采光。

可能受早期对重建中欧史前湖上住屋的兴趣的影响，柯布西耶有许多利用架空柱将建筑物伸展到水面上的设计。拉托里特修道院采用的也是相似的方式，即将建筑悬于像水面一样的粗糙坡地之上，使建筑空间中的居住者有一种悬浮在空中的感觉。

但是在威尼斯医院的方案中，这些形式中潜在的象征主义被用来解决一个新颖独特的问题。底层架空柱的空间形成了一个阴影区域，在这种区域中日光对水的反射会产生连续的波动。在这个区域之上，空间被大量圆柱围合而成，圆柱的分组形式将随着观察者的移动而变化，在这个空间之上，浮动着一片巨大的屋顶，屋顶上的一些位置设计了一些开口，日光投射进来，呈现了一片片天空景色。这片屋顶事实上是一个有人居住的顶层，它厚厚的饰带隐藏了后面的病房。这是天空的王国，在远离水、树和世间烦扰的宁静空间里人们的身心得以康复。但是除了提供日光和康复的效用之外，它还有比较隐晦的暗示。在穴状的病房区，病人似乎是放置在冰凉石板上的勇士躯体，连同简单的盥洗设备（图 16）一起，体现了柯布西耶个人的强迫观念，使人产生一种肃穆的感觉。好像是克劳德 - 尼古拉斯 • 勒杜（Claude-Nicolas

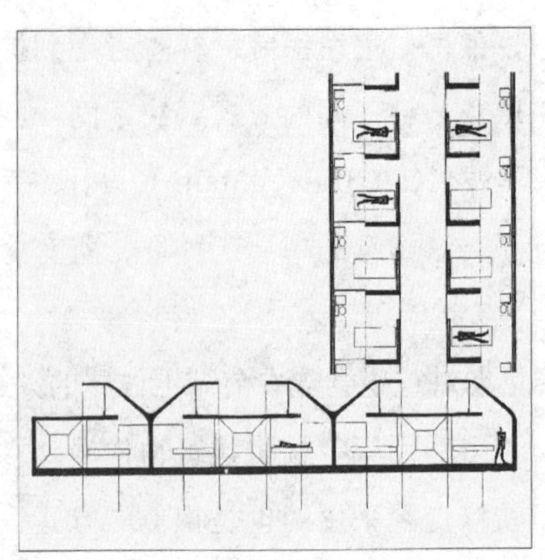

▲图16　威尼斯医院，柯布西耶设计，1965年，病房平面图（上）和剖面图（下）

Ledoux）或约翰·索恩（John Soane）风格的一个大墓地。此种方式具有柯布西耶的典型风格，即在这种方式中概念的逻辑性被无情地应用到病房的组织上，产生了一种以实用为第一位的解决方案。这里存在着一个价值观的巨大差异问题，在整体上这个方案与一般社会观点不同，后者的价值取向很可能是基于“平常人”的意见，然而建筑作为一种治疗机器并不能把自己托付给掌握建筑命运的人去控制。

尽管这些作品提出了各自不同的目的和不同组织的式样，但威尼斯医院在以下方式上仍与巴西利亚法国大使馆方案类似。即它唤起了复合体和重叠对应的方式。这种把作为构成要素的功能进行解析的分析方法允许功能在固定模式的周围和内部进行发展。形式没有被认为是在与功能一对一的关系中发展的，而是基于一种理想的架构，借助功能的自由配置，并以它们所产生的令人意想不到的感觉上的偶然性和可能性与形式产生一种对话。建筑物既是基本细胞的一个聚合体，它能使这些细胞单元生长和发展，同时又是一个被破坏后又经修复的实体，在外部空间和内部空间中都揭示了一种持续的交互作用。

人们对复杂性的感受，比如对巴西利亚法国大使馆的认识，是大量子系统融入整体架构的结果，而这些子系统本身是极为简单的。

CHAPTER Ⅱ.

第二章

类型和它的转换

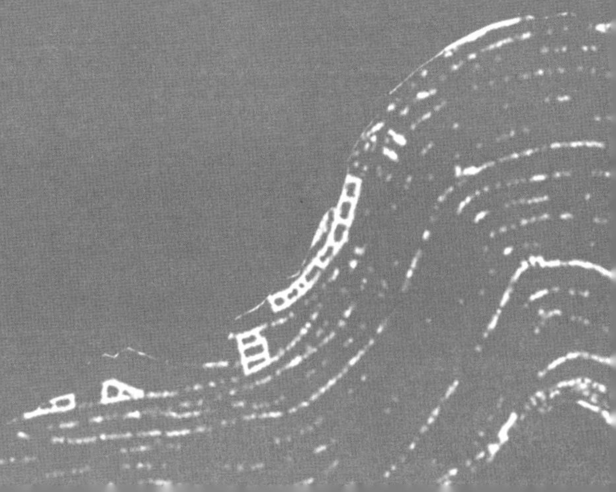

第一节　类型学与设计方法

这篇评论首先发表在《竞技场》（*Arena*）杂志第83期，1967年9月号。

在最近几年，人们给予了设计方法论和设计程序问题以更多的关注，二者被作为解决问题的大量方法中的一个分支。许多人相信——并非没有理由——建筑师所采用的传统的直觉设计方法没有能力处理那些需要解决的复杂问题，同时他们也相信如不采用较敏锐的分析和分类工具，那么设计者就容易为解决新问题而重蹈类型-解决方案的旧辙。

作为设计师和教育家之一的托马斯·马尔多纳多（Tomás Maldonado）一直关注着这一问题。1966年秋天在普林斯顿大学的一个讨论会上，马尔多纳多承认，在不可能将每一个建筑方案中可见的活动进行分类的前提下，为了要达到解决问题的目的可能需要使用一种建筑形式类型学。但是他又补充道，这些形式又像是在解决方案这个肌体中的毒瘤，随着我们的分类技术变得更加系统化，我们将有可能最终全部消除它们。

现在，我的信念是，一项美学原则就潜伏在这些观念的外表之下,这些观念显然是实际的,而且坚定而清晰。我的目标是将其作为案例加以展现，并进一步试着去揭示它，然而要使它能站得住脚，则需要相当大的修正。

反对在建筑中使用类型学过程的最常见的论点之一是，这些过程是手工业时代的残余。人们坚持认为随着科学技术的发展，人们能够发现潜埋在前工业时代技术解决方案下的一般规律，手工艺人使用的模型现在已经不太需要了。

“艺术”和“科学”词汇的兴衰枯荣确实显示了存在于两种人造物品之间的明显区别，一种是应用自然科学的结果，另一种是模仿和直觉的结果。在现代科学诞生之前，传统、习惯和模仿是所有人工制品在生产中使用的方法，不管这些人工制品主要是用于功利目的还是宗教目的。“艺术”一词被用来描述生产所有这些人工制品所需要的技术。随着现代科学的发展，“艺术”一词被日益限制用于这种手工艺品的场合，即这种工艺制品不依赖于自然科学的一般规律，而是继续以传统的和作品的最终形式观念为基础，它被当作一种固定的理想。

但是这种区别忽略了一种范畴，即人工制品在初始的感觉中不但已具有“使用”价值，而且具有“交换”价值。工匠在开始制作一个物品时，在他的脑海中已有了这个物体的图像。不管这个物体是一个崇拜对象（如一个雕刻品）还是一个厨房器具，它都是文化交换的一个对象,构成了社会信息沟通系统的组成部分。它的“信息”价值正好是工匠在制作作品时脑海中所坚持的最后形式的图像，并且他的手工制品尽可能紧密地符合这种形式。尽管科学方法发展了，但我们仍然必须将社会或图示价值提供给这些技术产品，而且承认它们在物质手段上和我们的环境中处于重要的角色。人们很容易了解到继续依照传统方法（如绘画或音乐作品）来制作的人工制品的种类和等级具有最明显的标准传统风格的目标，但是总体来说这样的一个目标没有时常在环境创造中被辨认出来。这个事实被我们隐瞒了，因为设计过程的意图“隐藏”在特殊表达的规范的细节处理中。

“原始”人的偶像崇拜和由此衍生的正统基督教信徒的态度也阻碍人们接受这种图式价值。自从18世纪以后，一直存在着一个把原始时代视为黄金时代的倾向，认为在这个时代人们更接近自然生活。举例来说，许多年来，原始的茅舍或它的衍生物被作为建筑进化的出发点，并且成为在学校中第一年设计绘制的题目，因为我们假定从高等野蛮人以功利为目的的手工艺到现代的科学技术之间通常存在着一种直线关系，这也并非夸张之词。就以高等野蛮人的思想为基础这一点而言，这个思想应该说是相当无根据的。原始人的宇宙论系统是非常智慧的和非常人造化的。法国人类学家克劳德·列维-施特劳斯（Claude Levi-Strauss）通过以下引言清楚地表述了血缘关系的系统观念：“的确，生物学上的家庭存在而且持续存在于人类社会。但是给予血缘关系以社会真实的个性，并非是它必须保存了什么自然的东西；最关键的步骤是它能将自己与大自然分开。一个系统的血缘关系不由客观的血缘纽带所组成；它只存在于人的意识中；它是一个任意的表达系统，不是事实情形的自然发展。”[1]

在这种系统和现代人仍然在运用的接近世界的方式之间似乎存在一种相近的类似，在原始人所有实际的和感情生活的衍生物中真实的东西——也需要以这样一种方式表现现象世界，其结果使它变成一种连贯的和合乎逻辑的系统——沉积在我们自己的组织中，特别是在我们对周围人造物体的态度中。被称为社会空间的架构的创造是将这种方法用于当代人的一个例子。比方说，我们在都市环境中或在一座建筑物中的位置感和关系感不依赖于任何可测量的事实；它们是现象。我们在环境美学上的组织目的是要利用主观的系统化，除了是以一种社会公认的方式表现事实为人工构造之外，作为结果而产生的组织在一一对应的关系中并不符合客观事实。接下来，就真实性来看，被发展的具有代表性的系统独立于环境中可以计量的事实，若环境正在发生飞速变化，那这一点就尤其显得特别真实。

然而，没有任何表现系统和任何元语言完全独立于构成客观世界的事实之外。建筑的现代运动是一种对代表性系统进行修正的尝试，这种系统是从前工业化时代继承过来的，并且在快速变化的技术演进关系上不再有何深远意义。作为这种变化根本的主要学说之一是本质上基于对自然的回归，这一学说虽然源自浪漫主义运动，但很明显已从模仿天然形式的外表或手工艺操作技艺的层次，演变到“坚信科学有能力揭示自然在运转过程中的本质”。

这一学说反映了在生物技术决定论中包含的信念。将现在流行的科学分析和分类方法视为极端重要的信念就来自这个理论，现代运动中功能主义学说的本质并非所谓美、秩序或意义是不必要的，而是它们不再出现在人们对最终形式深思熟虑的探索中。人工制品在审美上对观察者的直接影响，被看作形式化过程发生了短路。形式只是将操作的需要和操作的技术结合在一起这一过程的合乎逻辑的结果。最后将需求与技术融合在一种生命的生物学延伸中，而且功能和技术会变成完全相通的。富勒的理论是这则学说的一个极端的例子。

这个观念与斯宾塞哲学（Spencerian）的进化理论有着非常惊人的关联性。就整体而言，依照这个理论，延长生命和物种的目的必须归于过程，但是在过程中任何时刻都无法认为这个目的是有意识的。过程因此是无意识的和目的论的。同样，现代运动的生物技术决定论是目的论的，因为它把建筑形式美学看作某种没有设计者有意识干涉而达成的东西，是设计所应达到的理所当然的终极目的。

这则学说显然与企图给有意味的图式以优先权的任何理论相抵触，它尝试吸收程序接受过程，并试图靠这种过程让现象世界的表现回到无意识的进化过程中。那么它成功到何种程度？它又在何种程度上被显示为是可能的呢？

首先，这一理论明显地回避有关整个形式图式意义的问题实质。一些人在设计领域中曾经一直是，现在仍然是讲求纯技术和所谓客观设计方法，并将那些方法作为产生环境处理所必需的和充分的方法，虽然他们对科学家创造的技术的崇拜已经到了难以想象的程度，但仍然将图式的力量持续地赋予技术创造。我早先说过，正是在所有人工制品的威力下物品变成了偶像，不管它们是否是为这个特定的目的而产生的。也许我可以提到19世纪技术领域的某些物品，当时的技术已经具有了生产汽船和火车头的巨大威力，我这里只列举这两个例子。即使表面上这些物品在思想上是出自功利目的来制造的，但它们很快就变成了完形的实体，在想象中将它们的组成部分进行分解是困难的。稍后的技术装置，如汽车和飞机也具有同样的真实性。这些物品充满了审美上的和谐并且已经变成大量意义的载体，这一事实显示出，一个选择和离析的过程已发生，从它们具有的特别功能这一点来看这些意义看上去似乎显得多余。因此我们必须把手工艺品所含的美学和图式的品质看作它的生命，这更多的不是由于其固有的特性，而是归结于一种实用性和涉及人类感知的积淀。

现代的建筑文献充满了这样一些陈述，这些陈述指出，在所有的已知需要被满足之后，在最后的形象选择上仍然有一个广泛的区域。我很乐意列举两位设计师，他们用数学的方法完成了建筑的解决方案。

第一位是约拿•弗里德曼（Yona Friedman），他在设计中使用数字方法去完成建筑空间的组织。在描述和估量城市三维空间网格中功能相对位置的方法方面，弗里德曼承认设计者在估算之后总是面对两难选择，因为从操作的观点来看，所有这些方法都同样的优良。[2]

其次是扬尼斯·克塞纳基斯（Yannis Xenakis），他在设计飞利浦宫（Philips Pavilion）时使用了数学程序来决定环绕结构的形式，当时他在柯布西耶设计室工作。在飞利浦公司出版的描述这栋建筑物的书中，克塞纳基斯说，在这里，计算提供了结构特有的形式，不过此后逻辑便不再起作用，并且建筑空间的构成与安排必须以直觉为基础才能加以决定。

这些陈述表明，技术美学形式的纯粹目的论学说是难以维持的。无论在设计的哪个阶段它都可能发生，设计者似乎总是要做出主动决定，而且他完成的结构一定是一种意图的结果，而不只是决定论程序的结果。柯布西耶的下列陈述就意在强调这种观点："我的理智不同意在建筑物中采用维尼奥拉（Vignola，1507 ~ 1573 年，意大利建筑大师，以他 1562 年出版的颇具影响力的《五种柱式规范》一书而闻名于世——译者注）模数。我想声明，和谐存在于每一个人正在处理的对象之间。位于朗香（Ronchamp）的小礼拜堂也许说明了建筑不是数字的事情，而是造型的事情。造型不是被烦琐的哲学或学院公式所控制；它们是自由的和说不清的。"尽管这份陈述是功能主义对过去学院派形式模仿的一种抵抗，而且它所否认的决定论是学院的而非科学的，但它仍然强调那种随遵从功能的考虑而来的，解放剩余功能所具有的决定解决方案的力量。

拉斯洛·莫霍伊-纳吉（László Moholy-Nagy）对芝加哥设计学会设计课程的描述是这个类型中最明确的陈述之一，他为自由运用直觉作了下列辩护：“训练直接指向想象、幻想和发明创造。对不断变化的工业场景，对处于变迁之中的技术……都是基本的条件。在这场技术革命中最近的一个步骤是通过有意识的探索强调想象……天才的直觉工作技巧赋予这个过程一个线索。只要基本特征被领会理解，那么每个人都能拥有天才的独特能力：迅速地将表面上看起来并不相关的元素联系起来……如果相同的方法论能经常被应用在所有的领域中的话，我们就将获得我们时代的钥匙——在关系中观察每件事物。”[3]

现在我们能够开始建立一幅扎根于现代运动学说中的整体图画。它来自两个明显对立的观念——一方面是生物技术决定论，另一方面是自由的表达。看起来这一情况似乎已经发生，即作为操作自然模态的延伸，在给功能要求以新的有效性的行动中，在先前进行过大量传统实践的地方留下了真空。整个美学领域包括意识形态基础和有关理想美的信念都被不予理会。在这个地方被留下的东西是对无所不能的表达，是天才们的完全的自由，似乎这些天才就居住在我们中间。结果是，在坚定的而理性的设计原则表面下所表现出来的东西相当荒谬地变成一种对直觉过程的神秘信仰。

现在我想折回我早先提到的托马斯·马尔多纳多的陈述中来。他说只要我们的分类技术未能建立起一个问题的所有参数，那么就可能需要使用类型学形式来填补缺口。从现代设计者所陈述的例子中可以看出，说出一个问题的所有参数的确是不可能的。真正可以计量的标准总是为设计者留下选择的余地。在现代建筑理论中，这种选择通常被构思为文化真空中直觉工作的基础。在提到类型学时，马尔多纳多提出了某些相当新颖的东西和某些被现代理论家一次又一次拒绝的东西。他提出纯粹直觉的区域一定以过去解决相关问题的知识为基础，而且创造本身是一种调节形式的过程，这种形式来自过去的需要，或是现在对过去的美学观念的需要。虽然他把这视为一种临时的解决方案——“解决方案的肌体中的毒瘤”——他仍然承认这是设计者所遵从的真实程序。

我认为这是真实的，而且，它不只在建筑中而且在设计的所有领域中都是真实的。我曾提到这种争论，即被用于解决设计问题的一般物理的或数学的规律越严格，就越不需要有最后形式的智力图式。但是，虽然我们可以假定这样一种理想状态，在这种理想状态中规律与客观世界精确地对应，但事实上不存在这种情形，即规律不存在于自然之中。规律是人类思想的构造物；它们是一些有效的模型，只要事实不证明它们有错误，它们便是正确的。规律成为模型好像它们能真正地排除图像。不仅如此，技术时常面对一些在逻辑上不一致的问题。

举例来说，除非应用自然规律，否则飞机结构的所有问题都不可能被解决。不过动力设备的位置是可以变动的；翅膀和尾部的结构也是如此。一个物件的位置影响另一个物件的形状。一般规律的应用是形式的一种必需的成分。但是它不是决定真实结构的一个充分的要素，而且在纯技术领域这种自由选择的范围依靠与早先的处理方式相适应的方式来加以解决。

在建筑领域，这个问题变得至关重要，因为与一架飞机或一座桥梁相比，一般的物理法则和完全根据经验的事实更难确定最终的结构，甚至更需要依赖某种类型学模型。

人们可能会说，虽然在操作区域之外有一个自由选择的区域，不过事实上这种自由存在于细节之中（举例来说，在这里个人的“品味”可能合法地在起作用）。技术上复杂的物体如飞机或许被证明是真实的，类型学的关系主要由自然规律的应用来决定，但是它不适用于建筑。相反，因为作用于建筑物上的相对简单的环境压力以及类型学的各种关系几乎全部不由自然规律来决定。例如，在飞利浦宫实例中，基本结构的建立不但产生于声学需求，而且来自创造一座会传达眩晕和幻想印象的建筑物的需要。正是在这些细节中，这些规律变得十分迫切，而且不是在一般的运行之下。在决定用操作要素进行控制的地方，设计者是在彻底按照19世纪理性主义原则进行工作。例如，在密斯和斯基德莫尔（Skidmore）、奥因斯（Owings）和梅里尔（Merrill）设计的办公大楼中，完全实用的构思和对费用的考虑汇聚为一种公认的新古典主义美学，创造出简单的立方体、规则的框架和内核。有趣的是按照先锋派的观点，在大部分设计中形式决定因素取决于技术和操作，但当追求奇妙的或某种表现派的形式时便丢弃合理主义和经济原则。以阿基格拉姆派（Archigram）为例,形式时常借助于其他的学科，例如空间工程学或波普艺术。产生这些图像的程序或许是正确的——在否定这些程序之前，人们必须调查它们与柯布西耶和俄国构成主义作品间的关系，这些装饰都借用了船舶和工程结构的形式——如果我们把这看作一种技术方法，而非遥远的乌托邦理想，那么这些图像就几乎不可能与决定论的学说相互一致。

在任何情况下，19 世纪末 20 世纪初流行的一般表现理论都可能对现代建筑理论拒绝类型学以及相信直觉的自由进行某种程度的解释。在某些画家的作品和理论中能很清楚地看到这个理论——尤其是瓦西里 • 康定斯基（Wassily Kandinsky)，在他的绘画中和在他的著作《平面上的点和线》(*Point and Line to Plane*）中都有所反映，这本书描绘了他的理论轮廓，而他的画正是建立在这种理论之上。表现派理论拒绝了艺术的所有历史，正如现代建筑理论拒绝了建筑的所有历史形式，对表现主义来说，这些历史显示的是一种技术上的僵化和一种存在的目的和理由已经停止的文化态度。该理论基于这样一种信念，即形状有其外观的或表现的内容，这种内容将它自己直接传达给我们。这种观点受到很多批评，其中最令人信服的反驳之一出现在E.H.贡布里希（E.H.Gombrich）《关于一个木马的沉思》（*Meditations on a Hobby Horse*）一书中。贡布里希证明，事实上这种安排在内容方面是非常不充分的，就如在康定斯基的设计中所发现的那样，除非我们将那些非形式本身固有的某些传统意义系统归纳到这些形式中。贡布里希的论题是，外观形式是暧昧的，尽管不是整个外观都没有表达的价值，而是它们只在特殊文化的环境里面才能被解释。他举例说明这点的方法之一是借用富有情感含意的颜色品质。贡布里希借用交通信号灯这个著名的例子指出，我们正在处理一种传统的而不是外观的意义，他主张应该颠倒这一意义系统，红色指示行动和向前运动，绿色指示不活动、稳静和小心，他认为这种做法才是合乎逻辑的。[4]

表现派的理论或许对建筑的现代运动有更强烈的影响力。在建筑中表现主义的应用甚至较绘画更为明显，因为在建筑中没有完全的具象主义形式。建筑通常和音乐一起被认为是抽象艺术，所以这种外观形式的理论可以应用于它，而不必克服在形象和事件表现方面的障碍，譬如在绘画方面。但是如果对表现派理论的异议成立的话，那么这种理论不管是应用于建筑还是应用于绘画都一样存在问题。

正如贡布里希所提出的，如果形式本身没有意义，那么随之而来的是在我们无意识的思想中由直觉所感受的形式将会产生意义的某种联想。这可能不仅意味着我们不能摆脱过去的形式和这些形式作为类型学模式的有效性，而且如果假设我们是自由的，那就意味着我们丧失了控制我们想象中的一个非常活跃的部分及我们与其他人沟通的能力。看起来，如果我们要控制在创造性程序中呈现的观念，我们就应该试着去建立一个连接过去的形式和解决方案的价值系统。

事实上，如贡布里希教授所定义的那样，在我所描述的纯粹功能主义或目的论理论和表现主义之间有一种紧密的关系。通过坚持使用分析和归纳的设计方法，功能主义在形式的制造程序中留下了真空。它用自己的简化论美学填充了这个真空——这种美学主张“直觉”，不用任何历史的向度就能自然地完成与基本操作等同的形式创造。这个程序要求在形式和它们的内容之间有一种拟声关系。在应用生物决定论理论时，内容是一组相关的功能——这种功能本身在建筑中是所有有社会意义的操作过程的缩影——而功能的复合体被转变为这样一些形式，这些形式所具有的图像象征的重要性只不过是功能复合体的理性构成。在表现派理论中，这些客观功能的存在事实与主观情绪的存在事实是同等的。但是在艺术作品中，无论是主观的还是客观的，传统上这些存在的事实不比我们加到这些事实上的或加到具体表达这些评价的表现系统上的价值更重要。就这方面而言，艺术作品类似于语言。仅作为情绪的简单表达的语言是一系列的惊叹词；事实上，语言是一个复杂的系统，在这个系统中基本情感被构筑在知性一致的系统上。[5]不可能预先构造一种语言。构造这样一种语言能力必须要对语言本身进行预先假定。同样，建筑这样的造型表现系统本身就预示了这种特定的表现系统的存在。在任何一种情形中，形式的表现问题都不能被简化成某种位于形式系统本身之外的预先存在的本质，形式只是这种本质的反映。在这两种情形中，需要假设一个约定俗成的系统，这种系统被具体表达为一个类型学解决方案。

我强调这种事实的目的不是鼓吹让人们回到一种不假思索地接受传统的建筑中去，而是暗示在表象形式和意义之间有一个固定的和不可变的关系。我们的时代特性是变化的，而且正是因为如此，需要我们调查和了解类型所要解决和修正的部分，这些部分联络着问题与解答的关系，这些问题和解答在一般被公认的传统中是没有先例的。

我试着表达这样一个观点，即简约主义理论是站不住脚的，因为依照这个理论，问题的解决程序能被减少至某种本质。人们可以假设变化的过程不是以缩减的过程而完成的，而是宁可借助排除的程序，看起来现代运动中的所有艺术都支持这个思想。如果我们观察绘画与音乐的这一相关领域，我们就能看到在康定斯基或阿诺德·舍恩贝格（Arnold Schoenberg）的作品中，传统的形式设计并未完全被抛弃，而是通过排除在观念学上受到厌恶的图式元素，将它们进行转换并给予新的强调。在康定斯基的作品中，正是这种表现主义因素被排除了，在舍恩贝格的作品中，则是全音阶和声系统被排除了。

我称之为排除程序的那种价值将使我们能够看见形式的潜力，好像是史无前例而且纯真无邪的。这一过程是对表现派图式系统中的激进演变的辩护，如果我们要保存并更新关于形式可以携带意义这种观点，那么这也是一个我们必须接受的过程。我们文化的本质——有它自己特殊的技术内涵——对我们来说一定是看得见的。针对我们谈到的问题，某些科学态度是关键的，与之相关，数学工具的应用也适用于我们的文化。但是这些工具不能给我们提供一套现成的解决问题的办法，它们只提供构架和供我们在其中操作的文脉关系。

第二节　柯布西耶作品中的概念转移

这篇评论第一次发表于《建筑设计》杂志 1972 年 4 月第 43 期，第 220 ~ 243 页。

柯布西耶的作品与多数现代建筑师的作品不同，其间的差异在于柯布西耶的作品总涉及建筑的传统方面或已有的现存实例。包括柯布西耶自己在内，20 世纪 20 年代现代建筑师的大部分理论都强调拒绝传统，而赞成建筑应源自一种新的技术或决定于新的功能。然而柯布西耶在他的作品中却又不断地提到建筑传统，或借用传统的原则并将它们应用在新的解决方案中，或以某种方式来公开反驳这些原则。因此，为了了解柯布西耶的建筑信息，需要某种传统知识。对传统作品中所具有的矛盾进行修正成为柯布西耶的作品中一个不变的主旨。

柯布西耶是唯一为新建筑制定规则的现代建筑师。[6] 他有可能完成这项工作，因为他把学院的传统规则系统作为他的出发点（与大多数现代建筑理论家不同，这些理论家将他们的理论建立在实际内容上，而不是建立在外观的、表现主义的美学上）。柯布西耶的“五项原则”中的规定表明了他的观点，每项原则都从已存在的实践出发并一开始就逆向操作。举例来说，底层架空柱的使用是古典墩座墙的一个翻转，它吸收了区分楼层与地面的古典做法，然而是以空间而非体积进行全新的阐释。带形窗是古典窗户的一种反向作法。屋顶阳台是对坡屋顶的对抗，并以一个户外开敞的平台代替了阁楼层。自由的立面是以自由组合的表面代替窗户开口的规则布局。自由的平面是对由垂直连续结构墙的需要决定布局原则的反驳，并且由功能合理所决定的自由的非结构划分来代替它。

人们可能会说，任何改革都得反抗原有的实践，因此在改革的观念里包括已被替换的实践都是多余的。但是“五项原则”中每组新的规则都将建筑元素的传统要素作为它的基础，在柯布西耶的作品中这一事实似乎暗示了最初的实践和新的手法构成了一种范例性的或隐喻的组合，而新的手法只有在参考以往实践的基础上才能被了解。

讨论柯布西耶的创造过程的时候，必然会谈到“概念的转移”，这种转移意味着一种重新解释的过程，而不是一种在文化真空中的创造。在柯布西耶的作品中，对存在要素的安排与解释有几种形式，其中两个似乎特别重要。属于高级建筑的传统元素在根本不同的条件下作完全的转换时，即发生第一种形式；当这些属于“高级”建筑之外的传统元素被吸收进建筑，同时赋予这个建筑一个迄今为止尚未获得的象征意义的时候，第二种形式就产生了。

在涉及“五项原则”的关系时，我已经提到包括底层架空柱的发明和屋顶花园中的逆向操作。这些变换牵扯更大的问题：多层建筑物的分层。在巴黎瑞士学生宿舍中，底层架空柱和屋顶花园 / 顶楼是三个组成部分中的两个外部元素，位于中间的一项（相当于一座古典建筑物中的最主要的楼层）由在每层重复的学生房间组成（图 17）。这些楼层被幕墙包裹起来，幕墙的目的是抑制各个楼层的连续性。柯布西耶在这里采用的方法在整体观念上与沙利文在摩天楼办公大厦中采用的三分法的原则是一样的

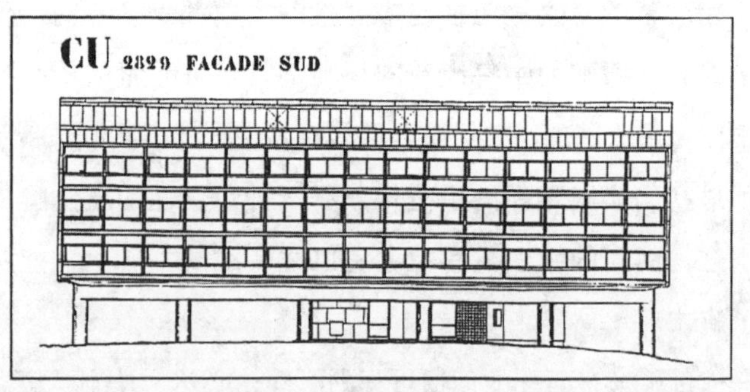

▲图17　巴黎瑞士学生宿舍，柯布西耶设计，1930~1932年，南立面图

（图 18）。但是沙利文采用了庞大的基座形式，上面开着大窗，上部结构庞大的壁柱序列拥抱重复的办公室楼层。同样，阁楼只是附加的楼层，开着较小的窗户，阁楼用檐口完成封护，檐口尺度调整到与建筑的高度相称。

图18 维莱特摩天办公楼（Wainwright Buiding），位于密苏里州圣路易市（St.Louis），阿德勒（Adler）与沙利文设计，1890～1891年

在瑞士学生宿舍中，中央的区段没有壁柱而是被构思为一个立方体，由于缺少明确的建筑元素，并且采用了空间悬挑方式，似乎是在藐视地心引力。这更像是一幅画中的某种元素而非建筑中的某种元素——一种纯粹的形式，全无重量感，没有任何特别的尺度上的暗示，而这种尺度必须从它与底层架空柱和阁楼层的联系上，以及从细致优雅的窗框上才能被推论出来——这种窗框是立面上直接与人类尺度相关的唯一元素。因此，虽然柯布西耶的一般架构与沙利文的相同，但方案中能使观察者得到的有关作品和设计者的一般建筑经验更少和更不确定，而且在某些程度上是故意暧昧或有意叛逆的。

就带形窗来说，对重复的、垂直的窗户的替换预示着从立面上消除了任何有碍统一性的静态元素。然而与现代运动中许多其他的建筑师不同，柯布西耶仍然保留了传统的独立窗户，同时将它从一种重复性的元素转换成一种独特的元素。窗户（或类似的窗洞）的出现在柯布西耶的建筑立面中有双重效果，既增强被带形窗或幕墙所创造的表面整体性，又暗示了建筑内部的重要性。笛卡尔摩天楼（Cartesian Skyscraper）（图 19）的中心位置设计有一个巨大的凹廊；在位于昌迪加尔的秘书处办公楼（Secretariat）（图 20）和阿尔及利亚的行政中心摩天楼（Cité d’Affaires）（图 21）中，则变成了一系

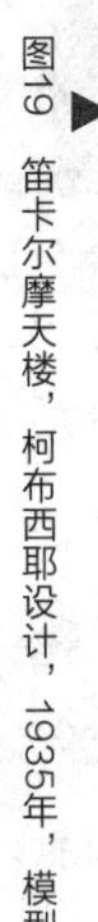

图19 ▶ 笛卡尔摩天楼，柯布西耶设计，1935年，模型

▲图20 昌迪加尔办公楼，柯布西耶设计，1958年，东南立面

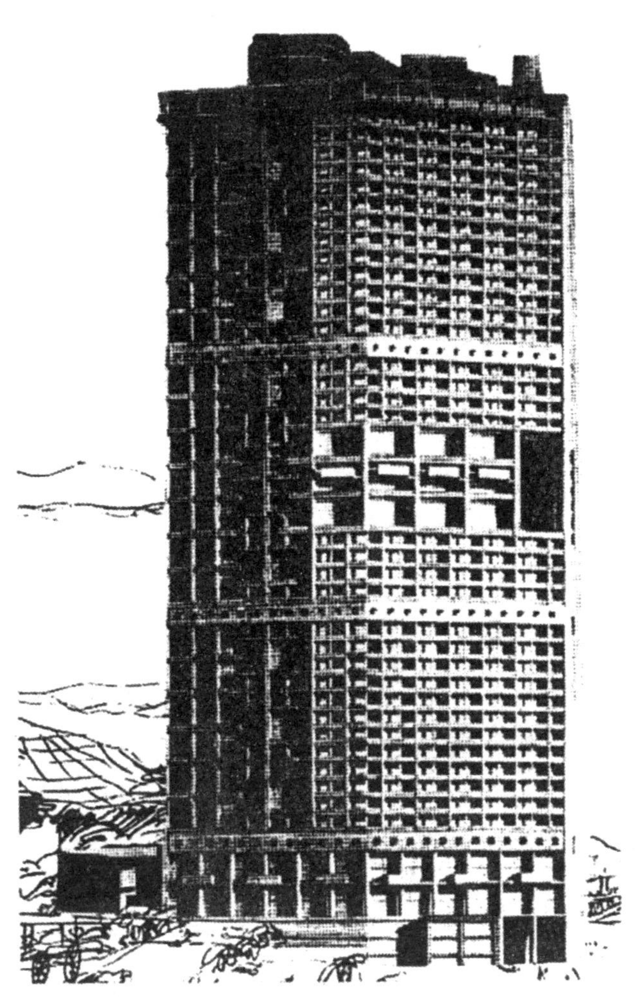

图21 位于阿尔及尔的行政中心，柯布西耶设计，1938～1942年，东立面

列的大窗洞。这三种情况中的这些窗洞与建筑物的“大脑”——管理者的房间或会议房间相关。在笛卡尔摩天楼中，因为在整个正立面中缺乏元素所应具有的支持，所以效果是示意性的和超现实的。但是在另外两个实例中，遮阳板的引入允许柯布西耶在整体立面系统中建造大型的窗洞，并赋予了它们一种更为具体的意义。[韦斯宁兄弟（Vesnin brothers）1923 年为劳动宫（Palace of Labor）的竞赛所做的方案赋予了相似的构造特征（图 22），将这情况联系到具有表现作用的结构框架上——在某种意义上，柯布西耶的遮阳板结构是框架的一种替代物。]

在位于加尔什的斯坦别墅中，有两个窗户——一个开在入口正面的阁楼层的中心，另一个是在二层、三层的屋顶花园。这两种窗户所具有的效用之一正如古典窗户所提供的，是传达与人类相关的信息。但同时它们已经有一种转变：每个“窗户”在立面上都是独特的，而且它的功能也被改变了。从入口立面上看，窗洞已经完全从文字释义中解脱出来，它的目的只是带给立面一种轻松感，去创造一个焦点和显示薄墙面的穿透性，以及它作为体量的表达而非体块的表现（图 23）。花园立面上的窗洞具有凉廊的功能，它既是建筑物的“内部”，又是建筑的“外部”，同时它又起到联系建筑物和花园的作用（图 24）。通过不对称设计，在立面上表达了内部空间“自由的”和斜线的组织形式。尽管这些窗洞被赋予了新的意义，但把它们称作窗户仍是合理的，如果我们

▲图22 莫斯科劳动宫方案，韦斯宁兄弟设计，1922～1923年，透视图

▶图23 位于加尔什的斯坦别墅，柯布西耶设计，1927年，入口立面，F.R.耶伯里（F.R.Yerbury）拍摄，伦敦建筑学会收藏

▶图24 斯坦别墅，花园立面，耶伯里拍摄，伦敦建筑学会收藏

扩充这个术语，用它意指任何一个窗洞，借助它的比例和位置，这个窗洞就会暗示位于其后的一个空间体量，这个体量并不是体现空间连续性的部分，而是类似于音乐中的一个休止符。

这里有一个更像是字面意义上使用窗户的例子，这个例子像是逃脱了上文给予的定义，即瑞士学生宿舍的走廊立面（图 25）。在这里窗户有一个不同的功能。由于连续的条形窗是一种明确的解决方案（如拉托里特修道院），但明显与在外立面上幕墙所采用的隐藏楼层的方法不相一致，它的小尺寸和重复性显示了某些次要的和隐匿的用途（在这一实例中，它“布于通往入口的走廊”）。然而，除去少数特例中这些重复的窗户，柯布西耶对窗户的使用通常是人格化的。独特的、超尺度的窗洞有如“眼睛”，通过它展示建筑的“面容”，并使立面更富有生气。

在柯布西耶作品的意念中，窗户在与其他立面元

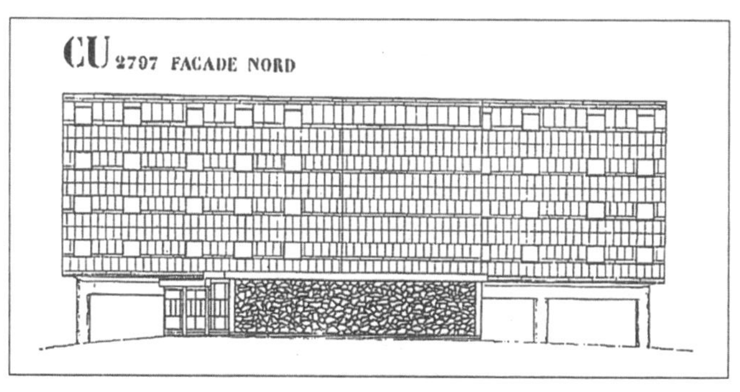

▲ 图25　巴黎瑞士学生宿舍，柯布西耶设计，1930～1932年，北立面图

素的关系中扮演着一个特别的角色，这不同于传统窗户所扮演的角色。它由此产生了一种激进的变革。但是要能完全抓住它的重要性，建筑师必须采取置换的方法，完成这个置换则仰赖于传统窗户所沉淀的语义。

在柯布西耶的作品中，传统窗洞的遗存和变体与其说归属于立面的构造组织，不如说归结于窗洞的存在条件和状况，即建筑的正立面问题。一些学者已注意到这样一种事实，即柯布西耶倾向用这样方法组织内外墙面，以便它们对观察者的行进路线形成一系列合适的角度和平面（真实的或感觉上的）（图 26）。作为反面的例证，科林・罗、罗勃特・斯卢茨基（Robert Slutzky）[7]和肯尼思・弗兰普顿（Kenneth Frampton）[8]引证了位

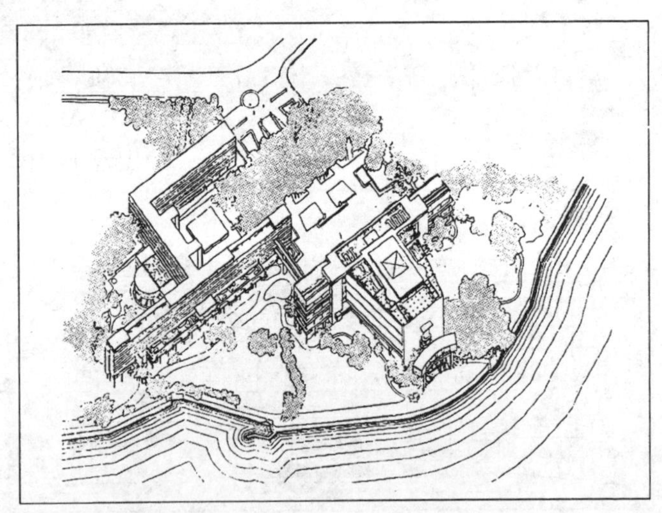

▲图26　日内瓦国际联盟方案，柯布西耶设计，1930~1932年，轴测图

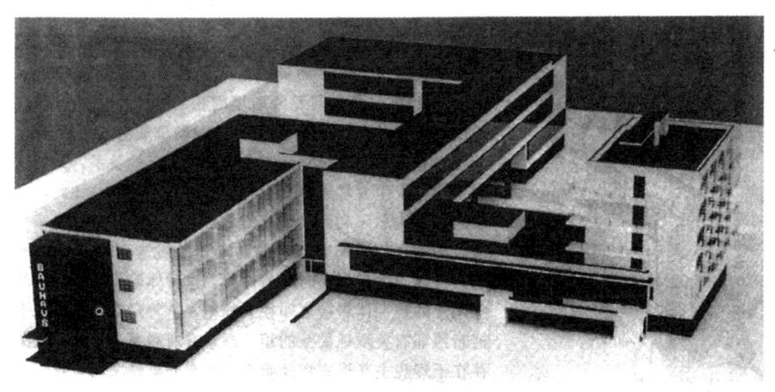

图27　包豪斯模型，建于德绍，格罗·皮乌斯设计，1926年

于德绍城（Dessau）的包豪斯（图27）和汉内斯·迈尔（Hannes Meyer）为国际联盟（League of Nations）所做的设计（图28）。在这些反例中，完全没按平面方式组织建筑空间，而是将建筑有意识地当作三维空间的“机器”，为了理解建筑，必须环绕建筑和进入建筑物

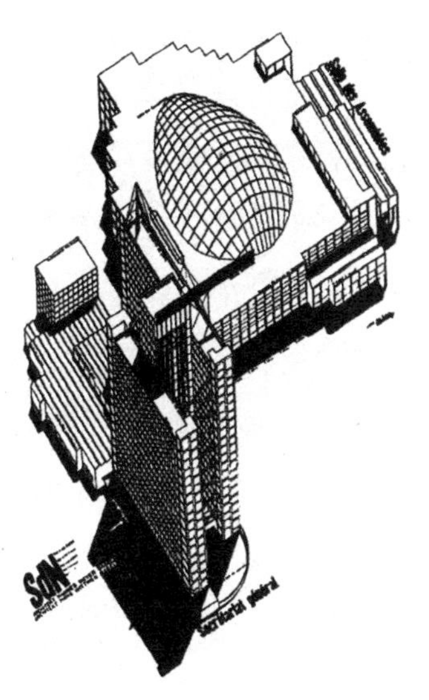

图28　日内瓦国际联盟总部设计方案，迈尔与汉斯·威特（Hans Wittwer）设计，1926~1927年，初步设计的轴测图

里面。这个“时空”概念被人们广泛地当作现代建筑的主要属性之一，而且西格弗里德·吉耶蒂恩（Sigfried Giedion）将它联系到爱因斯坦的相对论，以证明现代建筑反映着时代精神（Zeitgeist）。但是事实上在爱因斯坦数学模型和建筑学的感官经验之间没有直接的关系，无论这种联系即时发生或是经过一段时间的感官经验都是如此，苏联建筑师埃尔·利西茨基（El Lissitzky）很清楚这一事实。[9] 时空的观念相对柯布西耶的移动建筑观念而言是完全不同的，在建筑中后者是时间的体验，这种体验作为概念上的和空间上的统一体将被烙印在大脑中，这种时空观念似乎也与柯布西耶有关辩证关系的相似观念有所联系，这种辩证关系存在于理想主义形式和经验主义的意外事件之间，我们在后面将再提到这一论题。

正面性的观念是立面观念的根本。无正面的建筑是现代运动另一种典型论题，即现代建筑物应该没有立面是这一事实合乎逻辑的扩展——立面只是反映在内部发生的空间组织的外部构件。在柯布西耶的建筑中，建筑立面是临界的边界，这个边界是人们通过两种空间时所必须跨越的，这种空间在现象学上是清晰的。它创造了暧昧的空间,不能说这些空间是“外部的”或“内部的”，不是抵消两者的基本区别，而是仰赖它，因为在一个暧昧性被建立之前，需要建立两个条件，暧昧性就是在与这些条件的联系中被创造的。

立面（包括“窗户”）的组织和正立面的构成都涉及一些元素，在其中我们看见了这些正在被柯布西耶转换的“高级”传统元素——概念的更换已经存在——这些元素因此构成了他的建筑物的意义。

我愿在柯布西耶的作品中讨论第二种类型的转换，它不是由“高级”建筑主题的转化组成，而是由将外在的传统元素纳入建筑之内并予以同化。很难说同化来自风土建筑，这应该是另行研究的课题。人们可能会列出其他很多实例：加泰罗尼亚式（Catalan）的拱顶（图 29）；毛石墙（图 30）和简单十字肋（图 31）

图29　周末住宅（Weekend House），巴黎，柯布西耶设计，1935年，轴测图

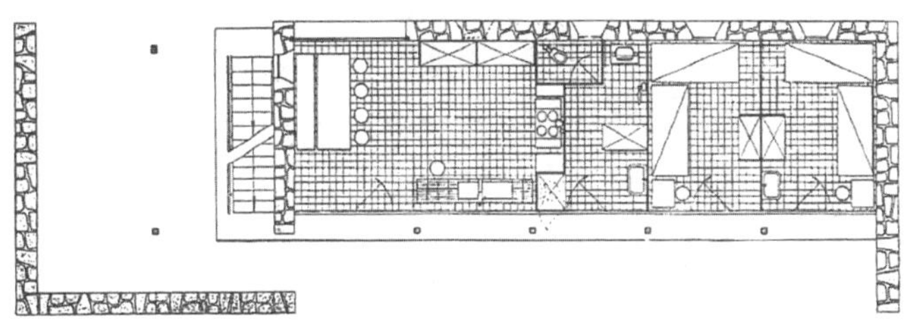

图30　位于马台斯的住宅（House at Mathes），波尔多（Bordeaux），柯布西耶设计，1938年，首层平面图

图31 埃拉苏里斯住宅（Errazuris House），智利，柯布西耶设计，1930年，透视草图

的使用；短跨的平行砖墙的使用（图 32）；与地形相互协调的住房配置，这起源于希腊和意大利的地方传统观念（图 33、图 34）——例如在 1949 年所做的马丁岬湾（Cap Martin）方案。重点并不在于将这些地方元素轻易地增加到“高级”传统当中，而是这一传统本身被

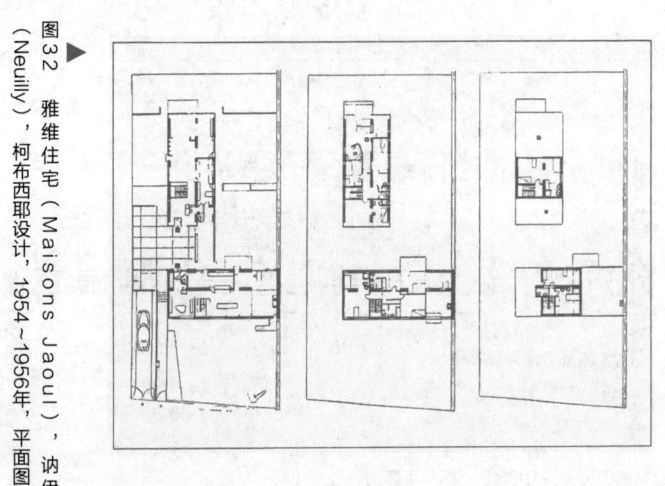

图32 雅维住宅（Maisons Jaoul），纳伊（Neuilly），柯布西耶设计，1954~1956年，平面图

▲图33 位于意大利萨宾山脉（Sabine Mountains）中的安蒂科利·科拉多村落（Anticoli Corrado Village）

▲
图34 “Roq et Rob”集合住宅，马丁岬湾，柯布西耶设计，1948年，初步方案草图

修正以便能包括这些元素。这一过程对柯布西耶而言并不奇怪，它是现代运动第二阶段（20 世纪 30 年代）的一个一般特征，不过在柯布西耶这里它导致了一种创造，这种创造只有阿尔托的作品能与之媲美（图 35、图 36）。我们能在这里看见柯布西耶对“国家浪漫主义”时期的一个回应和一种试图将 19 世纪晚期的生活哲学（Lebensphilosophie）重新融入复兴现代建筑理想的努力。

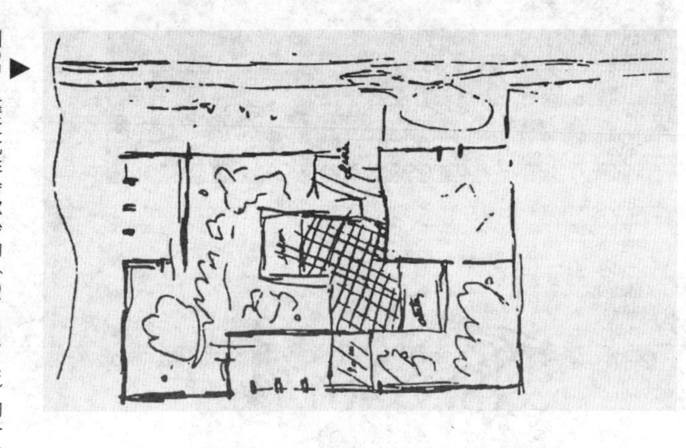

▶图35　靠近北非舍尔沙勒（Cherchell）的一个种植园内的住房，柯布西耶设计，1942年，草图

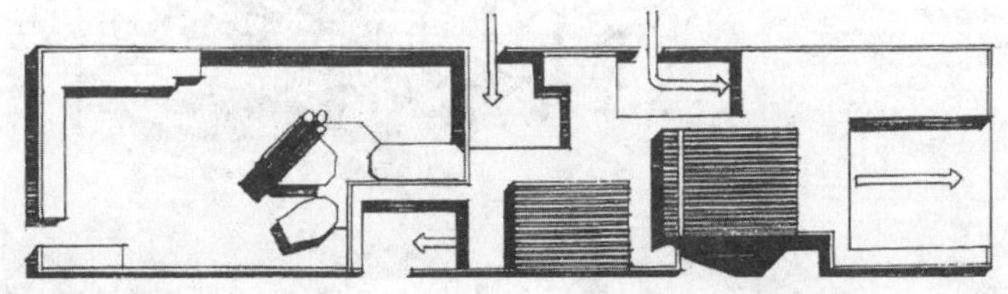

▲图36　带有葬礼教堂的公墓方案，位于丹麦的灵比（Lyngby），阿尔托设计，1952年，平面图

关于这种转换，我们还应提到宗教建筑对柯布西耶的同化作用，特别是卡突西亚（Carthusian，法国沙特勒兹修道院，卡特尔教派的第一个修道院建于此地。——译者注），这种同化作用发生在他参观了靠近佛罗伦萨的埃马修道院（Monastery of Ema）之后。建筑作为集体生活的象征和媒介，在柯布西耶的作品中是一个不断出现的主题，如同它在阿尔托的作品中一样。他们两人在解释上的区别有赖于这样一种事实，即阿尔托被世俗的形式所激发——特别是从意大利中世纪小山城中所获得的启发——柯布西耶则更多地被吸引到宗教形式的组织和阶层分明的社会形式上，这个社会的规律性和经济结构揭示了一个禁欲的和受纪律约束的生活，描绘了一个共同尊奉着的信念系统（图37）。天主教加尔都西

◀ 图37　拉托里特修道院（Monastery of La Tourette），埃尤克斯（Eveux），柯布西耶设计，1957～1960年，由西北向看到的景观

会教士（Carthusians）僧侣组织为每个修道士提供了一套寓所，公寓位于有墙壁围合的花园中，这后来变成了埃缪布雷别墅（Immeubles Villas，1922 年）的原型（图 38），稍后在相当规模的修正之后，成为马赛公寓（Unités d'habitation）的原型——虽然在这两种情况中其他类型的影响也在起作用。

在巴黎的都市传统中也可以发现作用于柯布西耶的那些来自外部的主流传统的影响。我没有提及那个著名的小咖啡馆和艺术家的工作室这些实例，而提到了 18 世纪的豪华宅第（hôtels particuliers）。在这些住宅的平面中有一些特殊的空间，这些空间不是“建筑”的组成部分，但它们对建筑物的实际功能来说是必需的。这种靠隐性空间组织的平面在许多 18 世纪巴黎宅第中是很容易见到的，这一计划在巴黎美术学院的教学中已被编成教程，这些宅第出于对舒适和隐私的需要有时要求在主房

▼图38　埃缪伯雷别墅柯布西耶设计，1922年，透视草图

间之后对服务走廊和储藏室进行一系列相当精细的安排，主房间都是依照巴洛克传统风格成序列（en échelon）安排的（图 39）。不管柯布西耶是否有意识地受其影响，他在 20 世纪 20 年代为豪华住宅所作的计划具有同样复杂的附属空间，这种特征清楚地将他的设计与其他现代建筑师的设计（图 40）区别开来。但是这里存在着一个决定性的观念置换。依照自由的平面理论，这些空间不再隐藏起来，而是变成建筑体验的一个完整的部分。虽然柯布西耶从未明确地提到，但对建筑而言每个类型空

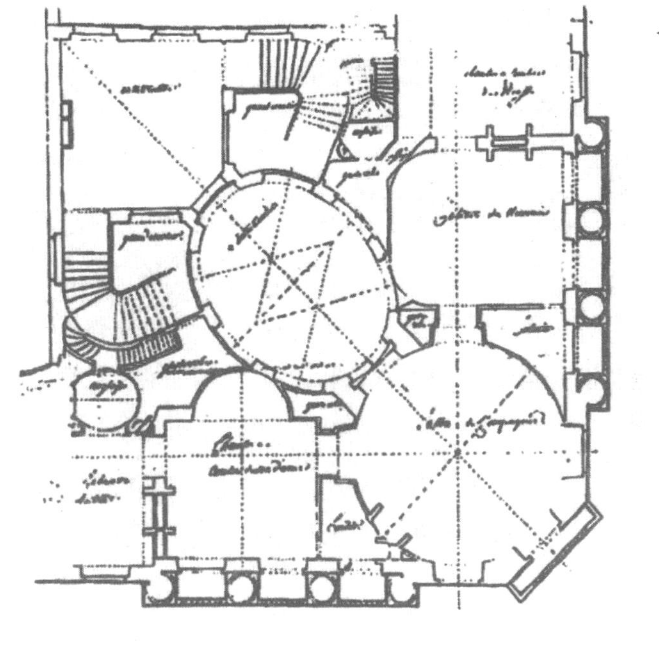

◀图39　巴黎蒙莫朗西（Hôtel de Montmorency），勒杜设计，1770年，原始设计平面图

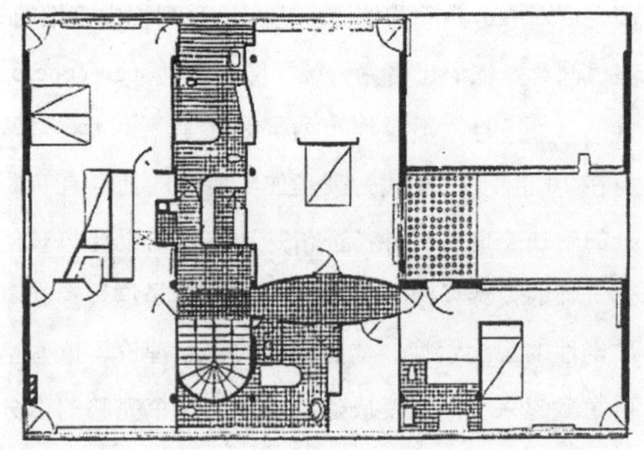

图40 ▶ 位于加尔什的斯坦别墅，柯布西耶设计，1927年，三层平面图

间都有自己的表达权利，而且建筑物的每一个部分都不应该被隐藏，这种原则是自由平面观念中固有的东西。如果一面墙壁在一个空间中产生凸曲面，那么在毗连的空间中一定有一个对应的凹曲面；空间结构以这种方式被诠释了，而且没有“被遗留的空间”。

这项原则与立体派的操作程序密切相关，在这种程序中每一种表现必须包括所有图像形体中的空间，而不只是在物体之间的空间（图 41）。正如一幅立体派的绘画是图式空间结构的一种描述，柯布西耶的住宅是建筑空间结构的描述。

这样，柯布西耶的隐性空间平面不只有助于自由平面的实用性，并且将同样的地位赋予不同的空间；也使房子成为它自己空间结构完全的表现。然而，这种空间的透明“展览”显示，在服务区域和生活区域之间仍保持了传统的区别，给予前者以积极的空间特性，而给予后者以消极的空间特性。

图41 巴勃罗·毕加索作，三个音乐家，1921年，帆布油画，79×873/4”（201cm×223cm），现代艺术博物馆收藏，纽约，西蒙·古根海姆女士基金（Mrs.Simon Guggenheim Fund）

在某种程度上，这个程序类似风格派建筑师，即依靠独立的平面产生空间界定。但是两者之间有一种重要的区别，即使平面所暗示的服务空间和主体空间被挤在一起，如在密斯的砖墙住宅平面中，空间形式只在程度上不一样（图42）。在柯布西耶的作品中，主要部分和

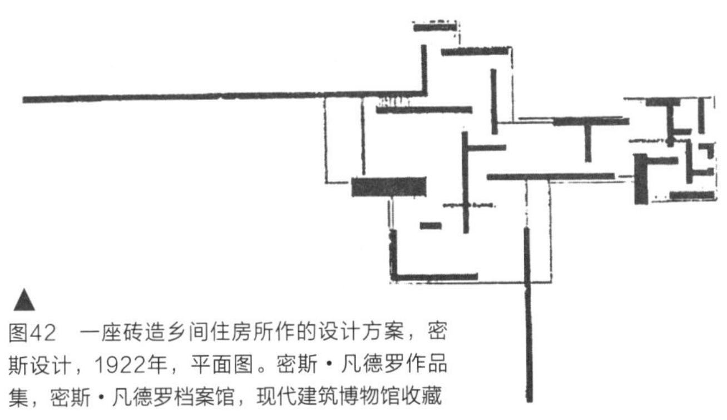

图42 一座砖造乡间住房所作的设计方案，密斯设计，1922年，平面图。密斯·凡德罗作品集，密斯·凡德罗档案馆，现代建筑博物馆收藏

服务空间之间的传统区分被保持着，好像巴黎美术学院的分类原则从未完全被抛弃。然而柯布西耶的平面尽管很“自由”，但它仍然由相当传统的“房间”组成，而且坚持了某种轴线关系，这种轴线关系强调平面是如何受到制约而扭曲变形的。这样一种空间的“论述”在风格派设计中并不存在，风格派的设计表现的是被切割的“盒子”和明晰的结构，并且没有任何阻力，在这里平面的张力有规则地从中心向无限大的外围空间减少。就柯布西耶而言，在隐性空间平面中维护了与语意有关的含蓄，但有一点不同，即这些空间给主要空间带来了变动和扭曲，然而它们被留下来形成整体建筑体验。

这种交互作用在柯布西耶的作品中只是一般倾向中的一个特殊的情形，其作品倾向于在相反事物间建立艺术的和谐。主要的立面元素是传统的“高雅”装饰和现代工业社会的特有“设备”，一个主张理想主义认识论和

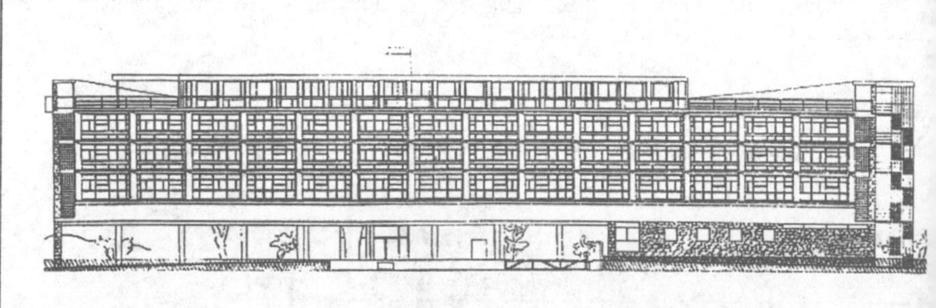

▲图43　圣迪埃工厂，法国，柯布西耶设计，1946~1951年，东南立面图

永恒真理（如扎根于特殊文化传统中），另一个否认这种主张，赞成“自由价值”的科学经验论。柯布西耶的整个著作中不断提到这个分歧，但从未尝试在理论层次上解决它。“理智”和“感情”被引证为具有互补性，但是某些时候理智又被用来支持实证哲学家的立场，例如有时在“精神需求”（satisfaction de l’esprit）中，理智与较高层次的经验有关，情绪和实用性都受到这种经验影响。

解决这种冲突的方法是将建筑作为一件艺术作品。之所以如此，是因为艺术作品并不被一套固有的形式所限制，它能够（并且一定要）从“真实的”世界吸收原始素材，虽然这些素材显然与其理想主义的本质相抵触。对于在建筑中如何同化技术，我们在柯布西耶的作品中可以清楚地洞察到吸收与调和的过程。较之现代运动整体上存在技术元素而言，柯布西耶的作品中存在更多的技术元素，这一点不足为奇。19 世纪有人曾想退回到修辞学，而技术提供了将建筑从虚伪的修辞学中拯救出来的方法，并考虑到在技术和再现之间重建统一，这种再现曾存在于手工艺传统仍然占支配地位的时期——依靠这种同一性，建筑过程的客观化构成了建筑物的本质。但是在柯布西耶的作品中，技术扮演着一个隐喻性的角色，在这种角色中完整的机器变成了新建筑的范例，这一点超过任何其他现代建筑师。最重要的范例之一就是客轮。客轮不只是依照科学的原则来设计的，而且在其有限的服务期间，它还提供所有公共生活的必需品。它不只是客观设计的一个象征，在这种客观设计中设计者的选择自由被减到最小程度，它同时也是依照国家的原则组织起来的人类社会的一个象征。

在马赛公寓中，不仅吸收了上述客轮所包含的理念，而且也融入了客轮充满诗意的形式。建筑物泰然自若地位于底层架空柱上，像一艘漂浮的轮船；居民与周围乡村环境的关系如同客轮乘客与周围海洋的关系。建筑复制了客轮公共散步甲板和私人船舱；设备被安排在屋顶之上，就像客轮的烟囱和上部构造一样，但这并非只是一个生动的联想。每个视觉的相似都与功能相互对应，客轮不只是现代的一个浪漫的图像，而且是操作原则的一个范例，因而也是建筑中的一个有效的模型（图 44）。

但客轮在形式上是笨拙的，它只是满足必须的和有

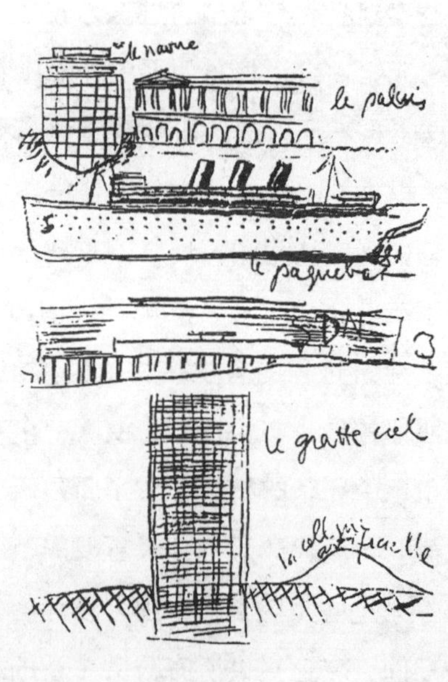

图44 ▶ 选自《精确》（*Precisions*）的草图，柯布西耶设计，1929年

限要求的结果。对建筑而言，必须满足合理的社会需要，这些要求已经变成社会意志中一个有意识的目标，结构物因此才能取得建筑的地位。与柯布西耶相左，汉内斯·迈尔提出了一个相反的观点。依照汉内斯·迈尔的观点，建筑应该变成机器，毫无意识地遵守经济法则的指令。而依照柯布西耶的看法，机器必须与一种意识层次相联系——事实上，它们要想变成建筑的话就必须如此——能真实地服侍并且表现人类，它必须被赋予人性并装满哲学和艺术思想，它们是真正的人类王国。

我这里讨论的最后一种类型的转换将涉及工业建筑。在《走向新建筑》一书中，柯布西耶跟随现代运动的其他宣传者列举了仓库、筒仓和工厂，用以说明工业建筑在纯粹形式上所具有的特性。这种建筑物不但利用先进的结构技术，而且也遵循经济和功利的标准，同时其表现形式都是由基本造型产生的结果。这些形式也许是无意识的，但基于一种新的造型原则，依照这种原则，造型元素完全以实际需要为基础进行布局。这种建筑类型提供给柯布西耶一种新的有意识的建筑。它暗示了一个方法，这种方法能够代替“维尼奥拉规则”，但是它保持在潜伏状态中，除非建筑的实用主义可以被转换成理想的建筑形式。

这种转变存在着一个明显的矛盾。各部分的组织是由无意识的、天真的设计所产生的符合美学“秩序”的结果，真正的自由依赖实际的分配规律，这种“秩序”以自由为基础（没有学院的规则）。而且这些规律越严格，它们就越拒绝设计者对自由的发挥。解决这种矛盾的唯一方式是假设对实用性的理性自觉能以某些方式变成建筑美学经验的一部分。这样一来，这种“设计”的建筑物就变成了某种这样的东西，即在其中秩序的元素和混乱（或偶然）的元素达成了一瞬间的平衡。

这是柯布西耶将工业建筑物转变成建筑的过程中所运用的方式，可以通过将位于圣迪埃大街（St. Dié）的工厂和在《走向新建筑》中列举的一个工厂（图 45）进行比较来说明。从中可以看到它们之间惊人地相似。[10]这个例子说明一座工业建筑转变为另一座建筑的情况，这一事实在更广泛的观念中并不削弱对置换的论述，因为我们这里不太关心不同建筑物类型之间的转换，而更关心外部程序之间以及建筑领域之内的转换。而且，这个例子非常清楚地说明了柯布西耶的工作方式。他在进行一项设计任务之前，不是事先建立一般和抽象的原则，而是具体的构思和一般的原则总像是同时出现。

▼ 图45 《走向新建筑》一书中工厂的插图，1923年

建筑的解决方案的萌芽已经存在于柯布西耶视作模型的工厂中。用作商店的楼层由重复的网格组成，在底层带有不同窗户尺度的办公室被插入网格中。在屋顶层随意的元素进一步出现，构成了三段式立面分割，这是我们在瑞士学生宿舍所看见的——在底层和屋顶可能出现特殊性元素，中央区段则是完全规则的。

在圣迪埃大街的工厂中，这种含蓄的区分方式得到了更明确的体现。办公室现在被插入底层架空柱的空间里面，而且屋顶上的设备空间与阁楼式办公空间相结合。一楼和屋顶不再是只满足一些试验性的和意外性的需要，而是具有明确和重要的功能,并赋予了中间层以生命和意义。

这些规则可以很清楚地说明柯布西耶使实际建筑过程“建筑”化的方式。建筑物的形式并非如密斯那样全部被简化为一个简单的秩序，在这些秩序里，生活中的随意元素是看不见的，柯布西耶将这些元素变成部分建筑信息，而且在审美上与建筑整合为一体。

在这里分析的一些现象无疑只表现了柯布西耶作品的一个方面。但是我相信是一个重要的方面，而且也是一个没有受到充分注意的方面。在过去十年或更长的时间里，建筑理论被各种不同形式的决定论或大众主义思想所支配，它们二者都没有把建筑认作以它自身的权力范围建立起来的一个文化实体。但是在很大的程度上，该历史时期的建筑文化都是建筑的素材。除非我们所讨论的这些建筑及其创作方面——包括现存文化的转换——被我们所了解，否则我们就无法设计出携带文化意义的建筑。

第三节　规则、现实主义与历史

这篇评论首先以德文译文“Regeln, Realismus und Geschichte”发表在《建筑》(*Archithèse*)专刊“建筑中的现实主义”(*Realismus in Architektur*)中，No.19，1976年。

也许今天最重要的建筑问题是它在整体上和社会文化上的关系。建筑是否会被认作自我参照的系统，它是否带有自身的传统和自身的价值系统。抑或宁愿将建筑看作一种社会产品，这种产品需经外力重建才转变成为一个实体。

毋庸置疑，今天有某种意见倾向于上述两种替代方案中的第一种方案。在最近50年或更长一段时间，这些思想似是作为对疲弱的理论阵地的反作用而出现的，在这期间它的防线遭到了操作主义、系统方法学、诗意的科技、社会写实主义，甚至某种符号学的一系列攻击和侵扰，作为它们攻击的首要目标，所有这些思潮全部对“建筑价值”产生摧毁作用——班纳姆称这种“建筑价值”为“文化的行囊”。一方面，建筑创作显然被延展在永无止境的归纳和分析（无论是技术上的还是社会的）的程序中；另一方面，对美学的热情受到鼓励，假定这种热情的根基既是表现主义的又是大众主义的，那么任何属于“高级建筑”的传统规则和标准的有效系统都将会被拒绝。如果承认建筑是一种“语言”，那么它就是一种由直觉所触发的语言，而没有受到有关主题的任何早先知识的妨碍，这种语言比自然语言本身更天然，因为它不需要强迫学习就能被理解。

在人们的感觉中，这些至今仍然非常强大的趋势是19世纪以来先锋派艺术影响的一个结果，这种艺术是通向“写实主义”或“自然主义”的快车道。过去150年以来连续的艺术革命一直都在努力摆脱“样式上的”再现，以便破坏那些人为的规则，这些规则不但在表现与真实之间斡旋，而且也给表现赋予了一种特别的意识形态色彩。的确，人们在搜寻一种原始的语言，用以表现人与现实最终的关系，这种探寻采取了一种与写实主义完全相反的形式，它不是模仿我们既有的结构，它是在努力去发现隐藏的和潜在的结构。这就必然转向形式主义，形式主义追求的是去创造真实世界的类似物，它不但影响了作为“模仿”艺术的绘画和文学，而且影响了建筑和音乐，在这里属于“古典”风格的人性化的和可靠的元素遭到拒绝，转而支持更基本的结构。但是如果这种革命力量的目标是消除风格和发现本质，那么它最终将违背这样的事实，即我们理解真实的方式和我们“再现”真实的方式在艺术上是两码事。

20世纪20年代，鲍里斯·托马舍夫斯基（Boris Tomashevsky）已经注意到先锋派艺术在文学中出现的严重倒退：“大体上，19世纪充斥着大量的学派，这些学派的名称在动机上暗示了写实主义技法——‘写实主义’‘自然主义’‘自然学派’‘民粹主义’等。在我们的时代，象征主义以某种超自然主义的名义替换了现实主义……事实上我们不能防止极致主义……和未来派……的出现……”从一个学派到另一个学派,我们听到对‘自然主义’的呼唤，那么为什么没有发现“完全的‘自然主义学派’……？因为‘现实主义者’这个名称被附着到每个学派（同时也不属于哪个学派）……这就说明了新老学派为什么要对抗，也就是说在文学样式中旧的和明确的惯例改为新的和较不明确的惯例。另一方面，这也展现出现实的材料本来不具有艺术的结构，而艺术结构的形成需要依照美学规律重建真实。这种规律一直被认为与传统的真实性有关”。[11]

在此陈述的一些事实，尽管明显为“非功利主义”艺术所认同，但它们与建筑的关系仍然是令人存疑的，建筑必须同时拥抱真实世界和表现主义世界——建筑作品是真实“可用的”世界的组成部分，也是那个世界的一个再现。人们可以说现代运动在根本上搅乱了这两个层面，把表现主义的功能归于对实际建筑物的需要；或相反，将解决实际建筑物问题的责任强加在表现主义的功能上。但是如果现代运动做到了这一点，理性就一定依赖于这样的事实，即建筑的这两个方面从合乎逻辑的观点来看都是独立的，但在经验上，二者从来都不是独立的。对建筑“本质”的搜寻有一个美学的动机，包含着某种实用性和它所要表现的思想——在这种表现中形式的透明性便有可能是对社会完整描述和说明的象征。

正如过去在建筑学领域曾经发生的那样，现代建筑的“唯物主义”是“形而上学的”，而且这似乎显示出，当我们正在谈论建筑的时候，我们也就正在谈及在另一种艺术中发现的在本质上为相同类型的表现系统。较任何其他表现系统而言，建筑可能较少达到表现和被表现的对象相互一致的高度，必须承认建筑美学规律不像是自然科学中以假设和实验为基础的规律——依照卡尔·波普（Karl Popper）的观点，科学规律必须有证伪的能力。如果要进行科学的类推，我们宁可说科学规律像是“规范”，如托马斯·库恩（Thomas Kuhns）所分析的，“规范”决定科学对话的区域。它们是一些基准，正如谈论足球时不能忽略足球规则一样，正是那些规则使比赛成为可理解的，对建筑现象的完整描述不能再忽视规范。在托马舍夫斯基的术语中，规范是“约定俗成”的。[12]

这些规律存在的必然性虽然证明了将建筑视为一个自我参考系统的观点，但它不支持把这样一个系统视为绝对的和不变的规律。这些控制构造的美学规律将服从于变化，这种变化并不是来自美学系统之内，而是来自系统之外。

的确，我们在显然独立于技术和经济条件之外的音乐中就能看到这种情况。18 世纪在音乐语言中发生的变化只能用在音乐中社会功能的变化来解释，当时对位法让路给同音法。当然，发生的改变纯粹是一种音乐变化，而且它可以完全根据属于音乐本身的规则来解释，虽然如此，但变化的动机对音乐来说还是外部的。

在19世纪，建筑上的外部压力并不少于其他艺术上的压力，但是自产业革命以后，随着20世纪后工业革命的影响逐渐增加，建筑比任何其他艺术都更服从于社会的和技术的直接压力。居住区和工作形态的变化，包括在新材料使用上的技术变化，由于土地开发收益率的巨大增加而带来的经济上的变化，人口分布和物资分配方式上的变化，从根本上改变了建筑系统内各部分。这些变化都不是源自建筑的内部，然而它们全部都使建筑规则产生了必要的变化。

这样一个程序包括了两个变数——社会系统和美学规则系统——这只能被辩证地加以解释。作为这个程序运转中的一个例子，让我们看看什么可以被称为现代建筑的“正立面问题”。在现代运动早期，人们大多认为不存在这个问题。依照有机相似理论，一栋建筑物的外部形式应该是它内在组织的结果；“立面主义”被认同为错误的修辞建筑学。虽然某些建筑师，特别是柯布西耶，仍然保留了正面和正面描绘的相关功能，在他们的建筑语言中正面描绘问题不只是建筑物的外表问题，其本身作为建筑在公共空间中的表现与建筑物的整个问题相关，而不能够被归到对表面修辞学的需要上面。它也与公共性和私密性之间的分界以及从“外部”到“内部”的转变问题联系在一起。从这一角度来说这纯粹是建筑上的问题——一个无论建筑外部条件如何变化都不会化解的问题。

但是不能靠求助建筑规则中任何不能改变的系统来

解决问题。它只能源于已存的规则系统，使它符合新的情况，使规则得到修正。在柯布西耶所有的主要建筑作品中，我们看见柯布西耶在创造中善于以无畏的姿态面对这一问题：位于沃克雷松的别墅（Villa at Vaucresson）中的 90° 旋转的楼梯（图 46），国际联盟方案中的看似前立面的平面系统（图 47），救世军会所（Salvation

◀图46　位于沃克雷松的别墅，柯布西耶设计，1922年，沿街立面

▼图47　国际联盟总部方案，日内瓦，柯布西耶设计，1927～1928年，从湖边看到的景观

Army Hostel）中精心设计的入口系统（图 48），遮阳板的发明（图 49），这里提到的仅是少许实例。赫兹伯格的设计可以作为一个反例（图 50）。在尝试由平面发展出一套系统的时候，赫兹伯格忽略了正面的问题。他的建筑物只能被理解为由内部产生的，没有提及作为表现的建筑问题或从外部来接近建筑。建筑物被视为“真实”空间的一个片段，它的扩展规律在于建筑物的内在规律，建筑物之间的空间作为特殊的建筑问题被忽略了。这些批评是客观的。其暴露的缺陷是这样一种信念的结果，即建筑没有美学基准也能建立。

柯布西耶也是这样，想寻找新的建筑规则。最明显

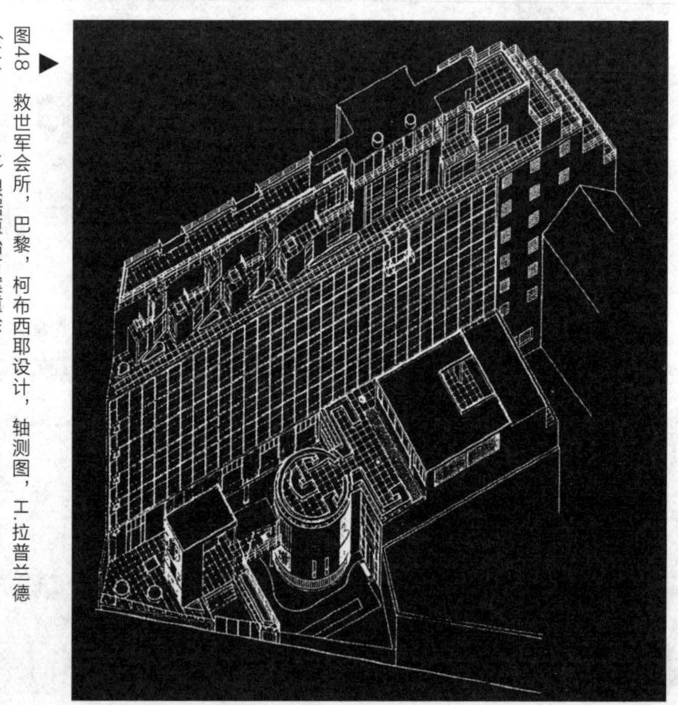

▶图48　救世军会所，巴黎，柯布西耶设计，轴测图，工.拉普兰德（H.Lapprand）根据原始方案重绘

图49　米劳纳尔斯协会大厦（Millowners'Association Building），艾哈迈达巴德（Ahmedabad），柯布西耶设计，1954年，西立面图

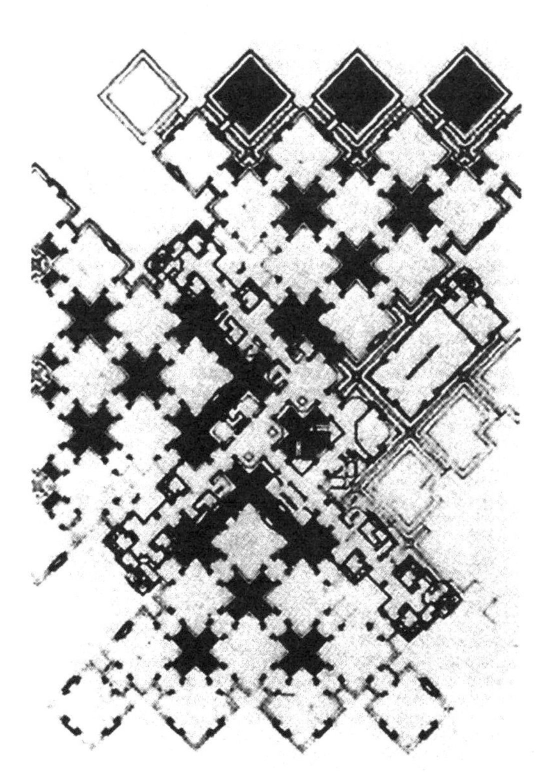

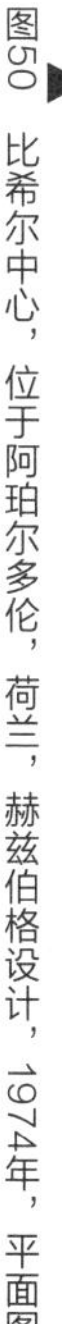

图50　比希尔中心，位于阿珀尔多伦，荷兰，赫兹伯格设计，1974年，平面图

的例子就是“五项原则”，通过这个例子你会注意到，在现代情形中有一个不同于过去的特性：个别建筑师善于发明规则系统，而且善于在有限程度上接受这一系统。以前人们已经接受的语言（Langue）中的一部分已经变成话语（Parole）的一个功能。密斯发明的添加在幕墙上的虚拟网络结构是另外的一种规则系统。规则系统甚至能扩充到人们在建筑物里面的行为，正如人们在柯布西耶草图中看到的那样——这种附加到建筑领域之中的某些东西在早期属于外部的规则系统（社会的行为规则）（图 51）。

个别建筑师发明的规则系统时常导致建筑依照一个

图51 瓦内住宅方案（Wanner Project），日内瓦，柯布西耶设计，1928~1929年，一个“空中花园”（Jardin Suspendu）的草图

相反的规则系统发生变形。其中最惊人的例子是对法国佩萨克（Pessac）项目的改造，这里依照“五项原则”对家庭组织加以改变，遵照资产阶级的标准，只需要小窗户、百叶窗、坡屋顶等（图 52、图 53）。

建筑是自我参照系统，这一主张伴随着对规则系统

图52 佩萨克工人住宅，柯布西耶设计，1926年，沿街立面，耶伯里摄影，伦敦，建筑学院收藏

图53 经居民改造后的佩萨克工人住宅

的“软化处理”，这种规则系统是在20世纪20年代期间发展起来的，尽管有重要的发展和观点变化，该系统至今仍支配着建筑的实践。我们在上面提到，由于现代建筑的规则系统是由个别建筑师所建立的，或最多是被一些宣称与时代精神有特别关系的小团体所建立的，因而在现代运动的框架里面，不能说它存在着足以排除和替代其他规则系统的坚固基础。

现代建筑的规范没有“排除权利”，对这种权利怀有极大热情的现代运动强调在建筑和当前“世界文化”之间存在着无法摆脱的联系，这意味着一旦占优势的意识形态观念退潮，那么支持这种观念的建筑形式规则也将走向衰弱。

因此，对于整个现代运动而言，可能不是将历史主义的现代趋势视作一种选择，而是简单地将一种离心的趋势付诸行动，这种趋势就潜伏在表层之下。虽然如此，这种发展也有它荒谬的一面。很多建筑得自它自己内在的历史传统，它仍然依靠这种传统对“场合”的认识和把握才得以完成。而且这些场合是非常特殊的，它们是由现代生活为古典建筑规则系统中的象征主义所提供。这样我们似乎看见一种分离正在发生，不只在建筑和比较广阔的意识形态式样之间，而且也在建筑和那些“现实主义的”建筑所应该接受的场合之间。一种“风格”最终将被替代，我们正是在这种情形中发现了我们自己，即在这种情形中每件事物都是“风格”——包括现代运动形式本身——一种较19世纪更任意的折衷主义，至少自从那时以后，风格的选择以其所表现的某种政治上的、哲学上的或宗教上的思想为基础。

在阿尔多·罗西设计的尕拉瑞台斯（Gallaratese）中也许能看到这样的例子（图 54），在那里，“虚拟的”元素——庞大的底层架空柱、窗户的“古典式”排列——较少涉及程序，多用于表现某种“缺席”的建筑。规则系统的功能看起来较少创造有意味的建筑，而多是从空洞的饶舌边缘把建筑引领回来，真实被埋藏在永无止境的功能插曲中，每个插曲都比以前的那些更平庸——那些楼梯塔楼和设备管道都形成现代建筑的语汇。无论一个人在为一个有争议的建筑进行辩护时说什么，由于持有建筑完全是自我参照系统的信念而可能导致建筑贬值的危险，也导致一种不再需要被创作的建筑。这种较早形成的对立（建筑被当作一种在内部或外部的参考系统）应该被适当单纯化的观念所取代——这是一种辩证观念，在这种观念中美学规范被外部的力量所修正，从

▼ 图54 尕拉瑞台斯街区的集合住宅，米兰，罗西设计，1970年，立面图

而达成一种不完全的综合。

依照现实主义原则能够揭示一种基本的语言，这种现实主义拒绝风格的介入，它应该被新写实主义替换，新写实主义会从存在的美学结构，以及影响和改变这些结构的真实性中获得它的合法性——这种现实主义接受了这样一种事实，即不可能预见一个完全被它的艺术形式所反映的社会。

第四节　阿尔托：类型对应功能

这篇评论首先发表在1976年的《今日建筑》（*L'Archtecture d'Aujourd'hui*）。

虽然阿尔托早期的重要设计作品——帕米奥疗养院（Paimio Sanatorium）和维堡图书馆（Viipuri Library）（Viipuri，俄罗斯西北部港口，临芬兰湾，为一渔业中心。——译者注）——遵从20世纪20年代的表现原则，但从一开始，阿尔托的作品就与同时期荷兰、德国和法国的著名建筑师有分歧。阿尔托的作品所缺乏的东西是功能主义和理性主义之间的平衡。虽然莱昂纳多·莫索（Leonardo Mosso）无疑有权否认阿尔托受到赖特的任何直接的影响，但是我们还是很容易看见这个思想是如何产生的。阿尔托的作品有许多与现代运动中的浪漫主义和印象主义流派所共有的特征——这些流派是通过亨利·范德威尔德（Henry van de Velde）从工艺美术运动中承传下来，并作为赫尔曼·穆特修斯

（Hermann Muthesius）的对立派别。阿尔托以赫拉克利特（Heraclitean）的观点，亦即自然的观点而非柏拉图主义的观点对功能进行了诠释。大自然中使他感兴趣的东西是自然发生的和能知觉的形式，而并非可能被简化的理性秩序。现代运动在其早期阶段普遍认为社会和建筑都可以依照理性的原则被重建。显然阿尔托自己从不关注这样一种普遍观念，他满足于保持“接近大地”的心态和追随给他以引导的形式本能。

他使自己的作品过于接近诸如胡戈·黑林（Hugo Häring）和汉斯·夏隆（Hans Scharoun）的表现主义是一个错误，但是他远离他们的形式主义，正如他也远离形式主义所反对的公式化。他的形式总是自文脉上获得意义，并且是不基于推理演绎的类型。因此，在玛利亚别墅（Villa Mairea）中表现出来的复杂性和多样性是对设计中出现的特别需要进行回应的结果（图 55）。正如

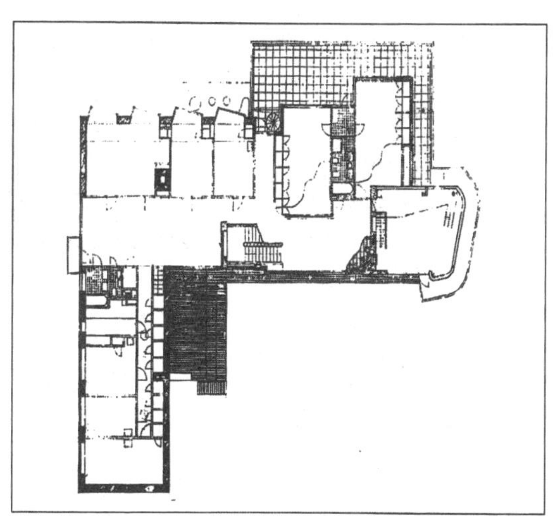

◀图55　玛利亚别墅，上层平面图

简单的二分法（开放 / 封闭）可能提出的那样，主要生活区域和卧室都不面对内庭花园。然而这种初始的含义没有完全发展下去，房子的空间在两个方向上扩张，产生了多种视野、光线和高尚的生活风格的变化，这种方式一直被一种整体构想的排他性解释所否定。房子中每个区域都被允许有其特殊的个性，而没有被一个强大的统一观念所支配：卧室窗户偏向太阳，工作室引进了一个全新式的主题，一丛遮蔽楼梯的立柱呼应着外部的森林（图 56）。因为我们所看到的事物是多样的，所以所有这些陈述和回应就很自然地发生了；我们所追求的整

▶图56　玛利亚别墅，诺尔马库（Noormarkku），芬兰，阿尔托设计，1938～1939年，从入口看大门

体秩序当然不能过于教条，否则会使各部分当中有生命的东西窒息。阿尔托的力量在于他艺术地控制了许多矛盾元素和明显冲突的思想，他能够将这些思想综合并转移为丰富的建筑形式。

阿尔托20世纪20年代后期和30年代的作品与其他现代运动学派作品之间有许多相似之处，但是阿尔托给了这些共同的主题一个全新的解释。举例来说，在维堡图书馆中，虽然交织的体积展示了风格派构成法的特点，但是它们体现了可以分拆的组织类型要胜于不能复归的空间形式（图57）。阿尔托的重复的手法是对构成主义和莫霍伊-纳吉的某些作品的回忆，这与机械生产问题关系不大，而是如何在机械生产与生物学或地质学过程之间建立一个相似关系的问题（图58）。

▲ 图57 维堡图书馆（现位于俄罗斯境内），阿尔托设计，1930~1935年，鸟瞰图

▲图58　图书馆的曲木凳子，维堡，阿尔托设计，1938年

阿尔托和柯布西耶的关系更复杂。人们第一眼看去不可能想象两位建筑师有许多相反的感悟性。阿尔托像是从未对柯布西耶的系统精神（esprit du système）产生过兴趣，也从未对法国古典主义精神产生过兴趣，而这种精神在柯布西耶的作品中却是非常重要的特征。两人对平面的不同态度可以说明这种分歧。对柯布西耶来说，平面把秩序和可理解性赋予了整个建筑物。在阿尔托的早期作品中对平面的处理是实用主义的，例如在维堡图书馆入口系统中采用了一个略显笨拙的形式，其目的是想尝试产生一个跨越各层体积的轴，该轴导向挑出的门廊和扩展到街区的大窗户——两者似乎没有解决好与主要体量的关系。在阿尔托稍后的作品中，平面处理变得与体积交叠和模糊的原则更密切地结合在一起，但是这么做了以后，好像与柯布西耶的分歧更大。然而如同德梅特里·波尔菲里奥斯（Demetri Porphyrios）指出的那样，[13] 伴随着对偶然性的敏感，在阿尔托的作品中有一种类型学的驱动力，这种动力将他和柯布西耶联系到一起。对柯布西耶来说，他们之间的不同之处在于他强调在严格理性原则上创造新类型；而对阿尔托而言，类型有如历史的和社会的真实一样，是已经存在的某些东西。因而在他的作品中没有显现完整的形式，而是强调一种潜在的具有几乎无穷释义和延伸的思想（图 59）。

据说阿尔托赞美柯布西耶超过任何其他的现代建筑师，这也许是因为他承认自己缺乏智慧所形成的力量，但是也可能要归功于他们共有的某种关注对象，这些对

图59 ▶ 教育学院总平面图

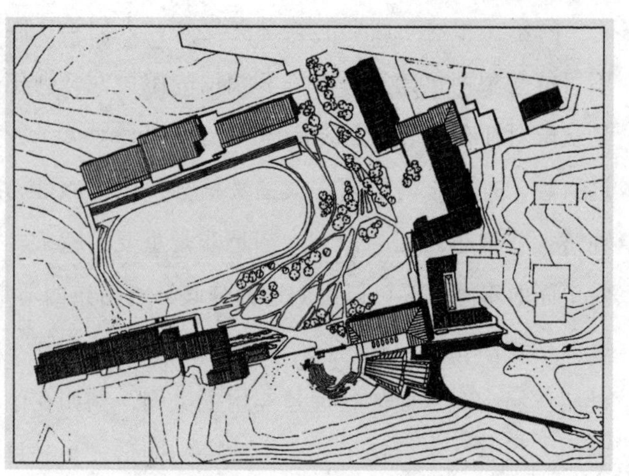

象包括村镇建筑，特别是位于地中海附近（可追溯到他们早期投入的国家浪漫运动）的建筑和新古典主义的建筑，他们把新古典主义建筑看作在现代主义学说领域之外提供传统学说的一个核心（图 60）。

也许阿尔托作品中最突出的特征是他努力把每栋建筑物组织成一个微观的小社会，这看起来与他对意大利城镇的研究相关。阿尔托的多数作品属于这种诠释的类型——图书馆、文化中心、剧院综合体和教堂——但是他甚至也关注个别具有相同空间层次的公寓，如柏林西

图60　位于韦斯屈莱（Juväskylä）的教育学院（Pedagogical University），阿尔托设计，1953年，学生与教师餐厅景观 ▼

区的汉萨维厄台尔公寓（Hansaviertel Apartment Block）（图 61）。然而在柯布西耶的作品中，则是用一个清晰的外部形式建立起建筑物的明确界限。对阿尔托来说，辅助元素自由地聚集在中央核心周围，建筑物变成一座城镇，其外部元素好像经过一个向心性的组织进行排列布局。许多功能被分类成为互相紧密联系的集合体，每个集合体部分地再一次组合成为相关的集合体或核心本身。这种“剥离”的形式是阿尔托作品中一种重要的成分：形式的减少与它们的添加或排列同样重要。

这个特性事实上导致了阿尔托的部分建筑作品乍看给人以废墟的印象。例如位于奥塔尼米（Otaniemi）的理工学院（Institute of Technology）图书馆中，礼堂屋顶的形式产生一种古老片段的印象（图 62）。对阿尔托

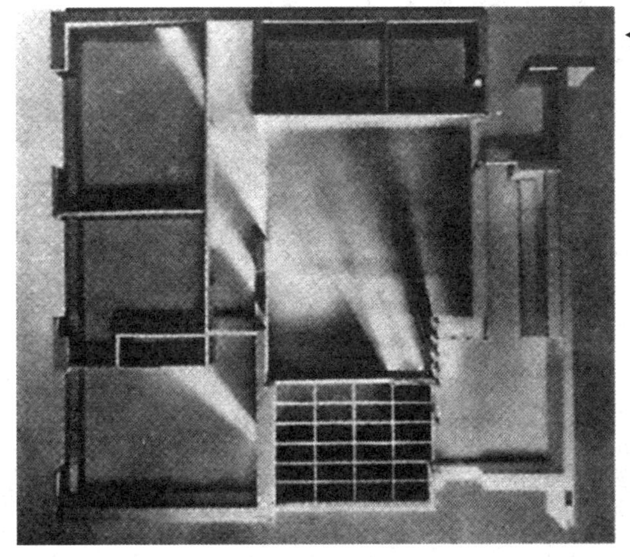

◀ 图61　汉萨维厄台尔公寓，柏林西区，阿尔托设计，1955～1957年

来说，片段化有一种隐喻的向度，不像风格派只是形式的和系统的向度。

在阿尔托的作品中，类型学探索及对偶然性的依赖与产生建筑形式的功能之间存在着冲突，某些与功能主义有关的一般问题使这种冲突更为凸显。在功能的观念中有两个标准。在第一个标准中有一种被当作一般化类型的功能，这一类型有许多含义。在第二个标准中，它是作为对一个特定操作问题的解决办法而存在的。阿尔托有时从这个特殊标准开始，例如麻省理工学院的贝克学生公寓（Baker House）（图 63），在那里，波动的墙

▼ 图62　芬兰奥塔尼米理工学院，阿尔托设计，1964年，礼堂外景

壁旨在减少交通噪声并提供良好的临河视野，或如位于伊马特拉的教堂（Church at Imatra）（图 64），清晰的体量感满足对多种用途的需要。在这些实例中，决定形式的功能对建筑过程观念都不是重要的，然而却是由它产

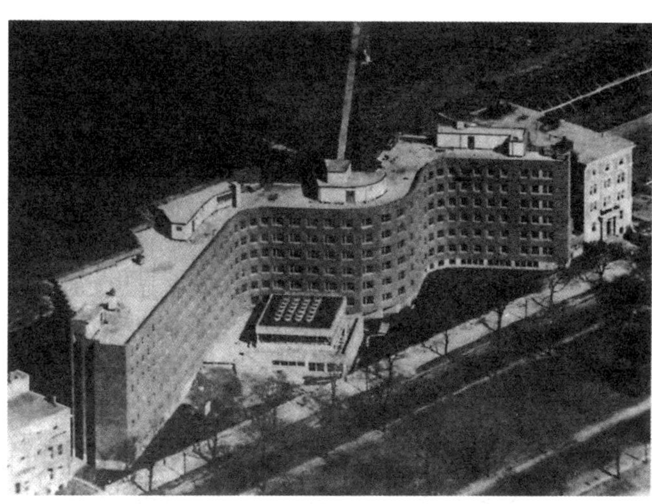

图63　贝克学生公寓，麻省理工学院，剑桥，马萨诸塞州，阿尔托设计，1947～1948年

图64　伊马特拉教堂，沃克塞尼斯卡（Vuoksenniska），芬兰，阿尔托设计，1957～1959年，外观

生建筑物的全部外观。形式超越了原始功能的需求，事实上形式并未被代入任何意义重大的重要程序中。在他的一些晚期作品中，阿尔托像是仰赖次要的和意外的程序来产生基本相似的解决办法。在他晚期设计的教堂中，在神坛、空间的轴线和光源之间的关系上，总是依照并不十分明确的标准来进行修正，好像教堂的理念不再能够给他提供典型的解决方案（图 65、图 66）。

因为阿尔托屈从于外部的标准——举例来说，亦即

图65　新教教区中心，苏黎世-阿尔斯泰坦（Zurich-Alstetten），瑞士，阿尔托设计，1967年，教堂内部模型

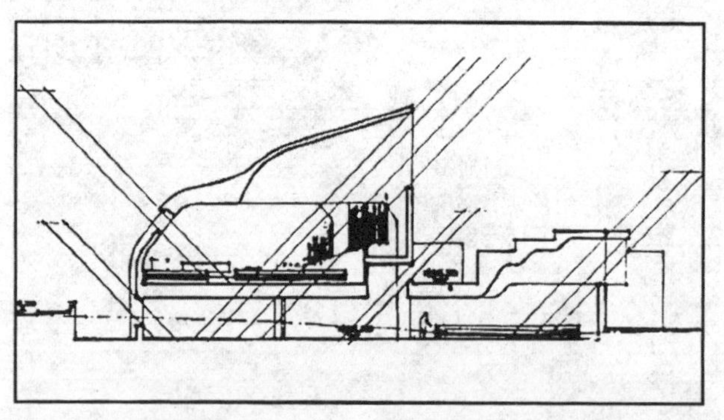

图66　新教教区中心，光线影响剖面示意图

穆特修斯和柯布西耶主张的“类型”的概念——这意味着对自然创造的人为限制，同时否认建筑作为丰富和复杂生活的表现这一意义。但正是在把建筑作为表现艺术的思想中,我们可以从阿尔托的某些设计中发现一些缺点,其中一些我们曾被提示过。麻省理工学院贝克学生公寓的波动墙壁或伊马特拉教堂像巨浪般涌动的体块实际上是否“表达”了什么意义，这一点是值得怀疑的，理由很简单，因为它们表现的功能不符合建筑使用者和观察者可能有的任何期待，它们因此变成纯粹的形式。按唯名论的说法这样的造型可能更意味深长，唯名论把所有的功能视为同等重要，但是在建筑设计方面和文化关联上，这种造型则是无意义的。

阿尔托本人清楚这个问题，并在他的一篇有关风景的文章中谈到这一点。在这篇文章中他讨论了城堡在风景中的不同意义和城堡与潜在文化意义之间的区别，如教堂尖塔，以及那些其意义被限制在机械的功能思想里的建筑，如水塔。[14]在这里他认可形式的意义较少归功于它们先天的表达能力，而更多地归功于它们符号语言的功能。取得这种认识不一定需要严格的保守主义，但是需要知道建筑信息是由一些原有的价值观所构成的。

阿尔托的最杰出作品的价值在于并未显示这种知性。但是作为现代运动“表达的功能”的最好诠释者，他对这些作品所作的思考不可避免地引导我们去质疑他所尊崇的功能主义的一些基本准则。

CHAPTER Ⅲ.

第三章

建筑与城市

第一节　超大街区

本文完成于1971年，首先发表于《现代建筑发展史：随笔集》(*Arquiteelura Moderna y Cambio Historico*：*Ensayos*，巴塞罗那：古斯塔罗·吉里出版社(Editorial Gustaro Gili)，1978年，第94～112页。

I

如果我们审视任何一座现代城市，就会禁不住被这一事实所触动，即城市的大部分是由大体量的不动产所组成，每个建筑物都如同一个单一实体，由社会进行供给并有都市化倾向。每个单位实体的大小——以我选择的步行街区为例——不是由任何单一的实际因素所决定。街区可能被已存在的街道式样所限制；它也可能由于对道路进行封闭而扩展到其他一个或多个毗连的区段；它还可能由一群建筑物合成的一个单一建筑综合体所组成。有些个别的情形可能不一样，但是其中总是有一个通常的因素：存在于现代经济中的巨大资本储备，能够使私人或公众机构或两者的组合得到对较大范围的都市土地的控制权，而且从中获利。在实践中所控制的区域受到利益竞争的限制。但是这不妨碍大街区仍在统一控制之下，理由很简单，因为这些利益中的每一个机构——公司、投机者、地方当局——其本身都是一个非常庞大的单位。法律和立法与这个程序同步。这些法律包括日照角度、分区、空地比以及和密度有关的法律等，这些都倾向于加速城市网格的瓦解，在城市中形成大片的不连续的地块，每个地块都在统一的金融力量的控制之下运作。

在现代城市中这些事实是相当明显的，但是它们在建筑上产生的后果时常被疏忽。靠独立代理商融资的地块导致这块土地上的建筑物被故意设计为一个单一实体。土地的区域越大，受制于单一建筑观念的建筑体积也越大。

有两个重要的问题与我想讨论的这种事实有关——与其说是解决它们，不如说是把它们暴露出来。首先是，独立住宅与超大街区的关系是什么？前者是否可能是后者的一个部分？其次是，超大街区作为一种在城市中具象主义的元素，其含义是什么？这两个问题依次与私人的和公共的空间观念有关。

Ⅱ

一般情况，无论一个城市是否切合现代生活的传统，都不能够否认它确实融合了所有过去的制度和习俗，在这个城市中旧有的建筑是有形资产的主要部分。古代的法律和习俗仍然在我们社会生活的表面之下延续，但是在城市中，这些法律采取了一种实际的和知觉的形式，其中那些与我们的法律有区别的，在社会、经济和技术上至今仍然在发挥着作用。在很大的程度上，我们有关愉快的和有意义的城市环境思想，是以我们在过去的建筑物和城市结构之中生活和工作的真实经验为基础的。在建筑中难以置信的新旧演替是决定我们对城市环境的感受的主要因素，这个演替的产生有两个原因：首先，建筑的耐久性，这与它所体现的金融资本有关；其次，罗西称之为“对功能冷淡”的东西。对建筑而言，其特征在于表现思想的能力，而非在于完全满足特别的功能。

我们城市中的古老结构是如此的坚固，以至于我们不断地被一种区别所提醒，这种区别对城市经济和神话具有重大意义，即公共空间与私密空间的区别。公共空间是表现主义的，它不但包容了民众和集体的自然活动，而且赋予这些活动以象征性。公共建筑的审美观念由一种附属秩序语言组成，用语言学上的类推法组织成语段，并构成一个完整的文本。相反，私密空间尽管仍然包含一些对整个社会来说共通的美学法则，但在公众的感觉中，该空间领域仍不是再现性的，而是个人的权利，作为个人的所有物，个人可自由地使用它们，就像人们使用日常语言一样。

在中世纪，城市属于商人和工匠。一方面，城市中表现的元素是教堂、市场、广场、公众聚会建筑物和城市大门，所有这些元素构成了集体的投资；另一方面，个人住宅并不被作为一个群组整体来融资（图 67)。甚

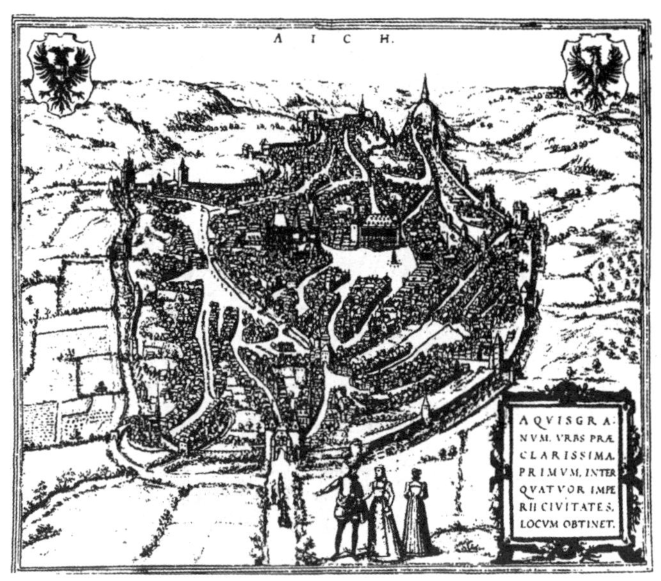

图67 亚琛（Aashen）城市版画

至在法国西南部规划的小村镇（bastide）中分散的地块也大都在个人的控制之下。虽然城镇按规整的网格来规划，而且所有的地块是同一的，但是这些住屋都是由一种结构相互连接着。城镇的公共空间由主要道路和市场所组成，市场出现在道路的交叉口，并将道路延伸到有屋顶的拱廊中，教堂总是与这些市场成对角关系（图 68）。

在中世纪和在文艺复兴时期，发生了许多重要变化，这些变化包括公共空间上的和私密空间上的，虽然后者多少有些姗姗来迟。G.C. 阿尔甘（G.C.Argan）已指出，文艺复兴城市[1]有三个基本特性：第一，将一个商业城市转换为一个政治实体，这是一种新的历史觉察；第二，宇宙的本质是几何学的[2]，这是柏拉图学说的复兴；第三，

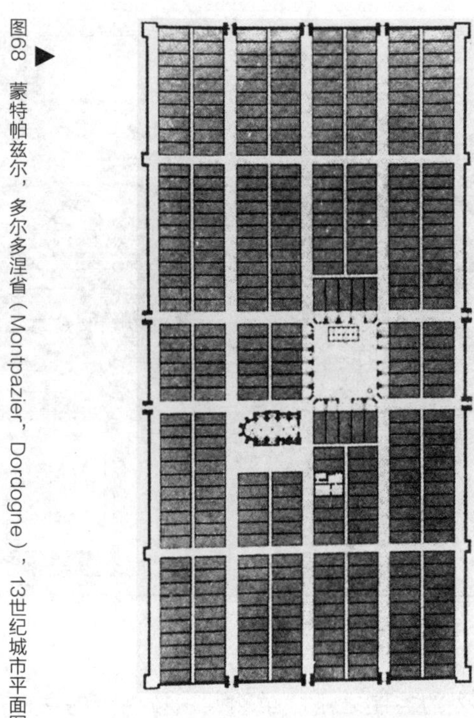

图68 ▶ 蒙特帕兹尔，多尔多涅省（Montpazier，Dordogne），13世纪城市平面图

在设计方法方面的改变，事实上这源自一个人的创造，即菲利普·布鲁内莱斯基（Filippo Brunelleschi）。

在佛罗伦萨圣母百花大教堂的圆顶设计中，布鲁内莱斯基改变了已有的建筑程序，他提出建筑物应该按完整的计划来构思，并依照被预先考虑的计划实施（图69）。建造一座建筑物是一种智力的行动；建筑结构仅仅是执行思想指令的建造者的作品。确实，在中世纪晚期，大教堂虽然已经是政治和美学的一个有意识的对象，但是在佛罗伦萨大教堂和后来其他教堂的营建中，传统手工艺还是对当时整个大教堂形式的语义学经营做出了重

▲ 图69　佛罗伦萨圣母百花大教堂。菲利普·布鲁内莱斯基设计的穹顶，1420～1436年

大贡献，而且这些传统所起到的直接作用相对而言也更伟大。借助布鲁内莱斯基我们到达了这样一个时刻，即建筑从工艺转换到“自由的艺术”，建筑实践在文艺复兴思想中从信仰（doxa）或判断的王国，升华到了知识（episteme）或认知的王国。

不但建筑物而且整个城市都以这种方式进行设计，这反映了文艺复兴三位一体的价值观：政治上的意义、几何学的构造和有意识的总体（图 70、图 71、图 72）。（特别是后者的价值，一直持续到今日，尽管这么多文艺复兴思想已经死亡）。我们如果翻看任何文艺复兴城市的计划，就会看见这样一种社会现象，这个社会有机的统一是以几何学的形式来完成的，并通过城堡或公共广

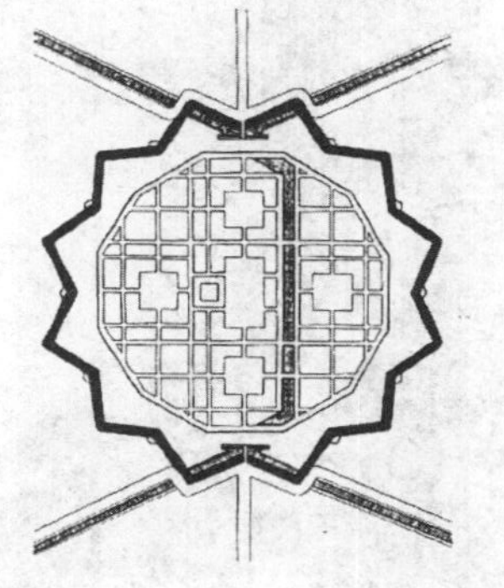

▲图70 理想城市的规划，选自温琴佐·斯卡莫齐（Vincenzo Scamozzi）1615年出版的《理想的世界建筑》（*Dell'Idea dell'Architettura Universale*）

图71 理想城市的平面，“斯弗岑达”（Sforzinda），安东尼奥·菲拉雷特（Antonio Filarete），1464年
▼

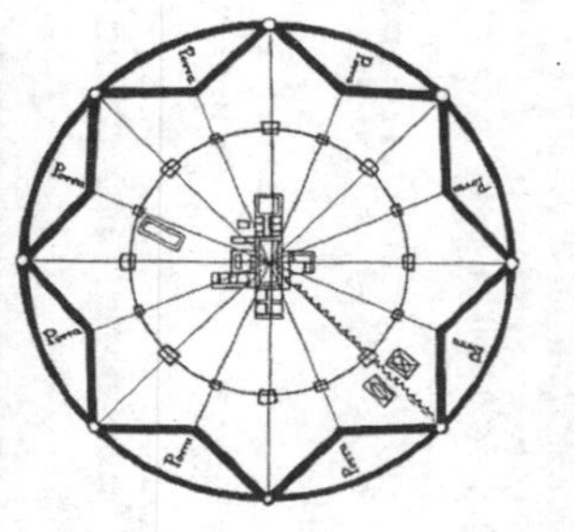

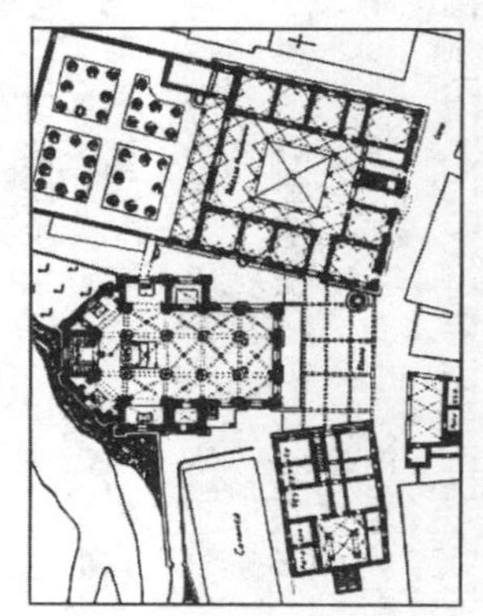

▲图72 皮恩扎（Pienza），城市纪念中心图解平面图

场的统配来加以隐喻地表现。中世纪的市场已经变成几何学和拓扑学的中心，理性的符号和理想政治权力的实际中心。城市被构思为坚固耐用的，它被街道贯穿，它被广场挖空，并用公众建筑物来进行划分和连接。个别的房屋并不对城市意象有所助益。在巴洛克风格和新古典主义城市中出现的公共空间的扩展，尽管借助于统一的街道立面和住宅广场，但并没有根本地改变私人居住区的状态，在立面后面的个别房屋设计时常被留给业主自己来完成，例如在文登广场（Place Vendôme）或伯克利广场（Berkeley Square），甚至在后来的巴斯（Bath）和伦敦都市计划中（图 73），那里的房屋被同时设计成街道立面，这些房屋遵照立面的公共规则，而非将它们自己表现为独立的组分。

有时街道的确由私人的大厦组成，例如意大利热亚

◀图73 英国巴斯的圆形广场，大约翰·伍德设计，1754年

图74 新街，热那亚（选自18世纪出版物）

那的新街（Strada Nuova）（图 74）。但在这里每栋房屋都被看作宫殿，整个市民阶层都担当着具有社会代表性的角色——贵族或富人，他们具有的代表性能符合其在社会中所担当的角色。

可以很清楚地看到，在中世纪和文艺复兴城市中都存在两种结构类型：表现性的建筑物和平常的住所。人们公认在中世纪和文艺复兴的城市之间有一种根本不同。在前者中，表现性的和私人的建筑物都是依照手工艺传统的原则被建造的，被同业协会所支持，而传统则像口头文学那样按照经验法被传递。在文艺复兴时期，美学的和构造的编码都服从于系统的理论，艺术和科学经过几何学和宇宙认识论被调和了。然而这种根深蒂固的区别反映了统治者和被统治者之间新的裂痕。广场变成理性的象征表现，而非一块天然的场地。但是正像它呈现的那样，中世纪和文艺复兴城市都由无地块差别的住宅或房屋所组成，表现着集体生活的主题——社会的、政治上的和显示智慧的建筑物正是从这些房屋中浮现出来的。

在城市的早期表现中，表现主义的建筑物变成整个城市的描述（图75）。在耶路撒冷（图76）或罗马（图77）的重建中，城市被描述为公众纪念碑的一个集合。如果要显示任何住宅建筑物，那么一座住房就代表了整组建筑，同时也为纪念性建筑提供了最小的文脉关系。纪念性建筑本身由一个类型学的基本形式所组成：圆筒、方

◀ 图75 贝内代托·布翁菲利奥（Benedetto Buonfigli），《赫库劳斯遗迹的解译》（*Translation of the Remains of Herculaus*），15世纪后期，壁画，佩鲁贾（Perugia）

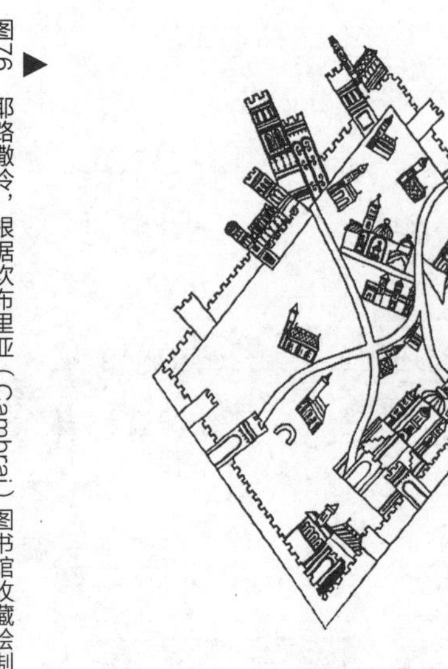

▶ 图76 耶路撒冷，根据坎布里亚（Cambrai）图书馆收藏绘制

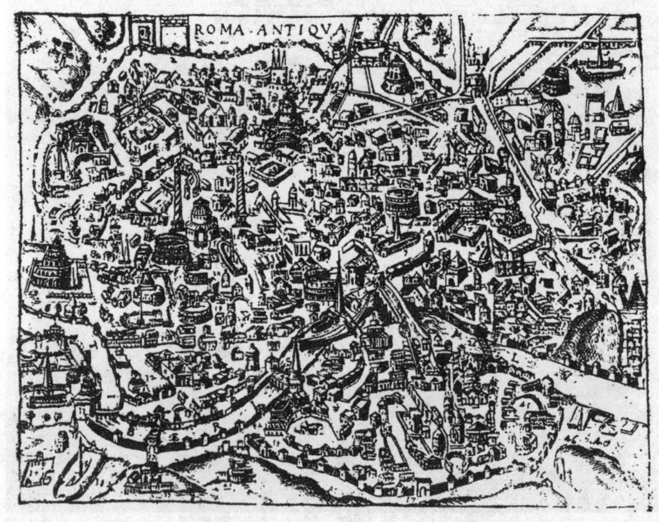

▲ 图77 古罗马，彼得罗·贝尔泰利（Pietro Bertelli）的重建计划，1559年

尖碑、亚述古庙塔、金字塔和大剧场这些造型，具有集体的或仪式功能的隐喻。

从大部分形式表现的效果来看，这些纪念性建筑物似乎在彼此竞争，而忽视了一种对中世纪和文艺复兴时代的城市来说相当重要的因素——等级和从属的原则。在这些描绘中，我们得到了一种现代城市的奇怪的前兆，而现代城市中也缺乏这项原则。在表现罗马的绘画中，重要的公共建筑物的增加与扩散，与在后工业城市中发现的超大街区的增加与扩散（图 78）具有相似性。但是这个相似是表面上的。画中描述的罗马被意指为历史城市的一个范例，是重要的公共纪念性建筑的浪费者；然而，如果说现代城市能完全提供一个心智的图像，那么

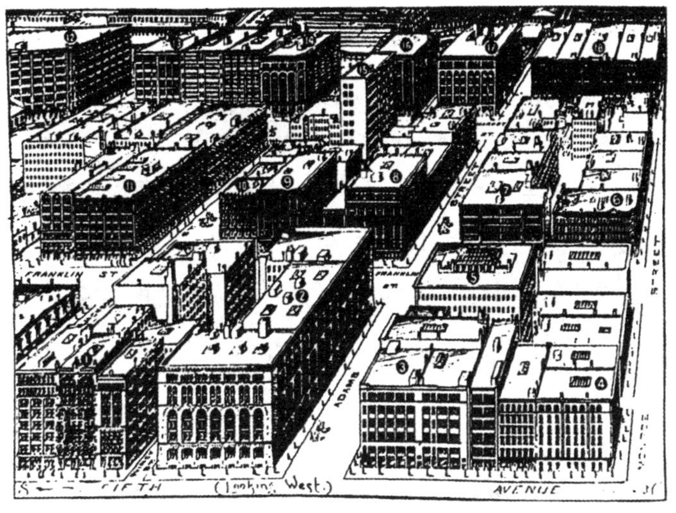

▲图78　芝加哥第15大街西向街景[选自兰德·麦克纳利及其公司[（Rand McNally&Co.），《鸟瞰和芝加哥指南》（*Bird's Eye Views and Guide to Chicago*），1898年]

它只是一个表现物质财富对象的详细目录。这种不同至关重要，而且只能由认识论及17世纪和18世纪发生的经济变化来加以解释。当时出现了一个政治上的和哲学上的分水岭，这个分水岭从根本上改变了欧洲文化的进程，稍后也改变了欧洲城市和公共空间的概念，公共空间从此成为欧洲城市不可分割的一个部分。

Ⅲ

直到17世纪科学和哲学的革命后，国家可以通过城市所采用的形象隐喻方式来表现。阿尔伯蒂（Alberti）的住房和城市之间的类比关系得到了城市更深层次隐喻的支持，城市如同人类的躯体，按照富有层次的等级关系有它自己的领袖和成员。托马斯·霍拜斯（Thomas Hobbes）所阐明的巴洛克国家的哲学辩护就是以相似类推为基础的。

通过17世纪荷兰和英国商业主义的发展和相应的科学发现，一项新的政治观念出现了。约翰·洛克（John Locke）的理论首先介绍了政治组织的一套模型，美国和法国革命最后赋予它以宪法的形式。

对于当前所讨论的问题而言，一项重要的事实是这些新的自由主义、经验主义思想开创了一个时代，使社会处于比以前"更低的"组织状态。随之而来的持放任政策的商业主义时代不再服从于早先中央集权系统中所呈现的造型关系。

这个事实得到另外一个事实的佐证。如果国家的观念变得很含糊，如果社会作为一个整体而言是靠一种系统的检验和平衡去凝结，并组成一系列子群，这些子群相互的冲突彼此抵消，那么由这些子群所控制的力量本身就被更加高度组织化了，也更复杂、更有力。我们必须将中世纪城镇和19世纪的住宅区进行比较，以便在个体的水平上进行观察。早期的中央集权系统比后期的自由主义系统对任意性更宽容。在自由主义系统中，全部自由的取得要以在局部中加强僵化的规范为代价。

独立的社会机构和建筑类型在数量上的增加是新社会结构的结果之一，每个机构在社会组织中总体上有相等的重要性。以严格等级制度为基础的社会让位于以无政府状态为基础的社会，但是同时每个机构本身是按阶层加以组织的，且都对应一个新的建筑物类型，如教堂、宫殿和市政厅这些古老的保留项目，更多的则是逐渐覆盖到一些新类型的公众建筑物方面：法庭、国会、学校、医院、监狱、工厂、旅馆、铁路车站、商场、美术馆，以及其他一些娱乐场所和消费场所（图79）等。

虽然在现实的城市中能够追踪这种进化，但正是通过与讨论中出现的城市发展相互对照，才能使我们获得18世纪和19世纪发展的最清晰的观念。理想主义试图产生一个新的阶级组织和新的统一观念，用以替换那个被我们遗失的观念——在勒杜所做的计划中（图80），一个完整的社区与它的工作场地联系到一起。城市作为市场和政治上的中心的这种传统内容被抛弃了。按弗朗索瓦-诺埃尔·巴伯夫（Francis-Noël Babeuf）的话，应

▲图79　维托里奥·埃马努埃莱二世商业街（Galleria Vittorio Emmanuele Ⅱ），米兰，朱塞佩·门戈尼（Giuseppe Mengoni）设计，1865~1877年

▲ 图80　考克斯（Chaux）理想城，位于阿尔克—塞纳斯（Arcet-Seuans），勒杜设计，1804年，透视图，第二方案

该是“不是因为首都，也不是因为大城市……建筑的富丽堂皇……将是因为公共商场、圆形大剧场、斗兽场、输水道、桥梁、运河、公共广场、档案馆、图书馆，最重要的是给那些能施展地方官员的熟虑妙思和大众意志演习的地方和场所提供服务和装备”。[3]

这些设计像以前一样强调公共建筑物，但公共建筑的内容有所改变。罗马的富丽堂皇被认作与大众意志相一致，正如让-雅克·卢梭（Jean-Jacques Rousseau）所作的相同表述，巴洛克国王将君主制国家变成了人民集体意志的国家，我们看到人民为了集体共同的利益而签署一份放弃他们个别自由的自愿契约。在18世纪，作为符号的建筑还不能清楚地从作为良好生活工具的建筑中分离开来。我们似乎正在目击建筑的理想主义观念走向世俗化的过程，而非破坏性的一面，正如在社会理论中，共和主义和民主主义的内容被嫁接在巴洛克国家中央集权制度上。在部雷和勒杜所主张的会说话的建筑（architecture parlante）中，国家隐喻如宇宙符号变成一个社会的隐喻，似乎是在回应伊曼纽尔·康德（Immanuel Kant）宣布的宗教世俗化的主张。康德认为地上的世俗道德规范源自人类理性，而星光照耀的天堂则是依照牛顿发现的力学原理而运行的（图 81）。

勒杜、查理·傅立叶（Charles Fourier）和罗伯特·欧文（Robert Owen）为已存在的城市设计了一种新的替代方案，这些城镇与工作地点联系在一起，以便重

图81　为艾萨克·牛顿纪念馆（Cenotaph to Isaac Newton）所做的方案，部雷设计，1984年，带有内部夜晚效果的剖面图

新发现原始的社会群体。结果，它们或者是以相对几何关系连接的独立的建筑形式（勒杜），或者是以文艺复兴城市或巴洛克宫殿为模型的独立单体建筑（傅立叶和欧文，图 82、图 83），提出了非常大的“设计”单位。

在 19 世纪的城市，也即资本家和封建君主扩充的城市，实际上也存在着这样一种趋势，即形成了向一个大的联合统一体发展的类似运动。起先，采用了增加可认知的建筑物类型的数量这一方案。按记号语言学的说

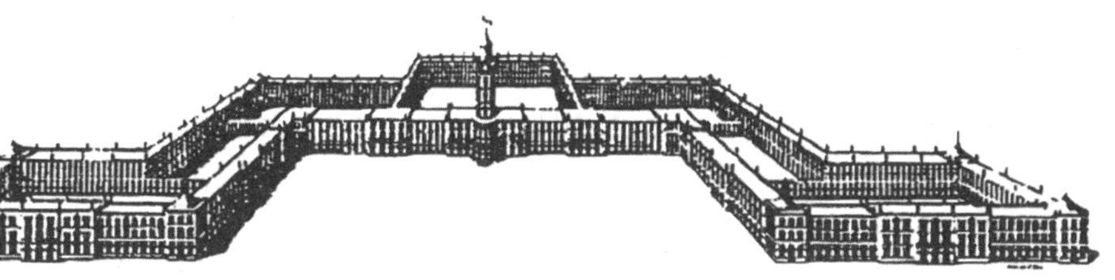

▲图82　根据傅立叶的思想所做的博爱村方案，维克多·康斯坦丁（Victor Considerant）设计，1834年

▼图83　一个和谐与合作的村庄，罗伯特·欧文设计，1817年，鸟瞰图

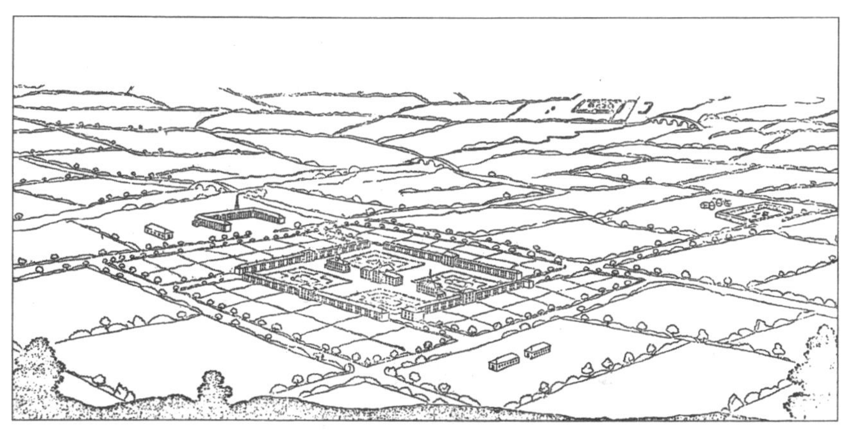

法，一些类型提供了新的个性形式，如拱廊和医院。多米尼齐·蒙塔纳（Dominechi Montaner）设计的位于巴塞罗那的圣保罗医院（Hospital of St.Paul）就是一个例子，它以45°角的平面布置，表明它在城市网格中的存在（图84）。其他一些作品利用了已存在的建筑语言，并给予了语言以新的内涵（银行、旅馆、铁路车站的立面、“大厦公寓”）。但在上述两种情况中，新类型有一种表现主义意图：按正宗的观点，它们是城市新的“器官”——神权政治或贵族体制的世俗化和民主化的译本（图85）。

但是这种发展在20世纪上半叶让位于那些大的单元，这些单元的功能与古代城市隐匿的和私密的功能截然不同，它们采取了这样的形式，即建筑物主要由住屋

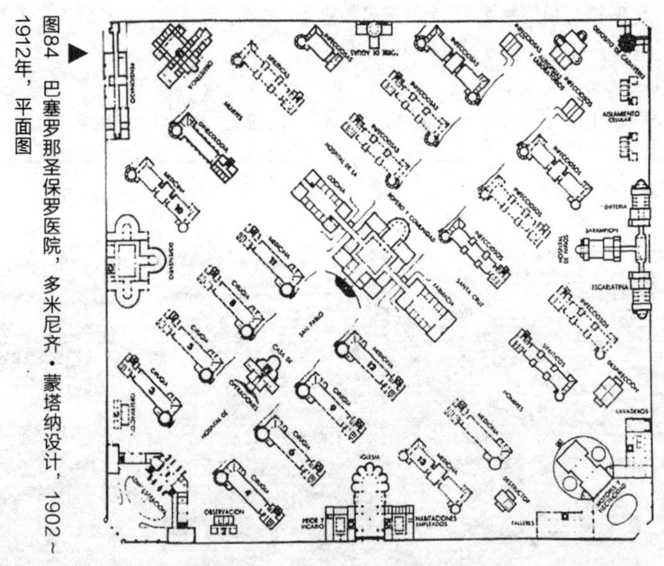

▶图84 巴塞罗那圣保罗医院，多米尼齐·蒙塔纳设计，1902~1912年，平面图

◀图85 格罗夫纳宫（Grosvenor Place）1–5，伦敦，托马斯·昆丁（Thomas Cundy）设计，1867年

和办公室这样的细胞体的叠加所组成。这些发展来自小型财富生存活力的（经过通货膨胀）逐步丧失和金融机构对应地兴起，这些金融机构能够规模投资并收获这种投资的利润。不管这种金融机构是公众的还是私人的，所涉及的原则都无区别：两者都同样对都市的土地收益性感兴趣。

在这种把城市划分为没有表现功能的一个个越来越大的单元的趋势中出现了一些值得关注的对象。在芝加哥大会堂（Auditorium Building）（图 86）和纽约洛克菲勒中心（图 87），一个巨大的办公楼街区与公众的功能（戏院、拱廊等）结合在一起，产生了一种新型多功能建筑物——整体上而言是城市的一个缩影。事实上，在芝加哥和曼哈顿（区）摩天楼的繁荣期间，洛克菲勒中心是一般趋势中的一个极端的例子，因为大的商业企业需要一个表现主义的功能目标。但是后面的例子，如布

▲图86　芝加哥大会堂，阿德勒和沙利文设计，1887～1889年

纳文图里广场（Place Bonaventure）和位于蒙特利尔的维利·玛丽广场（Place Ville Marie），表明在这个世纪里一般趋势并不认同这种准表现主义类型。城市已经倾向于这种特殊化的街区，尽管它们采用了与表现主义建筑物所采用的同样的方法，却使城市的单元变得粗糙并产生了中断，没有将街区放到真正表现主义类型的主干中去。

Ⅳ

在最后20年里，现代城市一直受到许多批评，城市网格的粗糙、与尺度有关的意义的丧失以及城市元素的

▲图87　洛克菲勒中心，纽约，莱因哈德与霍夫迈斯特（Reinhard & Hofmeiser），科比特、哈里森和麦克默里（Corbett，Harrison & MacMurry），胡德和富尤（Hood & Fouilloux）设计，1931～1940年

孤立都存在于曾经给它们以灵感的特性之中。对现代城市广泛的和激进的抨击一直基于这样两种模式，我将称之为控制论的模式和形式的模式，或作为过程的城市和作为形式的城市。

控制论的模式或是直接源于否定城市规划的思想（根据这种思想，随着媒体和个人化的交通方式的发展使城市成为多余的），或是来自下面这些思想，即城市的活力能通过巧妙的干涉技术而重新产生，模拟在生物学和机器论中发现的回应机制。克里斯托弗·亚历山大的论文《城市不是一棵树》（*The City is Not a Tree*）可以被当作携带这种思想学说的一个例子。[4]

否定城市规划的人认为，城市纯粹是为了相互接近方便而存在。他们忽略了这种事实，即生理上的接近和整体环境在现象上的断绝，这可能有一些超越媒介以外的意义，这些意义以往总是与媒介联系在一起。他们忘记了由于商业社会特殊子系统的发展，人类有一些残存的需求，这些需求不再被视为生存功能的一个附带现象。城镇或城市可能继续去满足某种需要，尽管大部分最初的决定因素已经消失。

形式的模式也有控制论的模式的弱点，它同样不是在一个现象的层次上解释城市的体验。它停留在一个抽象的层面上，并且无论城市可能具有什么实际的式样，那些它所支持的原则都能发挥作用。[5]奇怪的是亚历山大的模型涉及前文艺复兴城市或“自然的”城市，而且巧妙地提出了一种抽象的方法论，靠这种方法论在现代的西方社会中可以获得这种意象。而且，作为控制论模型的基础，变化被视为是允许的而并非冲突的结果，在任意的（和可逆的）与给予动机的（和不能还原的）之间的变化没有加以区别。它假定美好远景中有变化的最大可能性（因为回应）和最少量的意谓（因为缺乏明确的意图）。

将城市视为一种形式的观点为基础的思想学说也有两种变化。第一种变化表现在凯文·林奇（Kevin Lynch）的《城市的意象》（*The Image of the City*）一书中，林奇尝试将格式塔（Gestalt）心理学的调查结果应用到都市的形式问题上。虽然这本书像是源于独特的和主观的观点，但是它尝试超越这种观点，为城市设计建立一系列客观的规则。尽管这种探索看起来比控制论模式更好，但是由于它以对城市现象的感知为基础，所以不管是在形态学上抑或是在历史学上，都无法充分地区别如中世纪、文艺复兴、现代城市这些根本不同的类型，而宁可寻求一种将三者全部拥抱的抽象化的层面。

由于林奇局限于心理学方面的探讨，因而他只能用一种特别的方法处理城市本身，由于排除了所有类型学分析，他不能找出现代城市特有的特性。因为他没有探讨现代城市的基本结构，所以不能证明自己的处方事实上是否会提供最低限度的易读性和一致性，即使他所主张的这些标准本身是恰当的。

第二个变化表现在罗西这些“理性主义者”及科林·

罗等人身上，自现代建筑到来以后，他们第一次在现代法规中明确地接纳古典建筑的形式规则。与更加“功能的”和进步的理论相对照，这些理论显然与丹尼尔·伯翰姆（Daniel Burnham）的“美丽的城市”运动有关。他们谈论结果而非方法。乍一看，这种态度明显带有一种“写实主义”色彩，因为它允许将都市的连续统一体划分为不连续的区段和一系列有限的体验，其中每个都能依照明确的美学基准来设计。当它开始提出特殊的解决方案时，所有其他新近的城市理论都还是含糊暧昧的——这种暧昧性表现在每个解决方案上，不管如何激进，人们能立刻看出它与其所热望的绝对标准不适合。相反，理性主义的观点是具体的，并且接受城市由不连续的部分组成的事实，而且这些部分必须有意识“为现在”而自觉地设计，以符合我们美学判断的方式相互联系。他们将这种思想进一步深化，并且提出在城市中有关什么是美丽的或丑陋的这些知识是以我们对过去城市形式的记忆为基础的，因为没有对文化意义连续性的认识，就不可能有美学的判断。[6]

这些论点似乎来自将城市作为形式来处理的两个主要理论思潮。首先是既不探讨城市的象征和文化的角色作用，也不讨论它的结构角色作用。它所涉及的课题很大程度上是心理上的和知觉上的。然而它是控制论模型上的一个进步，因为它与城市的对话与经验有关，而不是与实证主义的和抽象的理想主义有关，至少它的危害极小。其次是对现代城市缺少结构提出更为根本的批评，并且提出一种可供选择的基于城市历史的结构。然而作为过程，这一理论的倡导者确信城市的美学不能独立存在，它必须来源于社会的标准。而将城市作为形式这一理论的倡导者则相信,都市的美学构成了一个一般的“科学”，这种科学既扎根在心理学基本规律上，又扎根在传统城市类型学的意义中。

V

超大街区（superblock）不只是（或绝不是）一栋建筑物。它有规模和复杂的含义，也有降低建筑表现力的含义，因为不像过去的建筑物具有象征性，因而无法扮演隐喻的角色。

缺乏隐喻性负载，这在办公街区和住宅街区中是最显而易见的，这是20世纪两种富有特色的形式。自从现代运动发难以来，人们对于这些形式是否应该变成大的建筑物（巴黎美术学院的解决方案，也是柯布西耶的解决方案）或者被要素化为组成部分一直踌躇不决。任何一种方式都明显趋向于使街区独立，并且与相邻的街区区别开来，在第一种情形中是刻意的，在第二中情形中则是简单的，因为被要素化的街区是例外而非通则——尽管原则上这些作为基本元素的街区能吞噬整个城市。

在19世纪，居住街区（在巴黎、维也纳或柏林）仍然是城市隐形结构的部分，因为它使用了共通的“建筑语言”——换句话说，它们的组成部分（窗户、壁带、束带层等）涉及建筑本身，而不是特别类型的意象。这样建筑物后退为城市的背景，显示出私密空间不愿在公共空间中自我夸耀的特点（图 88）。

但是就功能主义的建筑来说，作为建筑元素的结构装饰消失了，象征元素变成了根据使用要求来定义的建筑物的一部分。举例来说，在赫兹伯格的办公大楼设计中，提出一个理想的使用空间，然后用简单的体量附加进行延长。于是建筑物溶解了——并非躲在高深莫测的和暧昧的公共立面之后，而是生成了一个比一个更为夸张的立方体元素（图 90）。

同样，某些居住街区——至少那些分享相同的一般原理的居住区，如萨夫蒂的集合住宅（图 89）——不再像过去的古老建筑造型，将它们私密的空间隐藏在考虑周到的秩序背后，而是寻求一种构成了真正居住单元的建筑语言，这些单元细胞组成了它们的功能元素。每栋

图88　巴黎大街上的典型立面，J.F.J·勒库安特（J.F.J.Lecointe）设计，1835年，选自Normand fils，Paris Moderne

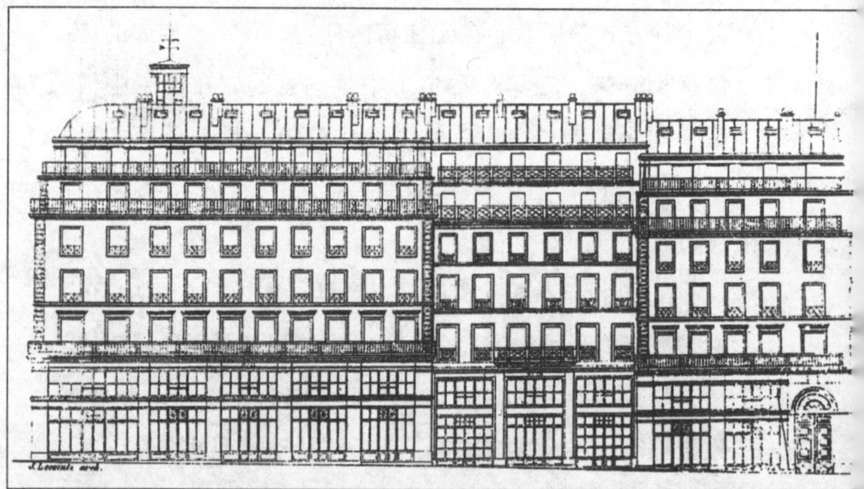

▲ 图89　蒙特利尔集合住宅，萨夫蒂设计，1967年

◀ 图90　比希尔中心，阿珀尔多伦，荷兰，赫兹伯格设计，1972年

房子变成自身的一个符号，并且从它的邻居中被区分出来，在这当中，只注意这种来自立面后方的自我表现效果，并要在这方面取得成功。这种个性角度的尝试在两方面上失败了。首先，在张扬个性方面，它反而在夸大体量方面取得成果；其次，公共空间所具有的性质（它被所

有的个体当作集体所有物来分享）使那些从不属于它的私密性符号失去意义。就是在这种不对称中，私密性在美学上变得非常明显。不对称作为现代运动最基本的教义之一，受到表现服从功能需要这一规则的束缚，不对称性相对于规范性而言，显得一切都是随机的和偶然的。这种对偶然性的声明——同时以一种错误的理念赞美楼梯间、走廊和管道，认为这些元素能“统一”全体“小房子”——伴随着一种要给这些大房子“赋予人性”的希望。但是它完全没取得这样的效果，反而破坏了将个人与城市结合为一个整体的中介，而且让城市简化成一个没人性的、重复的、同一的生活单位。

这种居住区的转化与城市外部（即郊外）的发展紧密联系在一起。在郊外乡村，一旦有少许特权，别墅对每个人来说就变得唾手可得；但是作为民主化程度的体现，只有以别墅类型本身的急速贬值为代价才能取得（图 91）。别墅意象日益减弱，但别墅的理念仍然保持着活力，并仍旧给文明社会带来某种幻觉，即使它存在（特权）的真正基础已经被破坏。[7]

如果郊外建筑是理想住宅街区的来源之一，那么中世纪城市的图像就是另外一个来源。中世纪的城市里地块很小，而且每栋房子只是与它的邻居稍有不同，同时，经过通用的建筑语言而取得统一。因而为现代城市居住群提供了一个范例——只要保护政策允许某种数量的“填充物”发生，就能使“有机”发展的幻影持续下去。作为一件艺术作品，城市呈现了一个与文艺复兴原则完

▲图91 美国郊区住宅方案

全相反的图像，在这种图像中，秩序被构思为某种只能靠单一设计者有意识的努力才能取得的东西——这种秩序以层次关系和等级关系为基础（图92）。[8]

在中世纪的街道，每栋房子都形成一个转喻（metonymic）的统一体，[9]不过就组成这一统一体的部分比例关系而言，每栋房子则不同于它的邻居。很显然，无论是关于个别的还是群组的，它们之间都没

◀图92 博洛尼亚（Bologna）沿街建筑立面景观

有什么信息可以被传输，除非这些元素在换喻中形成了一套组合方式。然而在工业革命以前，这种组合方式便被建构于文化之中，对这种组合方式的处理则是建筑师个人的事情，在现代的城市环境中（图 93），这个组合以及操作方式都受制于个人的选择。

在工业时代之前的组合方式中，手工艺规则综合了技术上的和意义上的标准，然而在工业革命之后的这套组合中，手工艺规则只由技术上的准则所组成。设计者只是简单地提供技术上的可能性，但必须将其转换为一套有意义的系统。如此伴随着每个新的项目，必然发明新的组合。

在现代经济中达成美学规范的最有效的方法见诸广告和产品设计中，通过市场研究所修正的产品来决定既

▼ 图93　美国的郊外联排式住宅，20世纪70年代

有的组合方式。整套文化上的组合在统计上必须从大量的自由选择中推论出来——与手工艺传统相反，在后者这种传统中，文化决定组合方式。这个程序在建筑中只适用于有限的在自由市场上供给的房子，而不适用于我们这里关心的较大的资本密集的对象。在集合住宅的项目中，设计者必须作出武断的选择，因为设计者缺乏传统的、文化上所决定的一套组合方式的指导，也缺乏由市场研究所决定的组合方式的指导。[10]

现代运动察觉了技术和语言的统一，这种语言存在于工业革命之前的建筑中，并且尝试在工业建筑技术和新系统之间产生一个相似的统一。但是除建筑意味中的最一般化的式样外，工业技术靠它自己是不能提供任何东西的。因此，必须（也正像绘画和音乐一样）发明且定义一套新的美学规则。如此现代建筑面对两件互不相容的任务：从技术和功能中获取与现代经济有机连接的建筑，同时又创造一种更新的依靠永恒美学价值的建筑。但是，无论它们的目标可能多么地不一致，现代建筑还是在努力重建建筑的意义，传统建筑外在形式的再现起码不会导致真实的建筑。这将意味着把先前曾是共通的语言都托付给了设计者个人的一时兴致。

这两个难题正是超大街区要表达集合住宅意义时所面对的根本问题。建筑师或仰赖于控制论模型的随意性（萨夫蒂），或在某种程度上发明一套涉及传统建筑语言的语汇。在第一种情形中，其结果虽然取得了随意性，但是无法提供一套有意义的组合规则，这种规则能独立提供随意性以意味。在第二种情形中，建筑师对传统元素的选择，无论是在文字上或是在处理这些元素的一般性程度上，总会保持某种程度的随意性。

拉尔夫·厄斯金（Ralph Erskine）的拜克·沃尔（Byker Wall）社区计划（图 94）是一个相关案例。在这里某些具有独立表达方式的建筑元素，如阳台、窗户和门廊，结合地方手法进行随意性组合 [使人联想到卡恰·多米尼安尼（Caccia Dominiani）20 世纪 50 年代在米兰使用的某些方案，不过造型更为丰富，对材料的处理也有不同态度]。这个方案是高度“感性”的，它似乎行驶在单调的多层住宅系统和如格里米欧港口（Port Grimeau）这样粗糙的工程之间。在这里应该简要地指出，在传统的建筑组群中基本组合是由文化所决定的，个性的选择被限制在细部处理上，不过在此作品中这完全是个人的观念。同样，该作品也属于“总体设计”的传统，超大街区从文艺复兴开始，在 18 世纪和 19 世纪期间发生变化，但设计原则被继承下来。

超大街区以及“整体设计”的观念是现代资本主义国家的一种现实。它从具象主义建筑进化而来，并且逐渐取代了在小地块依照换喻的组合进行设计的系统。它不只是一个被简单地添加到所有城市形式中的新类型，而是包含所有类型的一个新类型，它的出现正在快速地瓦解和破坏传统的城市体系。

▲图94　位于拜克的居住楼（Housing at Byker），纽卡斯尔-上泰恩河（Newcastle-upon-Tyne），拉尔夫·厄斯金设计，1970~1974年

第二节　比希尔中心

本文曾发表于 Architecture Plus，Vol.2，No.5，1974 年 9～10 月号第 48～55 页。

阿尔伯蒂宣称，一栋建筑就是一座小城市，一座城市就是一栋大建筑，这种说法随着超大街区的产生在 20 世纪获得了新的惊人的意义。无论是为综合使用功能所确定的一个大的房地产项目，还是在单一业主占有之下的一个大的管理单位，这些街区从根本上改变了环境的尺度。这是一个新的建筑物类型，历史并未为它提供直接的原型。

面对这种问题似乎有两种解决的办法。一种方法是将街区看作一个生物体，按照这种观点，街区是由位于中央控制之下的按层次安排的相对独立的细胞单元所组成。这是被柯布西耶所使用的方法，在任何其他的现代建筑师之前他就认识到街区这一典型的现代问题。另一种方法是将街区看作一些相对小的局部经过自我调节聚合而成，任何集中控制都被简化到最小程度。这多少扭曲了阿尔伯蒂的概念，可以说第一种方法将城市变成了一栋建筑物，而第二种方法则将建筑转变为一座城市。

在现代运动的早期，人们采用了第一种类型的解决方案。在功能主义的参考框架之内——特别是柯布西耶对象类型（object-types）理论——建筑设计被假定要反映社会的理性安排；但是自第二次世界大战以后，而且尤其在最后10年间,第二种解决方案逐渐被人们所接受,虽然它的种子无疑一直存在于现代运动中。

在20世纪20年代和30年代，人们相信可以重建全世界人类的需求体系，而且建筑物的各种不同部分的精确功能可以按照这些需要来定义。注重客观实际（Neue Sacklichkeit）的建筑师相信建筑师的唯一任务在于这个解析工作，但是另外一些建筑师如柯布西耶，则被赐予了更为复杂的心智，他们认识到在超越“客观”需要的满足之外，还存在隐喻和诗意这一巨大的区域，这种诗意通过建筑师所控制的形式而特别被提供给建筑师。建筑师扮演着创造形式的角色，他们可以通过艺术创造来直接造福于使用者。

那些将建筑物看作潜在的自我调节系统的人倾向于拒绝这种功能决定论和形式唯意志论的立场。因为依照这个理论，使用者在一栋建筑物中扮演了活跃的角色，而建筑师的作用只是提供一个框架，以便允许使用者选择他自己的行为。使用者的幸福感是他自己自然活动的结果，而不是由建筑师强加给他的任何环境形式。

谈到比希尔中心，赫兹伯格作了下列陈述：“建筑从未将人们真正带入思考。金字塔、寺庙、大教堂和宫殿只是在建筑上创造深刻印象的工具，并非提供给建筑一种更自由的生命。”“一栋形式独特的办公大楼中所固有的自负……必须借由改善工作者的工作条件来证明自己，或宁可对他们施以援手，以便让他们自己改善自己的状况。”[11]

很明显，从这些陈述中，赫兹伯格确认了用第二种方法解决超大街区的问题，这种解决方法将建筑物解释为一个小城镇。设计者不应该想着去建立什么行为式样或特殊的形式等级，而应该专注于满足由使用者自我动机产生的行为可能性。

这栋建筑本身表明了这种态度。平面由 $9m^2$ 的办公室单元重复组合而成，平面的四周是开放的单元，彼此间相距 3m，来自屋顶的光线贯穿 3 层高的建筑物。这些细胞由暗示循环路径的连续的廊桥所连接，这些路径在单元之间沿着两条轴线伸展。每个细胞被 8 根结实的巨柱支撑，这些巨柱出现在每边 1/3 处，并标记出用作办公室工作单元的流线（图 95、图 96）。

四组这样的单元占据了十字交叉主环路系统之间的象限，整个建筑物形成了按正方形对角线布置的平面格

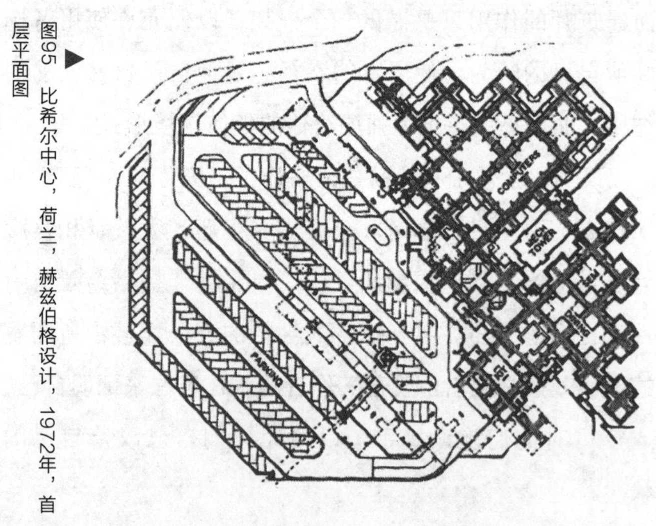

图95 ▶ 比希尔中心，荷兰，赫兹伯格设计，1972年，首层平面图

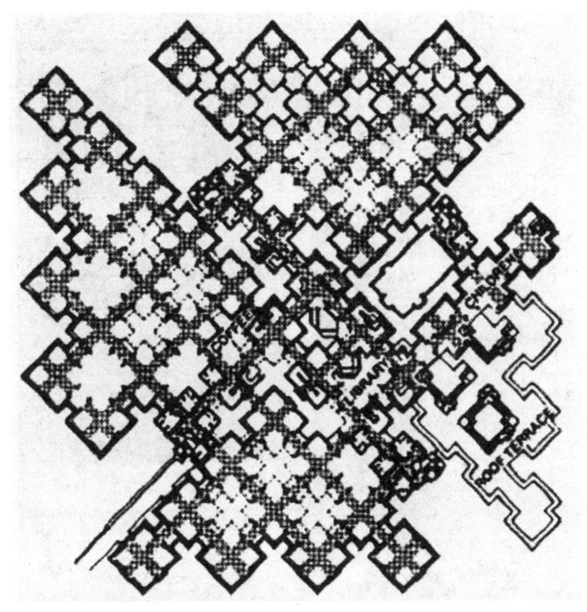

◀图96 比希尔中心，二层平面图

局，在这个系统中布置了入口、询问台、咖啡店、电动扶梯、电梯和相似的公共功能空间。公共系统不打破细胞的模式，而是通过在这些单元中增建一些空间创造出比较大的区域，以满足对大空间的使用要求。这个公众区域不从办公室单元切开，而是使这些单元相互间有所分隔。

穿过这栋建筑中互相连接的空间，享受呈放射状的对角线景观，感知相对安静和相对运动的区域，或观察与来自上方的日光一起浮动的空间，人们会相信这座建筑的确是“一个令每个人感觉身处家中的地方”（图 97）。这种感觉似乎通过增加社区感的方式被创造出来，同时在设计上暗示了一些个人和组群能认同的类似

▲图97　比希尔中心，内景

岛屿的半私密空间。

虽然建筑物可属于一家公司（如一家大型的阿姆斯特丹保险公司），但给人的印象是它好像分属许多不同公司，因为空间被柱子支撑和挑空打破，并被细分为不同的区域。建筑灰色的粗糙表面需要并且也得到了大量柔和的、色彩鲜艳的装饰物和户内植物的装点——尚不清楚种植这些植物是来自职工自发的行为，还是来自管理者富有灵感和鉴赏力的处理。

这栋建筑的成就是，在较大规模的程度上实践了公开分享工作空间的原则，在此之前这种空间一直停留在图板上——这种原则提供一种整体建筑的知觉（被细分成独立办公室空间的办公大楼），同时在小尺度上提供一种同样重要的统一感（相对于大空间办公室平面类型）。

虽然以前从未在这种尺度或一致性上，以及对细部的关注上取得这种结果，但有大量的这种建筑物的局部原型。在赖特设计的拉金大楼（Larkin Building）中，开敞的办公空间环绕着一个从屋顶采光的中央大天井来进行安排。内外部空间的不明确性出现在18世纪和19世纪欧洲很多有屋顶覆盖的商业街中，其不同的是小单元体和有顶的公共空间之间的区别，而这些有顶的商业街是城市街道公共空间的延续。

不过与此最接近的案例当属路易斯·康和范·艾克的作品。在康设计的特伦顿犹太人社区中心（Trenton Jewish Community Center Trenton，位于美国新泽西州首府。——译者注），他提出了在一栋大建筑物中布置空间的崭新手法。科林·罗发表在《反对派1》(*Oppositions 1*)上的文章[1]令人信服地指出了这是对密斯在为伊利诺伊州理工学院图书馆设计中提出的问题的解决办法。在密斯的这座建筑中，纤细的、有规则排列的柱子提供着微弱的旋律，暗示着一个宇宙空间，但因需要分隔成一些独立的大房间而破坏了原有的空间感。康再次运用了文艺复兴原则，依照这一原则，空间由空间细胞组成，这些空间细胞相互连接，建立起“强壮的”结构。“被服务”和“服务”的空间所构成的方格网产生了建筑的秩序感，同时允许一些功能空间占据较多的结构跨度。这样的一个可以任意装配的富有建筑秩序性的方案与赫兹伯格的设计具有许多相似之处。

但是这个设计也让我们联想起范艾克在阿姆斯特丹设计的儿童之家（Children’s Home)，其方式是建筑物由相同的细胞组成，这些细胞单元围绕一个中心聚集在一起。范·艾克的成就是在多层建筑中成功地完成了这个理想，使用顶光不是为了提供工作照明，而是为了创造一种外部空间投进建筑心脏的感觉。也可以联想得更远，这种建筑也与蒙特利尔的布纳文图里广场及维里·玛丽广场有关，在这些建筑中城市的空间被吞并到巨大结构和人工服务的空间中。最后是柯布西耶，他通过在庞大的结构形式中“房子”和“街道”在语意上的不明确性，提出了整体生成插入式方案，在这个方案中相同的空间单元细胞被插入固定的巨大结构中。

柯布西耶和范·艾克的名字提醒我们，赫兹伯格在阿姆斯特丹设计的学生公寓曾受到柯布西耶位于巴黎的巴西学生公寓（the Unité and the Brazilian）的强烈影响。在阿姆斯特丹的学生公寓中，重复的宿舍单元的个性完全被建筑的整体所支配，它们以柯布西耶的方式被处理为可塑造的单元。

赫兹伯格在20世纪60年代曾经“转向”范·艾克，也就是在1965年会所完成之时或之后。事实上，他在瓦尔坎斯瓦德（Valkenswaard）城镇厅和阿姆斯特丹市政厅设计竞赛中曾提交了类似比希尔中心一样的方案。在会所和这两个项目之间发展出全新的创作态度：一栋建筑物现在被看作同质单元的构成。这种转变使人们认识到建筑的外部已产生了重要的变化。

然而，无论建筑的内部是如何成功，其外部却令人有所怀疑。人们不禁要问，是否一栋建筑物利用空间单元的重复和单一组织的原则就足够了。那些在内部非常成功的单元空间表现出可调整的透明性，而当被转换到外部，不需要透明的墙面时则立刻面临困窘。此外，在建筑物内，人们只能感受建筑室内一部分空间，而且结构和空间的重复只被含糊地感觉到；但在建筑的外部，人们已开始知道装配模数盒子的纯粹机械的方法（图98）。如同萨夫蒂的集合住宅，外墙的变化总是靠那些相同的、喧嚣的、单调的数量增加来实现。

人们如何进入建筑物和建筑物如何与它的环境有关，这似乎没有得到应有的重视。那些不规则连接的墙面，逐渐后退从而形成一个截锥形的金字塔，仿佛否认其

▲图98　比希尔中心，外景

作为入口的可能性，并使任何的正立面和空间创造都不可能实现。将已经被引用的陈述作为线索，也许能够发现赫兹伯格对建筑物外部形式的态度。他说过去的建筑是专心于“制作一个印象而非提供比较慷慨的生活”。在这里，他像是与现代运动中那些提倡简化的重要人物（grands simplificateurs）结成同盟，对他们而言，建筑是一些内在原则的简单示范，是“系统”的实证，这个系统就像光合作用在植物上创造美一样，自动地保证功效。但是这种功效在人造对象中却无法保证存在一个类似于从生物学中推论植物生命的统一原则，这一原则将会造成令人惊奇的在自然中可以发现的多样性变化。对印象怀有清教徒式的担忧“可能使人对以下事实视而不见，即所有的建筑物都制造印象——赫兹伯格的作品也产生了不少的印象——问题是要决定需要产生什么样的印象，因为我们与建筑物的联络只是通过感觉进行的，而知觉的规律统治着我们对每个三维空间物体的反应”。建筑物是由它本身所创造的（赫兹伯格和康都持这一观点）这种陈述可能是信念的表达，但是它几乎与真实无关。赫兹伯格的内部空间多是人为设计的，因为它们起源于一个单一思想的重复，因此没有道理说，在建筑概念的秩序中占统治地位的形式思想只有一种。

或许可以再一次以柯布西耶的作品为例。在威尼斯医院的设计方案中，柯布西耶像是尝试在内在的多样性和外部的平和之间准确地达成整合，这一点正是比希尔中心所特别缺乏的。在医院方案中，我们发现了一个类似城市的加法设计计划，在这种计划中统一的单元被重复使用；同时也发现了一个减法计划，这个计划允许对外部进行塑造，回应外部空间的要求。确实，医院的设计提供了一个水平的功能层面，柯布西耶使用底层架空柱在建筑开敞的底部下面设置入口。因此这里的解决方案不完全与办公大楼的解决方案相同。然而，这个例子说明，外部的形式问题和作为悬念的入口同内部的空间问题一样重要，但当它要同时解决所有这些问题的时候也是困难的，然而这也并非不可能——一旦它们被确认是问题并且情形的复杂性被了解以后。

第三节　比奥博格高地

本文最初发表于《建筑设计》，Vol.47，No.2，1977 年。

依照雷蒙德的观点，“文化”包含一组词汇（同“等级”“工业”“民主政治”和“艺术”结合在一起）。这些词汇不但在产业革命之后被发明，也被赋予了新的意义。虽然所有现代国家都对发展文化感觉到某种程度的责任，然而因每个国家的传统不同而各自采取了各种不同的方式。在英国，文化在字面中略微带有一种嘲讽或辩解的意味（只有联系到像莎士比亚这样的民族伟人的时候才变得严肃而庄重）。在法国，文化一词在字面上却表现得非常概要，带有一种不可抗拒的权威，法国人明显地想采取斯堪的纳维亚和盎格鲁撒克逊人的文化态度，以努力使法国的制度更为自由化，正是这些传统的存在决定了蓬皮杜中心的理念，这些传统被奉祀在国家赞许的习惯中，也被奉祀在学院的风尚中。[12]

准确地说，正是这种将“现代性”与传统的机构主义、大众主义和巨型结构的结合的努力，使蓬皮杜中心的设计和建造引起如此大的争议。该中心的一位主管克劳德·莫拉尔（Claude Mollard）所著的关于该中心的一本书中道出了这一问题的核心：“比奥博格是总统的品味和成见，以及法国民众潜在热望相互碰撞的结果”。[13]

现在，人们能够接受庞大的建设计划理应由国家来策划的事实。生活在政府似乎处于瘫痪状态的国家里的人有理由羡慕生活在廉洁政府管理下的国家中的人，他们的政府有足够的能力来发挥政治影响力。同样也应该尊敬和鼓励普通市民的愿望。不过把人们尚无意识的东西说成是他们的热望，并按照这种假设为政府行为辩护，那自然要沉陷于不知所云和不诚实的花言巧语中。

最荒谬的言论来自将放任的自由主义原则和一种标准的保守主义原则进行结合的尝试。一方面，它坚持文化是先天恩赐给每个人的信念；另一方面，它表现了一组必须通过学习来传授的价值。第一个主张起源于卢梭（经过了一点误解而产生的），[14] 是人们企望民主政治的一种观点；第二个主张是自爱德蒙得·伯克（Edmund Burke）以来通常被改良后的保守派所持有的一种观点。

站在戴高乐主义立场上来看，保守派平常对“有机”社会传统价值的尊敬已被对“现代人”和先锋派的狂热所取代。这是一种新的东西，这种狂热混合了他们立场中固有的矛盾，因为先锋派本身也承受了相似的矛盾。一方面，它愿在“自由创造”的名义（相当于自由主义的艺术）下摒弃学院的（精英的）文化。另一方面，它又主张一个严格的和纯粹的“形式主义”，这种形式主义对“常人”来说是无法接受的，因为它拒绝所有那些与之有关的感觉上的惯例和习惯（自由国家的重商主义反而运用此种方式，并将人们越来越牢固地吸附在这些感觉上）。

莫拉尔断言，比奥博格的设计者选择了“功能主义”建筑——与将建筑推崇为文化表现的思想（Geste

Arehitecturale）形成对照。这种实证哲学的论调很难区别于20世纪20年代注重客观实际的建筑师和评论家的宣传。这种论调忽视了这样一个事实，即无论他们有什么样的主张，20世纪20年代的建筑师少于关注创造功能建筑，而更关心为新的社会和文化的秩序创造象征。一旦承认“功能主义”是系统的表现，而不只是一个工具，那么问题就变成功能主义是否能够成为建筑所要表达的价值观，但是这种讨论很快便被一些言论归结为建筑只陈述它固有的实用性。有关这一问题的任何质询都是因为质询者还没有认识到现代生活的“事实”。

根据莫拉尔的文章判断，比奥博格官方的建筑哲学以20世纪20年代先锋派的主张为基础。他将比奥博格作为各学科间的艺术整合，包豪斯曾有意地对这种整合加以鼓励。皮埃尔·布勒（Pierre Boulez）被誉为“音乐界的格罗皮乌斯”，大概就是因为他将音乐创作看作以“音响规律”的逐渐展开为基础的经验扩展——这是朝向一种源于自然规律的理想音乐不断迈进的运动，他以赞许的口吻引述了柯布西耶的“房子是住人的机器”的主张，尽管柯布西耶自己早在1929年就严格界定了这一主张。[15]

事实上，尽管布勒和柯布西耶都忠诚于表现主义的理论，他们都还是（或曾是）沉湎于传统艺术之中——这种艺术不是直接以自然为基础，而是以人类文化为基础，它的规则和惯例是某种社会环境的产品。但是先锋派的复杂性和矛盾本身被蓬皮杜中心的策划者所忽视。结果我们接触到的功能主义和表现主义艺术的观念是20

世纪20年代广告语中的老调重弹，好像在40年间根本没有发生任何事情。然而正是在这一期间，先锋派作为“仍然潜伏的”热望，被法国的商业机构贡献给了“人民”。设计竞赛中的多种方案本身展示了被比奥博格当局所忽略的建筑现状的复杂性和多样性。虽然竞赛评委会的报告听起来像是评委会一同在参与20世纪20年代的战斗，而且在“真正现代”的方案和学院的方案之间进行选择。这种说法不准确。实际上按一般的观点，所有设计都是“现代的”。事实上，评委会所做的是在现代运动中独立出来并在化为不同潮流的表象之间进行选择。

许多计划把建筑要义解释为某种可以被分解且相互关联的元素，并使用这种可能性赋予体积和表面以意义，将建筑物整合到它的环境中去——维持轮廓线，尊重已存在的轴线，用公共拱廊打断建筑物来解析建筑等。获胜的设计方案几乎完全忽视了这些问题，正因为没有这些顾忌，使它能够成为一个闪亮的、单纯的和清晰的方案。该方案认为建筑物是由分开的，具有不同程度的固定性和适应性的空间所组成，它提出了一种使整个建筑物灵活可变的解决方案，建筑像是由一系列重叠而统一的楼层空间组成。于是结构、交通系统和设备元素都被拉到外表面，从而赋予了立面以更多的意味，否则它将缺乏表现力。

但是之所以取得这种执着和大胆的解决方案，是以把建筑物做成一个巨大的可以自给的街区为代价的，将其相当粗暴地插入城市网格中，而并不关心已存在的环境的尺度。确实，它是将部分场地留作公众开放空间的少数的方案之一。但是也许因为新建筑物的尺度不同于另外三侧的建筑物，使所留用的空间看起来像是剩余的空间。

明显触动评委会的东西是毫不妥协的方式，建筑物以这种方式将该中心解释为文化的一家自选市场，而且没给在计划书中详尽叙述的各种不同部门赋予特殊空间或形式的处理。该建筑成为期待着不同领域文化之间最终融合的象征。假如乔治·豪斯曼（George Haussmann）想用一把大伞将市场覆盖，使其表现为已存在的许多公共建筑类型中一个新类型，那么蓬皮杜中心的评审委员会就正是选择了这样一把伞来象征文化整体上就如同一个市场，并将这个象征符号纳入一栋独特的和中性的建筑类型中，如同放入一个储藏间内，人们可以将整个含糊的、不能归类的东西叫做“文化”行囊，放入这个建筑类型中。这一过程与18世纪所追求的东西相反。不像当时曾经被精确定义的一些民主生活的原型——根据巴比乌夫（Babeuf）的分类：“公共商场……圆形剧场……斗兽场……输水道……桥梁……档案馆……图书馆”——所有文化的原型现在要被简化为一个单一实体——这一实体的原型是自助式销售商店——成为自由消费者的社会象征。对评审委员会成员而言，文化中心的概念也许类似19世纪的国际博览会，来自世界各地的产品在那里被展示，而且“文化”在那里被换算为“信息”。

皮亚诺（Piano）和罗杰斯（Rogers）的建筑属于

现代运动的一个流派，它的起源比20世纪20年代的先锋派更晚。基本观点源自密斯在美国发展的观念，这种观念与公认的现代运动观念相反，现代运动认为一栋建筑物是相互联系和叠加的形式的一个集合，每种形式都与一个独立的功能相对应。对密斯而言，现代功能是完全依附经验的和变化不定的，而建筑是理想的和永久的，他的“库房”观念也是这样与新古典主义连接在一起。但是蓬皮杜中心存在着一种与埃罗·萨里宁（Eero Saarinen）、斯基德莫尔、奥因斯和梅里尔以及由埃兹拉·埃伦克兰茨（Ezra Ehrenkrantz）主持的南加州学校发展规划作品中有关的所谓优雅容器的观念更接近的关系，这种关系让人联想到1949年查尔斯·埃姆斯（Charles Eames）的住宅方案，在这一方案中标准化的技术为偶然的形态提供了架构，在发展中固定不变的东西是将建筑物作为灵活可变的服务装置，这种装置只是人类活动的一个背景。

建筑作为设计良好的容器被当作一个机器设备，在人们赞许的时候其本身退后为背景——这一点看起来似乎也是皮亚诺和罗杰斯的建筑原则。这些原则正是受到评审委员会赞赏并成为蓬皮杜中心所采用的解决办法的特征。

我相信建筑作为机器设备的这项观念过于受抽象派还原艺术家的影响。这并不是说，就目前这一类型问题的相关特征提出的解决办法不多。但是那些艺术家希望把相关问题的观念应用到更广泛的领域，以求这些问题能够以其他方法解决，根据这种想法且从建筑功能的立场来说，这种观念提出应该以文化本身所具有的模糊的、启示性的名义，拆除这些公共生活设施。正如家长式作风的大众主义以公众“仍旧潜伏的”热望的名义来延缓自发的自由。从建筑本身的观点来看，不应该将建筑看作空间或人类用途的任何类型，而应该将这些功能移交给生活的自然力量去处理。

这种立场假定，建筑除了完善它自身的技术之外没有其他的工作。它把建筑当作社会价值的表现变成一个纯粹美学问题，因为它假定建筑的目的只是供应可能被需要的任何活动的形式，并对这些活动持消极态度。一方面它假装不需要社会生活的制度化，而另一方面它又同时创造了制度。

蓬皮杜中心代表了这种普通哲学，但是为了更具体地表达先前的批评，需要对建筑物本身进行更仔细的观察。假设它的目标就是这些实现了的目标，如果假设不成立，那么这是否将归因于细部设计过程中的错误，归因于意外的和无法控制的因素，或归因于更基本的与一般建筑物所表现的建筑哲学相联系的东西?

人们努力尝试的那种从建筑物推论建筑师和使用者的意图显然过于专断，在评审委员会的报告中和莫拉尔书中有三个频繁使用的词汇，用来描述建筑物应有的内涵。这些词汇是“透明性”“弹性”和“功能”。用这三项标准来看待建筑物也许有助于我们的理解。

透明性

透明性与一些思想连接在一起。当然，一般而言它一直是人们所赞美的现代建筑的一种特性，并主要与结构框架有关，玻璃的使用产生了透明的界面。但是它在现代运动期间也受制于各种不同的隐喻解释。在表现主义中，它有强大的精神和神秘的意义，而在风格派中，由它联想到无限的抽象空间。在蓬皮杜中心，透明性具有社会性的抽象意义，建筑物被视为一个对象，这个对象对每个人都是可接近的，这个对象可以被民众所共享。

轻盈感和穿透性是皮亚诺和罗杰斯建筑的一般特征。框架通常被表现成一个纤巧的网络，而且外部墙壁和内在的分割墙都被看作轻巧的和暂时的。竞赛图中完全具有这些特质。钢骨架所限定的立方体建筑物只被看作展示建筑物可能性的一些草图。建筑物的外立面被放在结构层的后面，某些框架格子的跨间被敞开着，给真实的维护结构一个随意的和暂时的形式。维护体表面没有被着意展示，它们的体量感通过使用外部的楼梯和图案式的处理被进一步减弱。回应着韦斯宁兄弟的真理报大楼（Pravda Building）的强烈反光，所有的这些装置赋予了建筑设计一种构成主义的品质，在真理报大楼中框架伴随着各种不同的移动元素而具有活力，同时建筑物的透明性显示了它的内在机能（图 99）。

这些品质中的某些东西在实际的建筑物中似乎被遗失了。在克服光滑表面的技术问题方面，建筑师必须使竖框比它们在图纸上表现的要厚重很多，这已经减少了表面的透明性。建筑物的高度被降低，相同的空间需求必须适合较小的体积单元；结果使框架的大部分开间被塞满，原先设计的开敞地面层也消失了，这实在令人遗憾（图 100）。

建筑物（它是大约并排放置的两个联合体）以其正式而且相对庞大的形式呈现出来，要求人们环绕着它进行阅读。多数现代建筑本质上是一个独立的物体，而且它被包围在城市已存在的网格中。这当然是一种讽刺，

▲图99　蓬皮杜中心，中标方案的主立面图

图100　巴黎乔治·蓬皮杜国家文化中心，伦佐·皮亚诺（Renzo Piano）和理查德·罗杰斯（Richard Rogers）设计，1971~1975年，模型▼

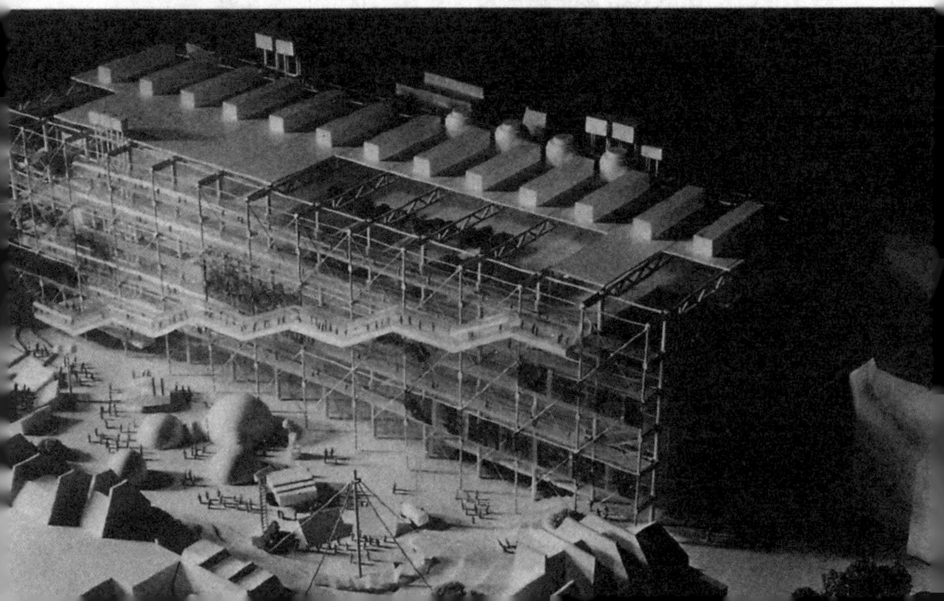

即尽管如此多的现代建筑主张“透明性”，但只能被解释为孤立的纪念碑。

弹性

整体上而言，弹性也是现代运动的一个理想，在文字上将弹性解释为适应性，是近年来现代建筑发展出来的一种思潮，它与下述这种观念是对立的，即虽然认为物体的组成部分是固定的，但这些组成部分仍是按照现实的需要进行自由联系。当这种朴素的适用性观念从理想的王国变成现实的王国时，产生了这样一些问题——就是说，人们仍旧希望一座建筑物能够充分表现真实存在的理想。比奥博格方案以戏剧性的方式凸显了这些问题。

适应性的主要观念之一是，在建筑物开始被设计之前，人们即要对它有所了解。使用者不但必须能操控和利用可改变的元素，而且不受设计中的一些固定元素所限制。这类元素能被随意再排列而不使结构本身发生扭曲。在弹性观念背后的哲学是，现代的生活需求是复合的和可变的，以致对其抱有期望的设计师的任何尝试都导致建筑物与它的功能不相适宜这样一种结果，而且正像所发生的那样，它表现了设计师所依存的那个社会的一种“错误的意识”。

在蓬皮杜中心，这项弹性的原则像是导致了一种过于简单的解决办法，这种办法并不重视建筑物的尺寸。整栋建筑物似乎是按照小得多的尺度来考虑的，其结果是建筑空间和它的元素在规模上似乎都完全不同于本来关于规模的想象。

满足一个 50m 跨距、7m 限高（其中桁架梁高占 3m）的无阻碍的功能空间需求，其难度是很大的。没有柱子的空间似乎是因为一开始希望创造一个可调整高度的空间。由于有固定的和统一的高度，空间感觉被压缩了，高高的桁架梁也强化了这种印象（图 101）。

与开敞的、弹性楼层平面的观念联系在一起的另外一个问题是，在空间知觉上它要求所有的隔断与支撑结构脱离开来。尽管整体上的需求可以是弹性的，但通常也有一些功能需要完全的和长久的分隔。在蓬皮杜中心，人们获得了完全开敞的空间，除了一种重要的情形——防火墙之外。每层楼面都用一道从地板通到天花板的墙将整个建筑物划分为两个区域。在概念上，这面墙是一

▲图101　蓬皮杜中心，国立现代艺术博物馆（Musee Nationald' Art Moderne）内景

种次要的和特别的元素，但是在知觉上，它与地板和天花板一样。这面墙虽没有建筑意义，但却是富有表现力的一种建筑元素。

在东立面的外墙上发生了一个相似的问题。原本想要的是透明的效果，而且建筑物的对称性确实要求它应该如此，在最上层的空间两侧都采用了一道“附属”装饰带。空间的明亮原本打算依赖于东立面与西立面的透明。但是由于需要将机械服务设备进行隔离，因而用一种实体墙替换了透明墙壁。同时，这面墙壁强调了这样一个事实：在建筑物东西两侧创造两个完全一样的想法并不可行。依照原先所制订的计划，楼梯和机械电动扶梯系统属于相同的种类——一个在西立面，另一个在东立面。但是它们实际上是完全不同的，不只在意味的层次上，而且也在功能的层次上。但遗憾的是一些实际因素，如防火措施等不能让步的问题必然打破这种抽象的意念。

最后，建筑物作为一个开敞平面的弹性库房，暗示着许多元素与建筑物有着明确的联系，如同家具的一些组件一样。这些家具组件可以按照使用者的希望来加以调整，但是在实践中，由于蓬皮杜中心有许多分属不同部门的建筑空间，对每一个部门的空间配置变成一种重要的管理工作，这正好为负责管理的“程序师”提供了发明创造的天地。一旦完成了这些配置，就有一些强大的阻力让它们不再变动，除非在极端需要的情况下之外，因为一个地方划分的任何变更都会在其他地方发生连锁反应。在建筑师和使用者的中间引进“程序师”，便意味着质疑“弹性空间”是否比传统类型的空间在实际上更有弹性。有一种观点认为空间里的“家具”应经过“设计”，很明显，按这种观点一种新的专制将代替老的专制。在蓬皮杜中心，管理设施与办公家具就具有统一的设计和色彩。这种需要也许缘于下面这种机制，即取消一组控制变数（空间的细分），会使建筑师的感觉强迫他采取一个甚至更强硬的新的控制（家具）组合；否则，空间会失去所有的视觉统一感。我们因此明显地置身于一种自相矛盾的情形之中，在这种情况里，本想使建筑更“民主”和对“回应”更敏感，但结果我们却将建筑变成了一个官方的整体艺术创作（Gesamtkunstwerk），比卢斯用激烈的言辞加以反对的艺术家的整体艺术创作更令人生厌（图 102）。

▶图102 蓬皮杜中心，展示办公家具系统的典型室内布置，皮亚诺和罗杰斯联合制造公司共同设计，用于整个建筑物

功能

“功能”一词，当它应用在建筑相关方面的时候有两个概念。首先，它只是意味着一种方式，在这种方式中一栋建筑满足一组由实用性决定的用途；其次，它意味着某种确定的建筑语言，这种语言表现一种维持在人类社会与机械的和物质的文化基础之间的确定关系。这两个概念之间的关系是不对称的，因为第二个概念的先决条件是赋予第一个概念新的价值观。因此，有关功能的任何讨论都会在这两个不同水平上的逻辑思维之间摆动。当建筑物被描述为“功能的”时，这一词汇时常指的是第一种概念，但也隐含着第二种概念中的道德力量，事实上我们论及使用功能方面的用语时，便暗示着什么正在减少——换句话说是艺术创造所表现的“价值”。

如果我们在表面价值上接受这种观点，据此观点比奥博格竞赛评委会和莫拉尔都将建筑物描述为“功能的”，我们会推想他们是意指一栋“有感觉的”和“未虚饰的”建筑物——的确，“谦逊的”一词被多次使用，大概是为了传达与“修辞学”或“姿态”相反的事物——按莫拉尔的话，这是“一座或多或少避免用无理由符号表示的建筑物。”[16]

建筑师给客户提供了大量的开放的楼面，客户能任意分割这些楼面，这也许是真实的感觉。对于在建筑物中进行的各种不同的活动，建筑本身并没有明确的界定。但是从其他方面来看，这栋建筑物并不是“谦逊的”或“朴实的”。假若建筑物尺度巨大，假如这种决定使其不可避免地产生一系列不间断的楼层空间，如果它不是令人难以置信地单调，那么就必须在外部完成一些大手笔的设计，有可能随着建筑设计的深入，人们会认识到结构构件的尺度将是如此的巨大，以致不可能保持最初细致优雅和轻盈的感觉，而且会显现出某些更大胆的东西。

这些大胆的元素包括与结构框架相联系的管状柱子，富有表现的接头，动态平衡的悬臂和 50m 跨度的格梁；在西立面爬升的电动扶梯，布置在每层楼面的顾客通道，而且疏散楼梯插入这些通道和立面之间；机械服务管道和设备间占领了整个东立面（与它们自身附属的钢结构相一致）。按照最开始的观念，所有这些元素的发展都是用逻辑的、一致性和一种无懈可击的风格观念来实行的（图 103）。

但是如果考虑到“象征性表现”是否“无理由”的话，我们就不能仅仅把建筑的表面价值当作建筑物的材料或功能的“诚实的”表达。机械馆（Galerie des Machines）和埃菲尔铁塔都是结构，但它们同时携带着有关结构经济性和有效性的理念。然而在比奥博格，“真正的”结构隐藏在不锈钢中，呈现出豪华的风格，且比它们实际显得更大。蓬皮杜中心也不会与构成主义作品相一致，虽然起先这种相似性看起来很强烈。对于构成主义而言，结构和机械元素的表达与社会意识形态密切相关，而且从这里获取意义。蓬皮杜中心看起来更多地与阿基格拉姆派 20 世纪 60 年代的作品联系在一起，并

图103 蓬皮杜中心，设备立面

且它的意义被联系到科幻小说领域。这座庞大的文化机器像是没有传达意识形态的信息：建筑物呈现出一个整体机械化的图像，却没有展示这种图像与我们文化中其他可能的图像之间的联系（图 104）。

在这里，有许多有关该建筑物的详细评论。但是我的目的一直是想说明，一些相关错误都是源于两个基本决定：即建筑物应该被构思为一个设备完美的库房，以及建筑物的象征意义应该与它的机械支持系统有密切的关系。第一个决定造成一个过于概括的解释，没有留给建筑师控制现实中无法预料的紧急事件的任何方法，而

图104 ▶ 蓬皮杜中心，管道设备复式接头设备模型

且将这个完全属于建筑师的决定移交给业主；第二个决定导致了将过程理想化的建筑物，这种建筑物排除了“程序”所应考虑的任何思想。这两种决定预示了“文化”是一种绝对的表现，无法被任何形式所最终表达，而且文化的经验和成就也是无法被明确界定的。如果这是真实的，那么不只是建筑语言，所有的语言都无法对文化加以解说。

第四节　构架与架构

本文在 1977 年首次发表于 *Encounter*。

建筑论述仿佛总是追寻着固定的模式。大部分著作无论它们的内容如何明显不同，都反映出相似的主题和困惑。这种现象当然不只限于建筑——它适用于所有的文化讨论。但是它特别适用于现在的建筑，此时现代运动正面对一个新的危机——也许是现代运动在半个世纪的发展中迄今为止最严重的一个危机。

在对乐观主义和20世纪60年代大规模的思想运动的回应中（时值现代运动宣称将要击败学院派的时期，也是现代运动开始衰退的时期），建筑师已经撤退到一个比较谨慎的位置。一种新的思想观点正在浮现，这种思想不再将建筑创造想象为是对未来乌托邦的不断憧憬，而宁可将其看作一个发生在现在的过程。这个“现在”包括许多先前被认为属于被替代的过去的东西，而且它可能产生这样的情况，即建筑进行沟通的力量完全仰赖于它了解和转换自己语言的能力。

这种认识并不像是19世纪的折衷派。人们认知传统的方式本身可能被改变，这是现在的情形中一种前所未有的特质，这种特质对在建筑与历史的关系上产生的观点分歧负有责任。这些意见的范围从地方风格的复兴延伸到重新着眼于早期现代运动本身。这种多样性被看成多元论。可以确定的是它不是折衷派。虽然某派系可能主张一种折衷主义，但整体上而言这种情形不同于19世纪的情形，那时曾有一个普遍的信念，确信过去的风格有一种有内涵意义的力量。

20世纪60年代被两种趋势所主导，这两种趋势强调建筑的建造“过程”，而不是它最后的成就。第一种趋势，即在建筑本身之外（如在数学、计算机技术、系统分析或社会分析中）寻求建筑规律。第二种是建筑的物理尺度和它的意象尺度的一种巨大扩张。城市不再被认为是由个别建筑所组成，而是被构思为一种持续的和成长的结构，这种结构使建筑和城镇规划之间的差别不复存在，它的表达力量被认为并非产生于建筑结构的传统元素中，而是产生于支持大众所消费的新技术和空间研究中——如在阿基格拉姆派——以及 20 世纪 60 年代波普运动的想象中。

这种发展已经记载在班纳姆出版的《巨型结构：最近的都市未来》（*Megastructure*：*Urban Future of the Recent Past*）一书中。班纳姆拿模文彦（Fumihiko Maki）的巨型结构定义作为他的出发点（1964 年）："一个大构架，在这个构架中城市所有功能或部分都被收容其中"，或按班纳姆自己的话——"一种永久的和起支配作用的构架，包含次要的和短暂的空间需求。"[17] 他继续指出两种更深一层的构成因素：在不同的结构尺度中会有不同的老化速度，以及弹性、变化与回应的概念。

班纳姆在书中追述了一些建筑团体在这一运动中的发展：日本的新陈代谢主义、法国的都市化空间团体、意大利的城市小组（Città-Territorio）和英国的阿基格拉姆派。在讨论到那些（相对较少）已经认识到巨型结构思想的方案的时候，班纳姆特别强调了 1967 年的蒙特利尔博览会，因为该博览会不但传播了巨型结构的一般精神，而且贡蒂斯·普莱舒（Guntis Plesum）的主题宫（Theme Pavilion）和摩西·萨夫蒂的集合住宅为这种巨型结构提供了的原型。

虽然大多数建筑师大致上知道“巨型结构”意味着什么，然而当人们试图去给它一个精确定义时，它却变成一种圆滑的术语，因为定义往往融入了许多不同的潮流趋势。班纳姆给了它一个宽泛的定义——也许太宽泛了。例如罗萨·奇萨（Rossa Chiesa）为米兰所做的项目（1961 年）和可瓦提埃里·底瑞奥纳里（Quartiere Direzionale）为都灵所做的方案（1963 年），这些设计是一些真正大尺度的设计方案，虽然采用了带有传送和服务通道的网络连接其中设施独立的街区。[18] 但它们并没有（尽管它们以某种方式显示有）巨型结构实质上的连续性、生长模式和均匀的结构肌理特征，在此结构中，将所有的功能不分等级地插入相同结构框架之内的随意性，替代了原先强调形式和功能同一的思想。在巨型结构和大型综合建筑——如丹尼斯·拉斯丹设计的东盎格鲁大学（University of East Anglia）——之间也产生了一种区别，在那里视觉的连续性将那些按主从关系安排的功能和复合式建筑物的静态功能隐藏了起来。

许多巨型结构具有独立的街区。但是它们如何从比较传统的方案中被区分出来呢？这个问题导致了两种基本巨型结构类型的差别：一种是支撑结构只是一种中性的网状系统，如弗里德曼和伍兹设计的柏林自由大学；另一种是将支撑结构用作纪念性架构，如新陈代谢主义和阿基格拉姆派所做的。在这些设计中，个体建筑不是对象类型，而是相同的庞大节点，通常是圆筒形的。这个类型通常是经过来自工业时代早期理念（Catalogue imaginaire）选择的形式来加以刻画的，包括在新的尺度上和在新的使用目的上。柯布西耶的作品是这种尺度和意义转换与不明确性的共同祖先。虽然柯布西耶最初的表现主义被理性分析和形式构成所控制，但两者都不存在于巨型结构的设计中。

班纳姆指出，巨型结构思想在现代运动一开始时便已出现。它热衷于追逐现代运动的经历，但是可能有一些忽略。举例来说，想象的空间网格无限延长的观念，该观念属于新造型主义和元素主义，弗雷德里克·基泽尔（Frederick Kiesler）在1925年巴黎国际装饰艺术博览会上设计的“太空城”（Cité dans l’espace）也许就是一个权威性的表达，这种观念当然是一个重要的先例。班纳姆没有提到的另外一个来源是构成主义，它强调建筑结构和材料构造上的语意关系——强调过程的修辞学。在尼古拉·A. 拉多夫斯基（Nikolai A.Ladovsky）的工作室中由一位学生完成的化学工厂设计（1922年），其特征为以对角线的网格包裹着大圆形筒仓空间，在表达的水平上像是预示阿基格拉姆派的全部作品。探讨巨型结构思想的起源是非常容易的，因为它与建筑的整个历史密切相关。两种结构秩序的叠加在美学层次上是一种后文艺复兴建筑的特性；而在社会层面上，巨型结构在现代运动中的发展，尤其在柯布西耶的作品中，的确是受到了空想主义传统和19世纪建筑师亚历山德罗·安东内利（Alessandro Antonelli）的影响，后者在都灵设计的共管式公寓就预示了半个世纪后尼古拉斯·哈布凯恩（Nicholas Habraken）的“支撑结构”理论。但是尽管忽略了这些论述，班纳姆的著作对于当前研究现代运动的历史学家而言，仍是一部重要的作品。

在该书中，班纳姆所扮演的角色受到许多事件的约束。该书的副标题证明他正在记录一个已经死亡的运动。如果按照先前他出版过的另一本有关对建筑师在现代社会中的角色持怀疑观点的书来看，现代运动的死亡具有合理性，而且他把巨型结构运动看作建筑师最后为世界所做的不顾死活的出价。但是班纳姆对建筑师的态度总是含糊不清，为了解释上的平衡，他将自己对“文化载体”的态度做了引人注目的软化处理，在《第一代机器的理论和设计》中他抛弃了这种态度。这种转变能在他对帕特里克·霍奇金森（Patrick Hodgkinson）设计的德国布伦瑞克州（Brunswick）中心规划的评论中看到（一个勉强合理的巨型结构）：“这种专业的表现和几乎旧式的学问是不会被忽视的。该设计由于在构成上采用了旧有的技巧，因而避免了当时受‘巨型结构’影响较小的英国集合住宅所具有的令人不快的混乱。”[19] 但是班纳姆设法在书中囊括了这些说明，以便不给该书以妥协或丧失信心的气氛。当巨型结构威望降低的时候，他仍然设法传达该运动在20世纪60年代所产生的刺激。

然而，班纳姆也会受到批评，因为他太容易接受巨型结构主义者特有的倾向，强调建筑的图像在象征方面的作用，而牺牲了它的社会或技术上的真实。对巨型结构方案在技术上的可行性和美学意象（在巴黎蓬皮杜中心方案中是非常明显的）之间时常发生的分歧，他的确做了一些表层上的批评。但是他没尝试彻底的分析。他像是将该运动理解为一种暂时的流行时尚，但无法解释它的动力为何如此迅速消失，或向人们示范用什么方法使巨型结构的思想仍可以有效——即使该理念的应用造成了那些不同于20世纪60年代的形式。

整体上而言，近几年来发生的对巨型结构的反应是对现代运动一般反应的一部分。布伦特·C.布罗林（Brent C.Brolin）的著作《现代建筑的失败》（*The Failure of Modern Architecture*）证明了这一点，此书是现代运动流行概念（和误解）的一个纲要。布罗林的主要论点是，现代运动的灵感大多来自19世纪过时的实证哲学。他说，正确地说，当现代建筑宣称提供“功能的”设计的时候，它事实上是偏爱某一种建筑的风格。但是他没有给这种风格的意图和意义一个适当的分析。他对现代运动对19世纪的装饰所持清教徒式的态度提出批评，但是他自己在有关表现具体表达现代社会某种态度的风格时同样是清教徒式的。像许多自诩为人民主义者一样，他无意中将自己与历史的决定论结盟，并希望以“自然的”和通俗的建筑代替现代的“风格”，因为他不认为所有的风格都是专断的和由规则所统治的。

布罗林对19世纪的分析没有过多地注意当时的意识形态。他选择了19世纪资本主义的不同方面，这些方面有时被当作优点（对装饰的喜爱）对待，有时被当作罪过对待（用最小投资换取最大回报），他显然不了解这些都是同一思潮的两个方面。如果单独拿来看，布罗林关于现代建筑的多数批评都是正确的。但是总体上拒绝他所主张和接纳的这种运动思潮，会使他陷于比现代建筑的观点更加激进的观点漩涡，而这些观点更是他所无法接受的。对他而言，这种替代方案似乎依赖于文丘里的作品，但是文丘里的作品相当适合现代运动的框架，而且“天真的观察者”或许会发现将它和它试图反对的其他现代建筑作品进行区别是十分困难的。

也许可以将有关现代建筑的激进批评分为“知识分子的人本主义”和“一般民众的人本主义”。将两者相提并论时不应该模糊这种事实，即比起表面上的盟友关系，知识分子的人本主义比其功能主义对手持有更多相同的东西。如果我们比较一下它们各自如何解释“人本主义”一词，这一点就会变得很清楚——在第一个情形中，它在语源上来源于文艺复兴，在第二个情形中，它模糊地存在于20世纪自然主义领域中。这种区别涉及古典主义和浪漫精神之间，合理主义和实用主义之间的一般冲突——现在时常被简化为“精英主义”和“大众主义”之间的冲突。

如果可以将布罗林称为“一般民众的人本主义”，约瑟夫·雷科沃特（Joseph Rykwert）则是一位带有更多主张的人文主义者。他的书《城镇的概念》（*The Idea of A Town*）在某种意义上也是对现代建筑的一些假定所作的有力抨击，只不过这个抨击比布罗林更深刻和更偏激。

然而布罗林的“有人情味的建筑学”的思想以直率的、实际的“需要”和美感为基础，雷科沃特同样地将它看作必须实现的人们永恒的心理需要——然而这种需要并没有被立刻确定，因为现代生活的所有情况似乎都在隐藏这些需要，正如在心理分析理论中有意识的、理性化的智慧隐藏着无意识的动机一样。依照现代人的规划观念，城镇是纯粹经济性的和工具性的——它有不固定的规律，而且通常按生物学的生长方式来加以思考：“但是城镇不是一种真正的与自然相似的现象……如果城镇全然与生理学有关，那么它比别的东西都更似一个梦。”[20]

雷科沃特的主要论点是，在建造房子和城镇的过程中，人们正在重新营造一种仪式，这种仪式起源于自然和文化之间基本的和不能消除的差异。这不是一个新的论题——举例来说，它是米尔恰·伊利亚德（Mircea Eliade）的主要思想之一——然而这本书得到了人类学方面不寻常的和极为丰富的材料的支持。这种思想主要从地中海文明中汲取营养，同时也从东方以及非洲和美洲的部落社会中汲取营养。依照雷科沃特的观点，伊特鲁里亚人和罗马人的城镇与整个古代和“原始人”世界有一些更相近的东西：“①在任何聚落创建时的庆典活动……源自创世纪的戏剧性表演；②这种戏剧性在聚落平面中的具体化，也是它的社会性和宗教性制度的具体化；③依靠它的轴线和宇宙轴线的对应取得第二个目标；④在一般节日中重复宇宙形式的过程并以纪念性建筑将纪念性具体化。”[21] 雷科沃特说，这些行动的本质“是要通过纪念建筑和仪式”[22]使人与其命运联系在一起。

作为实际的处方，在雷科沃特论题中所包含的所有形式都有象征意义，关于轴线的和直角的街道外观，古典的和后古典的解释总是具有比较深层的后理性化意义，这种意义表现在宗教传统和民间传统中。他的观点是反对文化传播理论的，而且在讨论到埃特鲁斯坎人（Etruscans）采用的这种平面时，雷科沃特说：“直角平面和定方位在民众生活中太重要了，因此不可能随随便便完成……事实上一定有一个存在于伊特鲁里亚人一般世界图像中的文脉关系。”[23]当然，雷科沃特并不争论实际的考虑是否重要。他的观点论述的是实际的和宇宙论的观念如何被统一在一个总的世界观中。于是海坡达姆斯（Hippodamus）被认为是真实存在的（或许是错误的）直角城市创始人，他并不是一个有特权的土地测量师（avant la lettre），而是一个哲学家，他在考虑“不划分实际的空间、政治上的空间、都市的空间，而是在富有思考性的努力方面统一它们”[24]（雷科沃特引述 J.P. 沃纳特的话）。

虽然一些学者，特别是有经验主义倾向的英国学者，无疑会对雷科沃特的假设持保留意见，但雷科沃特的观点最近得到很多哲学和人类学理论的支持，而且当解释古代和原始世界的问题，以及纠正 19 世纪实证哲学的时候，他的观点非常具有说服力。但是雷科沃特的目的不只是历史的描述。作为一位建筑师和理论家，他希望使用人类学的调查结果，以建立一个能适用于今日的说明性模型，在这里雷科沃特的论题更受人重视和引起争论——平心而论，雷科沃特承认作出从远古世界到现代世界的转换具有极大的困难，而他也并未提出什么解决方案。

如果我们接受了列维-施特劳斯的观点，即神话是空无的结构，那么最近关于它的“理性的”解释被认为只是其简单的进一步的发展而已（马克思或弗洛伊德）。在最初的神话中似乎可以看到无限的社会变迁的事实，但是如果我们同现象学派如保罗·里克尔（Paul Ricoeur）一样，相信神话的内容是原型的（雷科沃特像是倾向这一观点），我们就必须将现代社会生活的许多方面解释成病态的，并努力复原被现代世界扭曲了的意味世界。正如雷科沃特指出的，现代城市是一个较古代城市更为复杂的自然的和社会的机器。现代城市虽然增加了机械的复杂性，城市的整体和它局部的象征意义则相对减少了。然而在古代城市中，城市居民私人的幻想具体化在自然的和社会的结构中，具体化在集体的神话和仪式中。今天，无论我们不断有什么样的心理需求，这些需求都不寻求集体的和实际的表达。社会领域被解释为许多私人或家庭事物的总合。这种情形能靠操纵城市的美学和实际的结构来加以改变吗？或结构本身是社会规律更深刻的结果吗？雷科沃特没有回答这个问题，他也没有说依照新的原则设计整个城市是否可行或是否值得，抑或建筑现在是否只扮演“虚拟的城市”空间中的一个间接的、可仿效的角色。

现代城市问题围绕着两个相反的模式展开，这两个模式被詹姆斯·伯德称为“不连续的扩张主义”和“整体的发展方向”。[25]超级结构思想是第一种模式的反射。它拒绝将城市视为思想需要的表达，而是将其看作个人“自由”的一个无穷数字的总合。城市呈现为一个自我调节的功能性组织，不需要有城市本身的意象，而且没有中心或界限。这与雷科沃特提出的城市思想是完全对立的。在雷科沃特看来，城市被认作宇宙中人类的一种有意图的表现。它有某种“意义”，即不是按照城市的功能而是按照宇宙哲学运行；它是明确的并且有中心和边界。（巨型结构城市当然也不是没有图像，而是它的意象是“自然的”和美学的。在古代城市中，实际的形式与某种观念相联系。）在《中心与城市》（*Centrality and Cities*）中，伯德试图了解这两项矛盾的观念之间的关系并使它们和解。作为一个地理学者和“科学家”，他注意避免推理式的判断，但是他知道，如果科学想要了解整个世界，一定要关心人类的主观意图。他的方式常常一方面仰赖结构主义和卡尔·波普的假说—演绎模式，另一方面依赖于信息理论和格士塔心理学——虽然他也受到来自泰亚尔·德夏尔丹（Teilhard de Chardin）和亚瑟·凯斯特勒（Arthur Koestler）的影响。

在这些术语中，伯德认为“中心”是人类思想的基本结构部分；它仰赖于这样一种事实，即意义不存在于物体中，而存在于它们的关系中和区别不同事物的能力中。他的最后结论是，城市仰赖于明显的秩序、中心和令人激动的扩散之间的妥协。在阅读他的著作的时候，伴随经他汇编的大量剪刀加糨糊式的主张，人们被引向这样一个结论，即缺少一个在较高的水平上可以统一他所引证的大量资料的强有力的观点，以使这些数据资料能单独地证明他所运用的综合方式。这样的一个观念或许仰赖对历史比较深刻的了解，要让秩序和混乱之间、证实和惊奇之间必需的妥协清晰地呈现出来，这些关系是 18 世纪和 19 世纪肖像理论的构成要素——塔富里称之为城市与自然的同化。[26]对伯德而言，人的意图可能是一种历史现象，并且他对人的意图的解释会仰赖观念学理论。举例来说,他没有一次提到城市的记忆功能——这种功能由于其生物学的隐喻和它指向未知的未来而被巨型结构的城市所否认，但如果我们要了解雷科沃特的神话和纪念建筑的观念的话，那么这种功能就是基本的原理。在两个方面我们能了解到记忆的功能，即个体心理学方面和社会的传播方面，两者都与建筑物和城镇的讨论有关。

折中主义同时保存过去不同的风格并进行解释，这是现代城市的一个基本事实，也是一个仍然说明它们具有“易读性”的事实。自 18 世纪末，直到现代运动的开始，折中主义是一种人们普遍采用的方法，用这种方法使记忆能在城市中扮演着它的角色。作为一种代表性的系统，19 世纪新的快速增长的建筑类型通过利用一个个样式上的联系才能被融入城市之中。“样式”的观念和“类型”的观念因而是折中派建筑推论的必然结果。

在建筑意义的分派中，记忆扮演着一个重要的角色，这种认识使某些当代建筑师对类型学有了一种新的认识——即对某种分类法的认识，靠这种分类法建筑系统可以被细分为可认识的部分和记忆的部分。这导致了对19世纪早期建筑理论的新兴趣，这种理论试图用植物学或动物学的相似分类将建筑分成自然的“类型”。表面上看来，尼古劳斯•佩夫斯纳的著作《建筑类型的历史》（*A History of Building Types*）像是这一兴趣的产物。但是情况显然并非如此。在佩夫斯纳的介绍中，他没有尝试为自己的研究建立理论上的框架。他没有提出类型的理论，也没有将自己的类型研究和任何历史传统建立关联。他只是接受19世纪所发现的“类型学”，而且通过这种方法指导我们认识建筑历史。这种特别程序允许他在书中省略掉在别处常见的教堂和房子，这就很难对风格与建筑关系进行有系统的或包罗万象的分析。

佩夫斯纳的方法与他在英国县郡的调查中所采用的方法相类似。但是对旅行指南适合的东西对建筑历史则并不适合。我们被动地接受了一大堆令人窒息的和没有动感的历史数据。好在他提供了大量精选的平面图和照片，这些东西使该书成为后文艺复兴建筑类型及其历史发展的有价值的记录。

佩夫斯纳对理论的唯一涉足是他著作的最后一章。这一理论与折中派有关（佩夫斯纳总是称之为折中主义——令人困惑的是，折中主义一词在黑格尔的注释中有相反的意义）。他对折中派的试探性的解释是，“‘平静的'建筑物在旁观者的头脑中产生联想，不管建筑师是不是想要它。”[27] 但是如果这些联想果真发生，建筑师会希望这种情况只是具有相对的重要性而已。建筑中的意义是社会性的；同样，它们有时会是有意识的，有时会是无意识的，而且它们是不稳定的。如同他所说的：“水晶宫（Crystal Palace）的伟大在于它没有唤起什么联想”，[28] 它是无意味的。同时代的文学唤起了许多联想，虽然这些联想通常不是与建筑直接相关，但它们总是被认为与建筑联系在一起。

佩夫斯纳随后又继续提出问题，“唤醒一词在20世纪反现代风格中扮演着什么角色？……我们必须仰赖更直接的唤醒。但是我们能吗？我们能信赖我们自己所唤醒的记忆对他人是有效的吗？”[29] 这是一个重要的问题，因为它触及了艺术意义上的结构主义和隐喻主义与现代艺术和建筑的表现理论两种观念之间的冲突，举例来说，贡布里希就持有前一种观点，依照这种观点建筑靠它的功能性“表达”它的本质。这一点也是重要的，因为它是佩夫斯纳第一次承认在现代建筑中的有意义的问题。

佩夫斯纳以肯定的语气回答了他自己的问题，并且宣称普遍的意义就存在于建筑形式本身之中，“国际主义的现代建筑……传达清晰、精确、技术性的偏好，并在总体上拒绝肤浅，但是它也传达中立。”[30] 换言之，最后这句话的意味是“建筑的国际意义是它没有任何意味”。如果意味的缺乏成为一种积极的含义，那么建筑要显示这个性质就必须依靠阅读大量的形成其文脉的（精神的或实际的）传统建筑。同样，佩夫斯纳不赞成柯布西耶的晚期作品和模仿者的作品中那些“攻击性的”和“超大型的”性质，这些性质表明，只有早期现代运动和后文艺复兴建筑初期所建立的传统文脉才能充分表达出全部意义。确定一套意义并将一种客观的历史需要归因于这些意义，这是一个不确定的过程。由于建筑历史并未被当作风格的进化序列来处理，而是作为一个全景来处理，在这种全景中，风格和意义是作为一种习俗的东西被附着于某种建筑类型上。佩夫斯纳仿佛通过自己直接的和不含糊的理论表达赢得了阵地。

但是被佩夫斯纳采用的功能主义立场也有其弱点，它没有全部融合两个美学理论——一个是以社会性和文脉方式的诠释艺术为基础，另一个则是基于艺术的自然表达。功能主义者正在尝试复活文艺复兴所确定的事物，这与雷科沃特的原型方案非常接近。相反，符号学和结构主义是文艺复兴世界瓦解的产品，这个想法始于 17 世纪，在 18 世纪获取了它第一个系统的阐述。这种情况看起来类似于牛顿和爱因斯坦在物理学理论之间的冲突。在日常生活中，先前的观念仍然在起作用，然而它对物理现象的阐释力量已被后来者所取代。同样，建筑设计者的工作显示，在功能和表达、形式和意义之间好像有一种天然的联系，然而要想按历史的向度了解建筑运作的方式，便需要有“相对主义”观念，并且承认形式和意义之间的关系是传统的和专制的。

CHAPTER Ⅳ.

第四章

历史与建筑符号

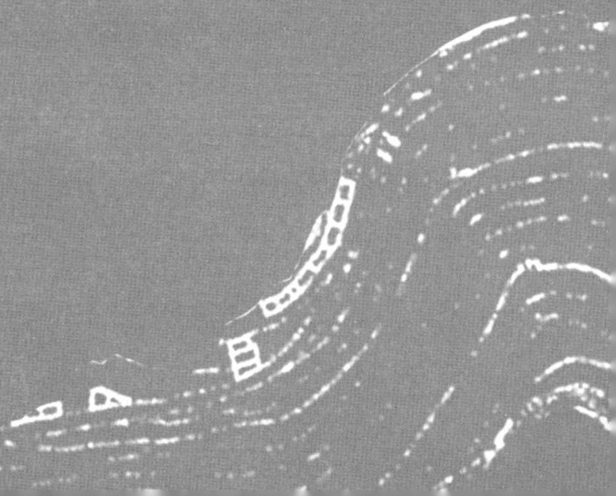

第一节　历史主义与符号学的局限

本文最初发表于 1972 年 9 月的 Op.Cit.。

任何将建筑看作一个符号系统的讨论必然产生这样一种认识，即符号学起源于语言的研究。因此，这种讨论的有效性依赖于建筑的象征成分和其他非语言学系统如何简化为某种和语言一样的东西。

关于符号学的困惑之一是因为它以语言学为基础，故而使其容易在语言研究和美学研究之间摇摆。20 世纪 20 年代在莫斯科和布拉格进行这项研究时，人们如同关注语言学一样关注文艺评论，而且目标是标准化的。另一方面，费尔南・德・索绪尔（Ferdinand de Saussure）的那些研究与语言有关系，而且是描述性的。然而，使它们联合起来的东西是某种可能被称为完全经验主义的方法。布拉格学派研究了文本，索绪尔研究了口语语言，而且两者都试图消除标准化的偏见，这些偏见在 19 世纪一直控制着文学和语言学的研究；从这个观点来看，符号可以被认为是现代运动的延续和它的组成部分，因此，按照某种解释，符号学至少与其试图否认的历史主义有紧密的联系。

探讨20世纪早期俄罗斯和捷克的文学批评，以及同时期俄罗斯和德国的造型艺术与建筑艺术之间的关系可能是有趣的课题，但是在这里我将更多地涉及建筑和后索绪尔符号学的关系——也就是与以结构语言学而闻名并作为基础的符号学的关系。我将试着去展现语言学类比的最大极限，特别关注索绪尔所使用的那些观念——当它们适用于建筑这一美学系统的时候，如共时性和历时分析等。这可能会清洁学术空气，而且允许人们将符号学看作一个批评的工具，而不是一个解释的科学。巴特在一定程度上试着这样作，但是遗憾的是，他的《符号学元素》（*Elements of Semiology*）的影响力往往是搅混而不是澄清美学和语言学之间的关系，符号学现在正处在一种与实践无关的学院式研究的危险之中。人们希望作为符号系统的建筑研究可以提供一种批评工具，以求在行为主义社会学的琐碎研究和像是另辟蹊径的形式主义之间的鸿沟上建起一座桥梁。

语言的研究教导我们，不能把世界视为一系列孤立的事实，其中每个事实都有它自己的表现符号。通过对语言共时性方面的独立研究，索绪尔能够说明，正是依靠在一种给定的语言结构里面进行操作，我们才得到进入事实世界的通道。对语言的历时性或历史的探求，不管它有什么其他的应用，都不能够显示人们实际上如何讲述语言，乃至他们如何表现世界以及和世界如何进行彼此沟通。这种具有经验主义方法特征的价值观是基于这样一种假设，即我们只靠把看得见的实体作为我们研究的对象去发现真理。索绪尔不讨论个体发生或系统演化的过程，依靠这种过程人们进行对话；这个问题虽然重要，但对他而言，这些问题位于语言王国之外。他只是指出口语语言的具体事实，而且从中推论出语言的一种理论。在他学习语言的时候，寻找到了一种“总体结构”。正是因为这种结构已经存在，说话者能形成观念，并在一个社会里面分享这些观念。虽然索绪尔必须假定说话者对自己使用的结构逻辑是无意识的，但是他不必假设这个逻辑作为一种理想形式的演绎而存在。他通过说明结构只是由编码元素之间相反或相似地组成，进而消除这种可能性。人们在分析无限大的系统时，能推论出一些基本转化的规则。

然而，从我们的观点来看，有趣的是索绪尔假设了符号学的一般理论，包括各种不同的表达语言，使该语言本身在某种意义上是一个范例。但是他对美学系统中任意的符号和自然的符号之间的关系似乎不很清楚。他在索引之间作了一种基本的区别，这个索引与它所指示的事情、象征和符号相关，这自有其原因。象征是有动机的（换句话说，在象征与和它们所象征的东西之间有一种隐喻性的纽带），而符号是任意的和习惯性的。看起来索绪尔是对的，他说如果任何符号系统要在社会上被应用，那么它的任意性性质就都是必需的，因为有动机的符号系统 [C.G. 荣格（C.G.Jung）讨论的那种符号和我们梦中的对象] 可能是纯粹个性化的。但是当它可能是真实的时，即实际上从所有可能的自然符号中任意选择出在美学系统中使用的符号时，并不意味着符号本身是任意的。因为美学系统在社会上是被认可的，而且能够作为社会现象（而且不只当作智力构造）从语言中加以区别，所以必须考虑它们作为象征符号的社会功能。

美学系统也有可能具有不属于索绪尔所定义的语言特性。我会举出一些例子：

（1）在语言中，变化只在系统一个部分中的某个时期发生。在美学系统中，变化时常在整个系统中发生，举例来说，从哥特式到古典建筑的变化，以及从折中派到现代建筑的变化。

（2）在语言中，变化总是无意识的。在美学系统中，变化总是有意识的（虽然意图可能没有被合理化）。

（3）在语言中，不同程度的精确知觉在发音中是相对不重要的，因为在意义方面一个字足够区别于另一个字，因为那两个字的意义不同，或存在于字词之间的类比将使人们想到联想的意义。然而，在美学系统中，精确程度的区分则是重要的——举例来说，音乐中三度音和五度音之间的不同。在音乐方面，区别不同程度的差别的能力被用来建立有趣的结构本身和创造意义。在语言中，区别不同程度语音变化的能力不这样使用，因为语言中的语音已被它的意义所吸收。在语言中有趣的东西是意义，这种意义从属于语音，而不是那些代表语音的对象本身。

（4）索绪尔把语言当作类似经济的交换来加以讨论："货币的价值并不是由铸造它的金属所决定的。"但是在一个使用金属材料的美学系统中，金属的这种内在本质是很重要的（当然，每种文化对材料的特质所赋予的语义特性会有所不同）。

因此，就美学系统而言，我的意思指的是那种有感觉的形式本来是有趣的系统。在语言中，象征和被象征之间不可分的关系是符号专制性价值的一个功能。此外，在美学系统中，从属于符号的意义归因于符号本身具有意图，而且符号本身被植入潜在的内涵。这个意图可能成为外观形貌的特征，或者形式和意义之间的类比，如索绪尔引述了将天平作为司法公正的象征这一示例。就这层意义而言，美学涵盖了属于美术和应用艺术的所有系统——虽然它们唯一的或主要的目标并不是一个象征。

语言和艺术之间的这些基本差异意味着在美学系统中对历时维度的研究承担了特别重要的任务。因为发生在美学系统中的变化是革命性的和有意识的，这些变化直接与意识形态有关，而意识形态只能在历史的文脉中被了解。

确实，在语言中发生的历史变化本身可能服从某些变换的规则，因而它可能找到在语言共时的和历时的维度之间的辩证关系。莫里斯·梅洛-蓬蒂（Maurice Merleau-Ponty）在他的评论“语言的现象学”中提出了这一思想，他试图在“作为我的”语言和作为研究对象的语言之间建立起一个连接。[1]他所说的问题对应用于符号学和人类科学的整个结构观念具有决定性和重要性。通过将一个结构定义为一个封闭的系统，人们从纯粹形式上的观点来研究这个系统。举例来说，当我们从共时性上来学习语言的时候，我们不追求独立于所指的语义元素。符号形式所表现的“价值”被视为理所当然。我们所学语言中不能分解的部分，是由语言和与之对应的概念所组成的。

另一方面，在任何被社会使用的非语言系统中，形成结构内容的公理会成为行为的指南，而且与我们认为在社会生活中应有的举止有关。我们正在处理价值问题，这些价值本身就是目的，而不是达到某些其他目的的手段，因而不可能逃避尝试摆脱这个系统的努力，而且我们必须对该系统所设定的价值观提出看法。如果按照存在论的观点，在语言中真地存在这种情况，如梅洛 - 蓬蒂所言，那么在建筑符号研究中就更是如此，因为这种研究不能从批评和价值判断的形成中被区分开来。

语言本身的历史变化无疑与历史进化相关，进化的规律建立于偶然事实的困惑和混乱之上。但是它们对语言的使用者不明显，人们无须创造一种元语言去解释他们正在使用的语言。由此产生了学习“作为我们的”语言的需要——作为在任何时刻都存在的系统的语言——由此也产生了一些曲解，这些曲解起因于将语言作为一种纯粹的历史对象和可独立区别的操作模式对象来进行研究，如同人们在 19 世纪所做的那样。

相反，在美学语言中，元语言是创造力的一部分，不管是作为一个神话式的支撑或是作为一套检验实践的批评装置。也就是说，艺术家总是依照他所意识到的程序以一组规则的方式来操作。这些规则按照那种认为它们反映特定社会的态度、价值和意识形态的观点来看是标准的。在西方文明中，正如其他艺术门类，建筑屈从于一个相当快速的变化过程。为了在共时性上了解建筑，在目前或在任何其他的时期，必须按整个时期充分地研究它，观察它所受制约的变化。从18世纪到现在，这段时期在历时性的研究领域中特别重要,因为就是在这一时期，历史的变化本身开始被视为代表价值观的变化。如此一来，当艺术继续服从规则和基准的时候，不可能再把这些基准视为不可变的。在整个这一时期中，有两种相反的观点针锋相对。两种观点都试图超越建筑的明显常规：在第一种观点中，人们尝试探索一种隐藏在习惯之后的特殊表达形式；在第二种观点中，人们拒绝一种演绎的价值，同时含蓄地将美学看作支持意识形态的工具。

第一种观点是18世纪典型的观点，当时第一次在习惯性与自然法则之间有了系统的区别。在语言学中，文法学家在口语和语法之间作出了区分。很多不一致和在口语中出现的不规则被假定为是搅乱了原始语言的历史偶然事件的结果。N. 博泽（N.Beauzee）在他的《基本语法》（*Grammaire Générale*，1767年）一书中，在一般的文法和特别的文法之间作出了下述区别："一般的文法是一种科学……因为它所探讨的唯一对象是有关语言不可变的和一般的原则，因为它面对的是将特殊语言的任意性和习惯性习俗应用到一般语言原则上，所以特别的文法是一种艺术。"[2] 在标准的语言和一种特别的语言之间所作的区别意味着，不同时期和地方的语言之间的不同并不重要。如同索绪尔所认为的那样，语言在它真正本质上并非任意的，除了在某种程度上它偏离了某种假定的理想标准。

18 世纪的历史研究以一种相似的方式对历史过程的偶然事件和埋藏在它们下面的规律之间进行了区分。休谟说：“人类在所有的时期和地点是如此的相同，以至于历史不以特殊的方式告知我们什么是新的或奇怪的东西。它的主要用处只是去发现不变的人性和普遍的原则。”[3] 甚至以要完全改变社会而受人关注的卢梭也不能察觉所谓的历史过程。在著名的《社会契约论》（*The Social Contract*）的卷首语中，他是这样写的：“人生来自由，然而无论在哪里他都如在囚禁中。”他继续道，“这种变化是何以产生的呢？我不知道是什么使它变得合理？我想我能回答这个问题。”[4] 卢梭对导致社会现状的历史变化不再感兴趣。使他感兴趣的东西是将这些真理应用于未来的社会，这些真理已经遗失在历史的分支中——他推想，这些被遗失的真理可能在一些遥远的黄金时代被人们所理解。

在建筑方面，人们从根本上怀疑巴洛克系统，那些曾被认为是规律的东西突然变为一些习俗。有一种将建筑简化为功能和形式原则的尝试，而且各种不同的公式被发展成与理智的原则相一致的习俗。古希腊和古罗马的传统受制于激进的变革和分化，虽然它的基本原理和文法因为严肃的建筑作品而被保存下来。

所有的这些例子指出，18 世纪把遵守秩序当作进行（rapple à l’ordre）。如果一个人只看现象的世界，而且以他自己天生的理智去进行研判，那么他将可以得到伦理的和永远有效的美学价值判断。这会导致这样一种观念，即没有偏见的理智实践等同于意识形态观念。

在18世纪晚期，德国人认为人们对历史和意识形态的整个态度在改变：从黑格尔往前，历史不是被看作一个随机的过程，而是被看作界定和限制理性的场域。这产生了如下两个结果。首先，相对性开始进入历史。同一时空的不同类型的美学语言不再被看作普遍基准的不同部分或方面，而被看作产生它们的历史力量的结果。在语言学方面，历史语言学替换了一般的文法。人们学习语言的历史，是为了在那里寻找变化和发展的原则。当时的研究发现梵语与罗曼语和日耳曼语有关，因而提出它们拥有共同的母语。在建筑方面，理想的柏拉图主义模式不再非得从圣经或从古代的地中海文化中寻找。一项有关信仰时代的研究证明哥特式建筑是该时期理想和实践的反映。

历史的相对性伴随着成长的现实，这种现实即19世纪并未拥有适合于它自己年代的建筑。部雷已经谈论过不同的建筑物应该有的“个性”。但是形式也要深思熟虑地选择具有特别象征作用的思想，在这一过程中并未伴有来自古典形式本身的语言上的疏远感觉。不同的形式属于不同的语言辞典，并且属于类似于语言的共时性结构中所给定的部分。

这些不同的形式被涵盖在单一的意识形态里面。在19世纪，选择一种形式也是在意识形态之间进行选择。

如果人们比较喜欢哥特式风格，那么它象征的某个意识形态观念也会被首选，历史被用作一种模式，不是去揭露一个普遍的真理，而是去测量历史文化的意识形态观念——在我选择的例子中这是信仰时代的文化——用来对抗现代文化。人们的感觉和过去风格的复兴一起展开，如果哥特式是信仰时代富有特色的风格，如果新古典主义是启蒙运动的特殊风格，那么现在的年代应该有它自己的风格，这种感觉生根于技术上的进步，这种进步是它自己特有的符号。这种成长中的感觉是事实的必然结果，即相对性只是黑格尔认识论的一个方面。另一个方面是历史被视为过程。历史辩证地超越它本身，每个连续的时期都吸收早先的时期，进而产生一个新的综合。如同在黑格尔哲学中，不管这个过程是否被视为目的论的——一项存在于时间之外的有关未来具体化的理想运动——或者如同在马克思的学说中，它在逻辑上被看作在阶级斗争中自身完成的，这依照达尔文的模型就能看到，不需要我们关照。重要的是，历史的思想作为一个可理解的过程，伴随着一个可以预知的未来。一旦这个思想被建立，人们不可能再相信在一个特别的时期内一个人只是凭借反省就能发现社会的形式、语言和永远真实的美学模型。没有人会自己放弃社会地位而讲述永恒性。没有人们可以求助的固定原型。人们不是在尝试发现这种柏拉图主义模式，人们的工作是对历史进行经验上的研究。如恩格斯在解释黑格尔时所说的，“世界不是被理解为一个现成物品的合成物，而是被理解成过程的一个合成物，事物在这个过程中显然是稳定的……经历不间断的变化，这种变化正在形成，同时又正在消退。”[5]

语言学的、社会学的和我刚刚描述过的美学观念的组合体，我将其称之为历史决定论。“历史决定论”一词受制于如此多的解释，以致必须清楚地说明我这里正在使用着的概念和判断。在建筑历史中，举例来说，佩夫斯纳使用“历史决定论”一词作为折中主义的同义语。[6]在我看来，这是一种误解。折中派和时代精神的观念是同类思想的不同方面，折中派是历史相对性的结果。一旦相信美学的编码是历史特别时期的产物，这些编码就如其所做的那样开始展示在我们面前。我们不需要模仿它们，而且我们的确不应该这么做，因为我们相信对这些编码的需要与其时代相关。不过我们可以使用这些编码，因为它们如同语言一样可以研究。在古典时期，人们学习拉丁语和希腊语，因为这些语言贴近人们正在准备尝试建构的标准语言。在19世纪人们学习梵语，因为梵语只是一个更一般的语群的另一种版本，这些语言中没有任何一个比另外一个更优越。当时的文化不再本能地被限制在一种类型的建筑语言中，但是仍然缺乏一个用来发展它们自己的方法，这种文化一定会使用它新发现的历史知识，并在历史传统中寻找模型。创造不可能存在于空洞的智力游戏中。直到来自所有已存在事物的模型发生剧变并到达了某种强烈程度——直到这些模型已经消耗了所有的意义——那么与艺术的传统一致，建筑将恢复到已存在的模型。在某种意义上，19世纪将其采用的历史风格看作它自己的风格；对知识的历时分析已经变成“我的语言”的共时性。虽然有不同的理由，但毕竟相同的过程在 15 世纪发生了，当时建筑后退到了古典的模式，而且使其成为它自己的时代建筑。当时在语言中也是如此，拉丁文文字被引进文学的词汇之内。19 世纪的折衷派不是欧洲文化中一件独特的事件。唯一的结果是对过去开始不信任,对过去的研究产生了不信任。这个不信任被我所提到的历史决定论的其他方面所强调，这是一种辩证发展的理论，也是不可逆过程的历史理论。

有两个因素似乎有助于推翻 19 世纪末的折中派。第一个是艺术精英拒绝资产阶级文化，这个拒绝不伴随有任何露骨的社会上的或政治上的批评。第二个是马克思主义的辩证唯物主义和社会主义思想的传播。所有艺术中的现代运动都被理解为与这两个社会因素相关。

建筑与这两个社会因素有特别的关系。建筑是实用的艺术，这一事实使它周旋于马克思主义理论中经济基础和上层建筑之间。作为马克思主义思想基础的实践主义，可以照字面上的意义被转移到建筑上，而且功能可以变成新建筑实践的理论基础。如恩格斯所说“它不再是一个……在我们的智力之外……发明互相连络的问题，而是在事实中发现它们这些问题”。[7] 比起考虑静力学、结构、新的材料、新的社会计划这些事实和用这些事实去建造一个新的建筑，还有什么更清楚、更有效的方式呢？

是否仍将按此来建造的建筑当作一个符号使用，这是一个被忽略的问题。而且如果建筑是一个符号，那么它是什么种类的符号？它仅靠具有这种事实而变成一个符号——即实际功能的一个索引？或它是一种更加复杂的符号，这种符号包括有关那些功能和有关它所服务的社会的精神世界？我所提出的这些疑问将是我稍后要分析的问题。

在社会主义（功能主义）理论引入建筑学之前的一段时间，在所有的艺术和美学理论中一直开展着一个运动，如我所说，这个运动主要是基于对资产阶级艺术理念的拒绝，而不是基于对社会经济基础的有系统的批评。这一点对建筑的影响能在下面这个特例中得到说明。这个特例即奥托·瓦格纳（Otto Wagner）的学生的设计作品，这些学生20世纪头十年内在维也纳接受瓦格纳的指导，所有的风格对我们来说都是熟悉的，这些风格一个接一个地呈现在各种不同的艺术中，如象征主义、表现主义和新艺术主义。[8]所有这些设计所共有的东西是19世纪折中派的瓦解和分裂，以及新风格的尝试。确实，多数设计涉及已存在的一些种类——举例来说，地中海的、苏格兰人的或阿尔卑斯山的风土建筑，尽管所有这些样式位于资产阶级建筑的传统框架之外，但是它们之中的许多，特别是卡尔·玛丽亚·克恩德尔（Karl Maria Kerndle）和约瑟夫·霍夫曼的那些作品，不使用任何已存在的建筑样式，而是接受了某些新艺术运动的装饰方案，并将它们扩大到整个建筑物上。这些方案强调矩形和流线型，并且避免使用自然形体的主题。我们无法不认为这些作品是简单化和几何化形式的先驱者，这些形式至迟在20世纪20年代的功能主义建筑中已浮现出来。

设计方面的这些趋向在有关艺术理论著作中有它们的类似版本——特别是利普斯和沃林格的著作，他们试着去建立一个基于心理学原则的理论。

依照沃林格的说法，艺术表现普遍的主观意向。[9]如果我们了解这些意向，我们将会大体成就这样一种艺术，即不将风格用作标准，而是依照风格本身的基准和永恒的规则去评断艺术的特殊表现。

在20世纪初期，我们发现了两个平行的建筑理论，在某种意义上这两个理论也是矛盾的，这两者都源自黑格尔的历史决定论。第一个是有关道德目的和客观事实的理论，第二个是美学的和主观感觉的理论。但是这两个理论都拒绝将过去作为现在的指南，并且在精神上都属于还原艺术和实在论。在第一次世界大战之后出现的建筑综合了这些理论，以此建立起成为主流力量的功能主义。而当功能主义都不能提供解决方案时，便会呼吁天然的表达和心理的一般因素，就语言学的角度而言，这种方式一方面将建筑的符号还原为功能的一个索引，而另一方面则是纯粹的天然符号。

无论我们正在考虑的是这次运动的社会方面，还是艺术方面，我们都能看见其中有强烈的决定论特征。借助唤起时代的精神，现代的理论家将历史的和心理研究的对象作为事实来加以介绍，这些事实在思维和意志的主体控制之外，并且构成了一种无条件的社会规则或情感规则。这种规则的一个方面是将服务新社会的建筑物认作类似于生物学的类型，这种类型是被进化规律所建立的。作为社会所必需的工具范围内的一种元素，建筑被当做是历史过程的经济基础。经过一种完备的媒介，历史本身决定新的富有特性的建筑形态学，而且用一组物件类型投射到建筑上。这个物件类型的思想与在动物学种类研究中被发现的规范和类型密切相关。然而，按恩格斯的话，历史可以被视为一个赫拉克利特（公元前5世纪的希腊哲学家。——译者注）洪流，历史总是在消逝，同时又正在形成类型，这种类型使我们能够从比较低的到比较高的形式中测量到它的辩证过程。

在现代建筑中，这个生物学的规范思想被合并到强调心理自然常态的理念中。这是对不同的类型决定论的一个呼唤。因为虽然这种决定论将形式的创造简化为潜意识的心理学功能，但是在实践中它无法避免由此涉及不变的文化价值，按这种观点就又回到了18世纪合理主义的某些内容。柯布西耶的作品清楚地表述了这两项观念。一方面，数学家和科学家发现了因果关系的规律；另一方面，艺术家发现了材料之间的协调规律。[10]

如果我们将结构语言学的原则应用到这些现象中，那么很明显，隐藏在现代建筑背后的理论与作为一种语言的建筑观点是对立的，这种观点带有大量可组合的自由或可联想的意义。按这种观点，即坚持建筑是被历史力量决定的，它的规律是固定的，而且在形式的排列中没有自由发挥的空间。按另一种观点，即建筑反映普遍的心理学规律，这种自由被标准美学的古老神话所模糊。如果有自由，这种自由将以一种在艺术家和那些他凭直觉所发现的自然法则之间共生的现象而存在。

但是20世纪20年代建筑师的实践，特别是俄国的构成主义者和柯布西耶的作品，远未遵循已经被理论所暗示的规则。事实上，他们的工作在很大的程度上仍然基于已存在的模型，即使这些模型并不一定是在19世纪被模仿的主要风格。不只是古典的和浪漫的主题被合并到新的作品中,而且建筑领域之外的观念也被调换。因此，在俄国韦斯宁兄弟的作品中展示了工程形式。这些形式是从看得见的世界中抽出来的“高度明确的连接关系”，并且以修辞手法将建筑展现为一种结构物，而不是废弃的建筑构成和装饰方案。在柯布西耶的作品中，用船的图像来给建筑的语言提供一个新的模型，并且在更深层次上被用来建立与旧时代人类主题的联系——如12世纪的僧侣生活。这不意味着现代建筑恢复到了19世纪的折中派，在19世纪接受了整个符号学方案。现代建筑获取了日常生活的片段和在历史中发现的片段。按这种观点，现代建筑本质上是构成式的，它将意义系统打碎成可以传达意义且能再重新组合的最小单位，而完全不考虑它们原先的整个系统。

这种观点将使现代建筑与语言学模型符合到什么程度？在语言学方面，靠观察人们如何说话也许能够找到不破坏自由的决定规律。语言优先于个人存在，但是每个人必须学习语言，这一事实并不是使他成为语言的奴隶。的确，如果不是经过社会的调节，自然就并不能赋予人类一种先在的语言，人类也将不能形成观念。他本能地应用语言的规则，而且这些规则只是组合的规则。语言没有将人们产生的观念演绎形成界限。但是如我所说，在语言中组合的自由是由所指和被指之间关系的任意特质所决定的。

甚至在每天的日常用语中，也存在着大量复合的单元或必须被使用的语段。很明显，这些复合单元越多，或每个单元越大，那么讲话者的自由就越少。这正好是现在诗歌和文学中所发生的：文学类型、风格、形式和表达的类型只是遗传的语段，它们存在的理由是能激发起一些表现它们自身价值的观念。在语言中，符号的价值是中立的。将中立的符号转换为表现的符号是诗的目的。虽然诗人继承这些语段，但是他没被强制使用它们。准确地说，因为他有一种按照自己的处理方式去表现价值的语言，所以他能够校订这些评价。这是巴尔特所要表达的东西，他说诗歌是对神话的反抗，而语言不是。语言从不给概念以完全的意义：它们保持开放和准备再结合的状态。另一方面，诗作为一种第二等级语言，把一种精确的情感内涵赋予了概念。通过拆解已被遗传的语段，而且以不同于正常的口语表达的方式加以排列，就能够让人们知道他们的概念的平凡和虚假。如巴尔特所说，如果神话想要征服诗，它必须全部吞噬诗词，并且把诗词作为自己系统的内容之一。对诗歌的这种批评的和解析的探讨构成了巴特称之为“回归的符号系统”的东西。[11]

在建筑上可以说也有相同的情况。建筑从未呈现为一种中立的组合系统。建筑（以隐喻的方式）中的“音素”和“词素”具有意图和潜在的意义。什么东西比功能、结构方式或空间形态具有更强烈的意图呢？如果我们想要像索绪尔对待口语那样采取严格的经验主义，那么我们必须承认建筑不能够有效地简化为任意元素的一个汇集。现代建筑尝试将建筑元素减少到基本的程度，但不是靠把它们减少到作为语言学分析中的任意单位。在语言研究中，简化纯粹是形式上的，并不改变我们说话的方式。在建筑中简化的方式是改良的，并试图重建建筑的意义。

在这种文脉关系中，符号学的出现犹如一个魔术师，这个魔术师借用实证的方法显示了共时系统的复杂和丰富。但是符号学也可能表现为规约性的工具和批评方法。在这种能力中，符号学很容易沦为现代建筑中任何一种流行哲学的牺牲品，包括“片段的组合”理论。这个系统的理论被某些乌托邦建议者提出。这种混乱已被列维 - 施特劳斯在音乐领域中证明，[12] 他所说的内容大体上适用于建筑学。他指出，十二音技法消除了由遗传得来的音乐语言的意义深长的结构（举例来说，音调之间的关系）。因此，作曲家一方面可以按照自己的意愿连接音符；另一方面，他在其中可自由地创造新的组合和意义。作曲家显然被赋予了绝对的自由，但也陷入了一种发音不清的危险之中，除非他能足够接近存在的语言，间接地运用既有的语言或就它的本质给予说明，通过努力将它减少到“零”的程度。作为运用这种方式进行创作的参考类型实例，我们可能要举出伊戈尔·斯特拉温斯基

（Igor Stravinsky）和安东·韦伯恩（Anton Webern）。随后十二音节所提出的音乐“片段的组合”将只会在弄清楚音乐的语言是完全自然的语言后才产生意义，这导致自发性音乐理论的产生。[13]

因为自然语言是用“片段的组合”提供自由组合的唯一符号系统，所以它也暗示音乐类似于自然语言。但是我们知道这只在语言中才是可能的，因为早已有任意的意义附着在这些单元上。于是我们得到的是一份无意义的陈述：一个完全天然的系统和一个完全任意的系统是相同的事物。

我们很容易忘记，在分析语言时我们不要尝试改变它。结构语言学是一种描述，也许是说明的方法。它与在语言下面的形式结构有关，与它的意义或价值系统无关。

这正是为什么在同样方式中符号学必须保持在形式的和描述的水平上的原因，并且如果我们以一种普遍的意义审视结构，那么我们就能看到这一点。让·皮亚热（Jean Piaget）将结构定义为一个自我调节的整体，这个整体带有一套转换生成的规则，他指出在自然逻辑领域中，这样一个结构总是开放的。[14] 自从库尔特·哥德尔（Kurt Gödel）提出不完全性定理以来，人们就了解到没有任何逻辑系统能包含它自己的解释：一个给定的系统总是依赖于公理，这些公理服从于进一步的分析；一个系统的形式变成下一个比较高级的系统的内容；等等。这种回溯与数学家或物理学家无关，因为对他们来说要紧的东西是所选择的工作系统的自我一致性。但是，它一定与哲学家、社会科学家和设计师有关——任何讨论都涉及像语言一样的被社会正常使用的系统。在这些系统中，必须作出评价和判断。如果一个价值是相对的，它一定对某些东西来说是相对的，而且这些东西本身一定具有一种价值。

在这里，我们接触到符号学和现代建筑问题的根基。如果任何种类的语言只是最小结构的一种安排，这些结构就一定已经充满了给予的意义，如同它们在语言中一样。这是社会沟通的必需条件。

第二节　符号与实体：对复杂性、拉斯维加斯和奥伯林的反思

这篇评论写于 1978 年，最初发表在《反对派》第 14 期，1978 年秋，第 26 ~ 37 页。

文丘里 1966 出版的《建筑的复杂性与矛盾性》和他与丹尼斯·斯科特·布朗（Denise Scott Brown）、史蒂文·艾泽努尔（Steven Izenour）在 1972 年合作出版的《向拉斯维加斯学习》（*Learning from Las Vegas*）之间的思想变化，并没被人们给予充分的注意。如果人们要评论文丘里和劳赫最近设计的建筑，首先必须调查建筑位置的变化，以便将建筑作为一个整体放在理论的和作品的文脉中进行评价。文丘里的转变并不是全部的。对这两本书而言有许多思想都是共同的，其间的变化在于对某些观点的强调，而非介绍全新的观念。在第一本书中的一些次要的思想变成了第二本书中的指导思想。但

是观点的变化仍然是重要的，而且反映在作品中。

《建筑的复杂性与矛盾性》的主要目的是要驳斥现代运动思想，主张一座建筑物的功能组织服从于构成其美学意义的单一的逻辑。通过展现许多建筑设计所涉及的“逻辑”，以及建筑的设计是“调节融合”的一个过程而非演绎，文丘里在现代建筑理论中开创了一个变化，这种变化有助于为建筑设计和对话打通一条新的路径。

《建筑的复杂性与矛盾性》强调了建筑信息在语义方面的复杂性，而且书中所运用的方式是完全经验主义的、相对主义的和反柏拉图主义的。然而，建筑的语义向度表现为超历史的。建筑的意义被看作对形式处理的结果，这些形式具有的性质可独立于产生它们的历史条件。但是文丘里并不关心这种观点所暗示的构成和不变的原则。显然这个原则被假定存在：“你建立起一套秩序，然后将它打碎，使它与力量决裂，而不是与弱点决裂……当然，没有秩序的便利意味着混乱。”[15] 但是文丘里对组成“秩序的原则”的东西并没有弄清楚。这种秩序是一个由形式组织规律所产生的秩序，还是它宁可依赖构造的逻辑和功能的命令？“虽然我们不再争论形式第一或功能第一……但我们不能够不理睬它们互相依赖的关系。”[16] 从这一点来说，我们不清楚需要我们质疑的东西是基于简单功能标准的多余的和多样内涵的游戏，还是以形式规律为基础所产生的一些非必然性的事实。是功能提供了被形式扭曲的构架，还是形式提供了被功能扭曲的构架？无论哪一种情形，这些潜在的原则都不是该书所要探讨的，人们必须假设“复杂性”和“矛盾性”是否应有任何的意义（因为没有东西能够显示是复杂的，除非与简单的东西相比较。为了要反驳某些东西，它本身一定是不矛盾的），该书所关注的是在数不清的方法中，混乱和不明确性能加深建筑的意义。

假如文丘里在不明确的那些类型之间作出区分，那将会很有裨益，这些类型被认为是所有艺术作品与生俱来的[威廉·艾普森（William Empson）《七种不明确的类型》（*Seven Types of Ambiguity*）的主题]和依照历史情况改变的类型（如风范主义）。既然不明确性和矛盾性在后者中更依赖已存在的语言或风格，那么两种不明确的类型就如以往那样会彼此叠加。但是这会使我们以历史的眼光看待建筑，而不是将历史视如一个实例的储存库。

除了这种基本原理的区别，文丘里未关注的那些复杂性之中有一些是有意图的复杂性，有一些则是随着时间逝去而增大的结果。该书的焦点在观察者感知的建筑效果和被设计者想要的效果之间摇摆不定，好像这些在历史上是相同的东西。总体而言，该书之所以如此是要为复杂性所作的一种辩解，而不提及不同种类的复杂性如何被联系到特别的历史环境中，进而这些例子如何能够适用于我们自己时代的特别环境。缺乏历史远见使得文丘里加进了那些现代建筑范例，同时以他过去讨论那些实例的方式讨论它们。因此书中合乎逻辑地将柯布西耶、阿尔托、康和路易吉·莫里耶特（Luigi Moretti）的建筑作品作为复杂性和矛盾性的“佳例”。在他看来，建筑的“一般”原则可以应用在以现代运动为基础的建筑上，如同它们被应用在其他对象上一样。从这一点来看，随之而来的是上述两项原则不再冲突，现代的建筑的失败是缘于非固有的因素——经济的扭曲、蹩脚的设计者等。

但是依文中所言，造成现代运动失败的原因是它的那些错误的原则，这些原则除了产生过分单纯化的和概略的形式之外不能产生任何形式。那么柯布西耶和阿尔托是这些证明规则的例外吗？因为他们反驳他们相信的原则？但这不是正好说明最杰出的建筑作品产生于矛盾之中吗？文丘里接受并引证了包豪斯简洁主义艺术的典型代表人物——现代大师约瑟夫·阿伯斯（Josef Albers）的观点，用以捍卫所有的艺术[他引述保罗·克莱（Paul Klee）也许更好][17]本质上的不明确性。他认为现代主义主张对历史全盘否定的理论完全能与复杂性和矛盾性的原则共处，然后，历史例证可以被合并到一般的原则或类型中，其持续性不依赖于那些图形的记忆，在这些图形中它们先前曾被具体表达过。不过文丘里对过去形式的态度表现出他并没有注意到卡特勒梅尔·德坎西对类型和模型所作的区别。他认为过去的风格是可以重复使用的，不是字面上的重复，而是当作传统元素，这些元素的持续活力依赖于它们不断的变化，所以它们能在现今经常矛盾的需求关系中被看到。因此，在文丘里的书和他的实践之间有些不一致。书中不排除这种可能性，即现代运动的一般原则是健康的，而且仍可能形成建筑复杂的和敏感的基础，但在实践中没有任何一种能够使建筑从样式传统中分离开来的方法。如果我们要从根本上获得建筑，我们就一定要放弃任何属于现代生活的假设条件去独家建立它的尝试。建筑学的语言取决于对过去文化形式的记忆和现在经验之间的辩证法。

尽管这种观点暗示了一种反讽，但在书中各处有一个强烈的表达，那就是建筑的秩序可能仍然类似于过去。建筑被“感觉为形式和物质。这些变动不定的关系……对于建筑手段而言是不明确和紧张特性的来源。”[18] 在 20 世纪 60 年代的计划中，虽然过去的建筑图像被放在引号中并且被扭曲，但人们一直在尝试将这些图像整合在一个建筑系统中。矛盾性被当做是起源于“真正的”和“虚拟的”结构之间的不明确性，这种不明确性是所有建筑所固有的。装饰和样式上的处理不可能直接从建筑项目中得到推论，但它们也不是独立于建筑项目的中立派。秩序和混乱、对称和不均匀是解决方案中构成整体所需要的部分。现实和幻觉不可避免地交织在一起，并依赖于所有艺术所需要的那种漂浮不定的怀疑。一种神秘的建筑思想呈现给了人们，而且，虽然这种思想适合于业主需要，但最终这种思想被讲述给那些理解建筑且因为建筑本身而热爱建筑的人。

在《向拉斯维加斯学习》中有两个重要论点修正了这一观点。首先，大众主义变成一个主题，它在复杂性和矛盾性中是一个潜流。那些被视为“生活的力量”，在所有时期给建筑以活力的主流派现在被特指为那些奇特的现代人、没有价值观的资产阶级和最重要的人群，即美国人。

在文丘里、斯科特·布朗和史蒂文对拉斯维加斯和莱维敦（Levittown）的研究中能看到作为大众主义趋向的思想基础，但是在这种解释方式中有一个矛盾心理，在这种方式中粗劣的作品要被视为有意识的建筑。一方面，布朗一贯坚持这样一种立场，即建筑师的角色就是要了解和转达希望。依照这种观点，通向有意义的建筑的道路在于发展针对使用者的具体的和内在的系统。比如在中世纪，建筑师的角色是“技术人员”，他们知道该如何将这些价值翻译成结构和装饰。但另一方面，我们知道今天除了开发商或承包商之外，建筑师通常不是这些事物的专家。即使当一位建筑师被召来提供“建筑”，也是期待他分享客户的目的和品味，并只作为客户的代理人来行动。现代社会如果按中世纪或甚至18世纪的路线来进行构造，并且从整体上而言，社会（或占优势的次文化）和以解释它的价值为角色的艺术家之间有共同的品味，可能会支持这种观点。但是这种情形在今天并不存在。

为了承担社会“仆人”的角色，现代建筑师一定服从一条克己的法令，并且玩一场“让我们假装”的游戏。令人难以想象的是文丘里、布朗并不知道这一点；在伦敦建筑协会主办的艺术讨论会上，文丘里的介绍和示范证明了他们所处的状态。提起讨论会中所议的主题之一——由维克多·雨果（Victor Hugo）所做的著名宣言，发表在《巴黎圣母院》（*Notre Dame de Paris*）的第二版中：建筑将被文学所扼杀——文丘里展现了许多最近出现的设计，其目的似乎就是庆贺建筑的死亡。在这些设计中，中性的结构用“不正确的”柱式和其他不协调的细部来装饰。除了其他“知情”的建筑师之外谁不知道其中的奥秘呢？不像音乐厅里的喜剧演员，他的笑话被观众（尽管笑话的类型学只有演员才能赏识）所心领神会，文丘里的机智像是专门瞄准在他的建筑师同伴身上。很显然，这些作品在符号学上的意图是不给客户提供他所要的东西，而是引起人们注意流行品味的荒谬。

我的目的不是讨论这场特别具有破坏性的游戏是否有价值，而是说明这种宣称可以反映客户和建筑师之间的“诚恳的”关系的游戏其实是一个模棱两可的话语。

《向拉斯维加斯学习》不同于《建筑的复杂性与矛盾性》的第二个方面是，建筑的行为不再被看作瞄准整体的美学对象，而是被看作瞄准这样一个对象——它的美学统一在演绎上是不可能的。功能和美学、物质和意义，现在被看成是不相容（虽然同等重要）的实体。由于实际经验的结果，文丘里和劳赫像是获得了这个理论立场，这一点在文章段落中被如此重要地记录下来，以至于它值得在此被全部引证——“在《建筑的复杂性与矛盾性》出版之后，我们开始认识到，我们事务所设计的建筑很少是复杂的和矛盾的，至少就作品纯粹的建筑空间和结构品质而言……我们已经无法使我们的建筑适应那种双重功能的或发育不全的元素、环境的扭曲、权宜的装置、多变的例外、偶然的对角线、物中之物、拥挤或内含的纷乱、衬里或分层、剩余的空间、多余的空间、不明确、变形、双重性、困难的整体或两面性的现象。在我们涉及的作品中，有少许不一致，妥协、迁就、适应、超级连接、等同、多样的焦点、并排、或好或坏的空间。”[19]

这一连串目录给予《建筑的复杂性与矛盾性》以致命的一击，它浓缩了而且蹩脚地模仿了这些争论。文丘里和劳赫不能在他们的建筑物中囊括所有这些品质，这一点已经不再令人惊讶，这个目录主要是以其具有的修辞色彩，使得相关理论看起来不仅是合理的，而且经过比较以后似乎也是不可避免的。这个理论是那种“装饰的库房”的理论，依照这种理论，建筑师应该发誓放弃“空间和结构上的建筑特质”，而作为替代把目标集中在“象征性内容”上。

事实上，在《建筑的复杂性与矛盾性》的争论中已经将“装饰的库房”思想视为一种贫乏的形式，因为它仅仅是在建筑物的外表和它的实质之间建立间接的联结，而且已经注意到建筑符号的武断性质。但是装饰性表层的意义仍然会以错误的方式反映表层之后的结构，如同上述评论所显示的形式和功能是相互依赖的之类。作者甚至在《向拉斯维加斯学习》中宣称，文艺复兴时期建筑的结构装饰“加强而不是削弱了结构和空间的实质，”[20]但是这项判断拒绝（没有解释）支持中世纪的范例，在这种范例中大教堂的正门是“一个在它之后有一栋建筑物的布告板。”[21]人们可能询问这是不是对一个元素的恰当描述，这个元素不但提供一个通向正殿的入口，而且预示内部的主题，并且建立起它的符号意义；但是无论如何，一旦承认建筑固有的复杂性之一在于什么是真正的和什么是外观之间存在的紧张，那么一座建筑物的有意味的部分和实体部分的完全分离则只能弱化建筑物的复杂性，而且使它的信息变得琐碎而平凡，哥特式建筑立面暗示了这种观点。

“装饰的库房”的思想是对保罗·鲁道夫（Paul Rudolph）和其他20世纪60年代的建筑师所崇尚的表现主义的一个富于机智的和毁灭性的抨击，这种思想认为所有的建筑物应该是独立的物件类型，这种类型的形式表现它们的内容。但是“装饰的库房”靠着敏锐性传达了这样一种错误的印象，即将意义表现在嵌花装饰上的建筑物是表现主义这个“宝贝”的唯一替代品。“装饰的库房”的观念像是把某些东西归到19世纪的“装饰的结构”观念，作为对文艺复兴“结构的装饰”的反对。但是19世纪的思想对19世纪的表现主义建筑比对文艺复兴的建筑持更强烈的批评——主要是对结构的形式，这些形式全部采用廉价的材料，甚于表现在较高贵材料中的那些形式。正如雷科沃特指出的，[22] 在《向拉斯维加斯学习》[23] 中被提到的奥古斯塔斯·皮金（Augustus Pugin）的装饰构成思想包括了装饰应该与“真实的”建筑物相联系的观念，在造型上和平面构图上，建筑物的结构形式被认为是其整体意义的一个部分。

这个“装饰的库房”的思想表现为一个典型的现代解决方案，在一些大的无分割的空间设计中有广泛的应用——例如自选市场和娱乐场所，它的纯粹商业理念藐视任何复杂的建筑传统想同化它们的尝试。文丘里和劳赫最近设计的许多作品没有进入这个范畴之内；这些作品显然是一群被视为宝贝的家伙而不是“装饰的库房”，那就意味着它们的外部形式遵照统一的建筑图像，这个图像的内涵符合建筑的使用要求和内部布局，而且加强了建筑的联想意义——总能产生乡村的和风土的内涵，反过来说的话则是一种引用，这种引用或者来自地方性的传统，或者来自新艺术和国家浪漫主义（图 105）。在“品味的折衷主义”[24]一文中，那些讽刺性的评论与文丘里早期的建筑物交恶，在这些建筑中历史的参考既无显著特点又无联系，这些建筑物较之古典的传统而言，较少涉及当地的浪漫精神，然而看起来却是做到了与古典传统的妥协。

从这些例子中可以看出，文丘里和劳赫当时似乎正

▶图105 布劳特-约翰森（Braut-Johnson）住宅，韦尔（Vail），科罗拉多州，文丘里和劳赫设计，1976年

▲图106 艾伦纪念艺术博物馆扩建，奥伯林，俄亥俄州，文丘里和劳赫设计，1976年。扩建部分后退形成两个体块，画廊覆盖在花岗岩和玫瑰红砂岩饰面下，试验室/图书馆/研究室部分覆盖在浅黄色砖砌体饰面下

在遵从某种肖像画理论——一种不同风格适合于不同类型设计的理论——但是这种理论没有被位于奥伯林的艾伦纪念艺术博物馆的实践所接受（图 106、图 107）。虽然这是一座带有强烈“建筑”文脉的“文化”建筑，但是他们选择将其表现为一个“装饰的库房”，也许是为了避免给这种扩建部分以任何旧馆“纯艺术”品质的尝试，这些品质被展现在最初的建筑中。这一点提示我们，“装饰的库房”这种思想不是只用在狭窄的商业设计中，而是可应用于所有场合，除了亲密的、个人化的和认为地方性的象征更恰当的那些场合。因此“装饰的库房”恰

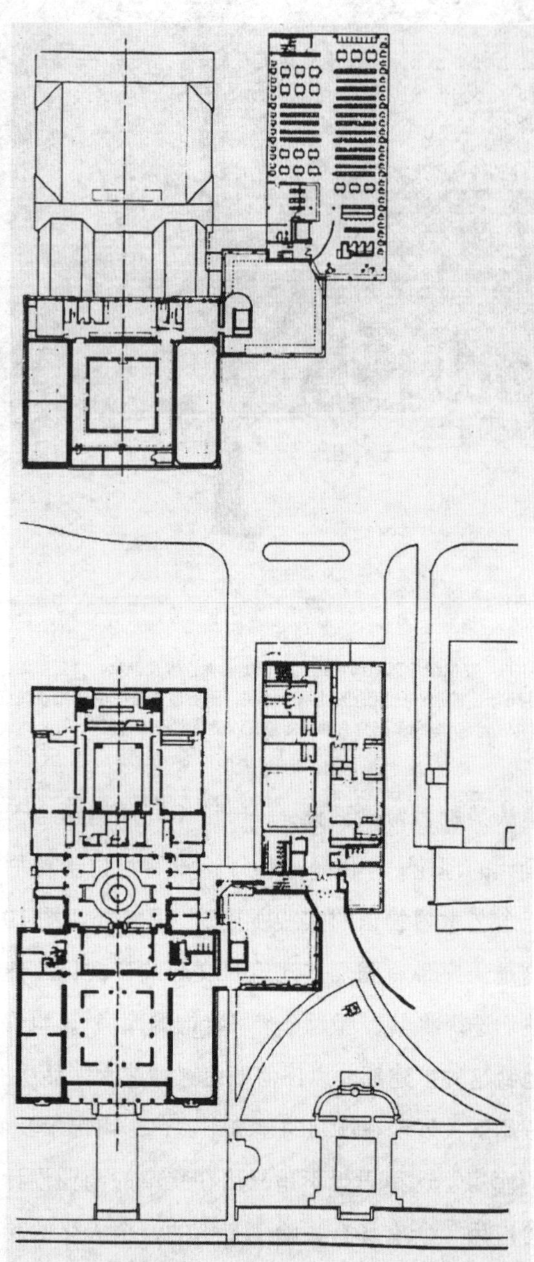

▶图107　艾伦艺术纪念博物馆，总平面图和首层平面图（下图）；二层平面图（上图）

好适用于公共类型的建筑物，这种建筑物与“装饰的库房”思想联系在一起——在这类建筑物中，一方面需要人们对经济的建筑和理性的建筑不能和解的要求进行斗争，另一方面需要与公众的象征主义进行斗争。引人注目的是，尽管在较早的设计中民众的和私人的建筑物两者都被认为是一个复合性的媒介物，在这种复杂性中空间和结构是象征主义整体中的一个部分，在最近的设计中这两类范畴被加以不同的对待。公众委托案或者被赋予了带有少许象征内容的典型“现代”解决方案（图 108），或者这些委托只是一些库房，建筑师与纯粹装饰的象征主义保持着讽刺性的距离。在更地方化的委托案中，人们有这样的印象，即建筑师认同他们的客户的怀旧情绪，而且提供给他们这样的建筑：这些建筑的内部组织和外

◀图108 社科大楼，坡卡斯（S.U.N.Y，Purchase），纽约，文丘里和劳赫设计，1977年

部表现讲述着相同的语言，而且尝试复原一种独特的“气氛”。地方风格的细部和舒适的俗语是建筑师和客户之间共谋的结果，即便建筑师仍想运用讽刺的手法进行表达，也不至于推翻客户经过认真考虑并反映在建筑当中的价值。

但是奥伯林扩建项目是一座公共建筑物，而且它的全部组织被“装饰的库房”这一观念所决定。一个新画廊和教学楼翼廊被视为“现代的”和“功能的”设计问题。同时在功能的修辞方面没有进行尝试。“功能的”体量被认为是“无声的”，建筑固有的结构或空间的构成并不提供象征的、文化的或美学的向度。必须通过一个次级程序的设计决定来修改基本的外观，以提供这些内容——这些内容似乎包括这样四个主要范畴：

（1）表面装饰：例如棋盘图案 [令人想起哈尔塞·里卡多（Halsey Ricardo）或爱德温·卢蒂恩斯（Edwin Lutyens）]，建筑物的颜色和材料选自旧馆，尽管装饰方案的构思不是来自旧馆。蓝色的和黄色的屋顶封檐板使人想起旧馆的屋顶彩椽和拱腹，但铺贴方式是按照现代粘贴装饰的格调。

（2）外部的建筑元素的处理：例如平屋顶挑出的屋檐，呼应旧馆的建筑的屋檐、带形窗户。这些窗户回应旧馆对水平线的强调，尤其是旧馆背面的二楼窗户（图 109）。

（3）独立的符号元素：例如位于入口斜坡上以讽刺方式设计的爱奥尼柱和白色大理石的断片。自建成之后，这些东西可以被称为“外部指示物”，因为它们既涉及建筑之外的文脉，又涉及建筑的文化联系（只在边缘上对

图109 艾伦艺术纪念博物馆，二楼窗户与原有建筑物卡斯·吉尔伯特博物馆（Cass Gilert Museum）北立面结合处的外景

建筑的美学组织有助益)。

(4) 空间的修正：这些是平面“碰撞”的结果，同时形成基层库房的墙壁并对其他造型进行修正。

因而，建筑物不被认为是一个统一的设计，其中各个部分能够相互一致地被联系到整体上，而是被看作许多分开的部分和相互斗争的结果。通常，两个不同的问题可以解决一个冲突，这个冲突的和解似乎提示了第三个问题的解决方式。举例来说，决定在屋顶之下放置没有过梁的长条窗户，画廊中的设备和照明需要悬挑的天花板，于是在天花板周边形成凹槽以让阳光照入画廊（图 110)。虽然这个解决方案在功能上解决了这一问题，但是它故意留下无法解决的建筑意义的问题；天花板没有明显的支撑方式，它在角隅的凹槽变化与天花板的功能相抵消。平屋顶造型的自然发展本身与从外部看到的

图110 新画廊内景

图111 新画廊屋顶外景

屋顶所呈现的平面性质是互相矛盾的（图 111)。

这只是许多例子中的一个，从这些例子中可以看到，冲突所要求的调和导致了对车库的修正。体块和空间的处理提供了一些与此类似的情形。举例来说，文丘里一直用两种“库房”来解释设计，没有尝试将这些库房在艺术上与老建筑物相联系，或者使它们相互联系。取而代之，新画廊不拘礼仪地碰撞到旧画廊，并在它的上面升起，同时沿着侧面墙壁的中部切断了旧馆的檐口（图 112 ～图 115）。教学区被挤入新馆，与新馆交叠在

图112　艾伦艺术纪念博物馆，奥伯林，俄亥俄州，文丘里和劳赫设计，1976年，新旧楼之间的连接体

图113　艾伦艺术纪念博物馆，新旧楼之间的连接体的外景

图114 艾伦艺术纪念博物馆，新旧楼之间的连接体的外景

图115 新旧楼之间的连接体的外观

图116 ▶ 新画廊内景

一起，而不是清楚地加以区分。两者分界面由于相互间的挤压产生扭曲（图116）。在外部，两个体量挤压的结果使它们的外部墙壁变成连续阶梯状的立面（图117）。虽然表面的开窗方法巧妙地提供了两个体量具有的不同功能的线索，但立面与后面体量的空间组织并没有什么关系。正因如此，“装饰的库房”的观念本身得以凸显出来。立面上的矛盾性和不明确性的游戏没有渗透到建筑

图117 新大楼的外景，后退的平面露出了画廊的体积，使扩建部分的两个体块部分延伸到大街 ▼

内部，建筑的空间组织基本上保持在像是缝合在一起的两个库房中。在它们的接口处可能出现“有趣”的事情，但是这些情况不是来自或产生于最初的空间主题的任何变形。由于过分关注孤立事件及效果，奥伯林的扩建项目示范了“装饰的库房”观念的固有弱点，除非建筑寻求在普遍建筑的观念和它的部分之间，或在它的装饰和它的结构及空间的方案之间建立一个关系，否则没有一种有关建筑意味的理论能真正有道理。

从这个观点来看，“装饰的库房”的观念像是对建筑传统的一个误解。与现代表现主义建筑的雕刻般的奇特作品相比，它们所连接的传统结构和空间显得极为简单。但正是因为这个理由，它们才不是沉浸在纯粹实用感中的“车棚”，文丘里只是以这种感觉使用这个词汇。我们在那里找到了对悠久传统的精细提炼，在这种传统中建筑的实际工艺、建筑所取向的那些实用和美学表现系统都被紧密地连接起来。正是缘于这种互相间的连接，建筑的丰富——它的丰富性、含糊性与多重意义——被发展了。为了将这个复杂的传统简化成两个无关的部分——“车棚”建筑物和在它们表面上发展的“符号”——文丘里正在设计一种简化手法，使建筑像他在《建筑的复杂性与矛盾性》中所有效攻击的现代建筑那样单纯化。

然而，将这种“误会”想象为无心将是一个错误。对于《向拉斯维加斯学习》的作者来说，似乎任何尝试复原过去建筑的统一性都是与现代社会不相容的，而且为建筑预示了一个不复存在的理想主义角色。他们拒绝密斯的解决方案，按密斯的方案，车棚被理想化为寺庙；同时他们也拒绝了纽约五人小组和新理性主义者的方案，举例来说，这种方案以不同方式将建筑看成一种独立的演讲。而对于文丘里、布朗、史蒂文而言，则没有任何独立的演讲，建筑学被深深植入谁都无法逃避的意识形态中。

按照这种观点，除去个人乡愁仍能起作用从而产生与“梦之屋”同类型的建筑，现代设计并没有仪式的和礼仪的内容，这种内容给予了传统的建筑以象征主义。现代的空间需要是纯粹实际的。举例来说，如果我们以与建筑有关的那些最初的空间主题（前庭、中央轴线、独立结构的住所）来看待奥伯林，或者如果由于通到二层图书馆的唯一方式是靠隐藏在入口角落里的消防楼梯而使我们感到吃惊，空间的和结构的组织就是一个通常的感觉和经验安排的问题。我们可以贡献给客户和使用者一个他们尚未获得的感受，但我们可能忽略这样一个事实，即今天的画廊和图书馆如同办公室和工作场所，是“功能的”空间，而且对社会而言没有特别的意义。仓库般的建筑属于现代类型，这倒不是说这种使用方式适合于建筑，因而空间和结构的问题便不可能成为建筑表现的问题。

“装饰的库房”的观念及其含义因此是深远的，并导致这样的判断，即建筑的意义已经变得与它的物质不可挽回地分离。建筑师无力面对一个其价值观已不可避免产生裂痕的社会。借助这种另类建筑不仅可以对这些价值观进行批判，同时也通过对建筑表面的处理以及模糊的讽刺手段使这些价值观被不断地宽容和“暴露”。建筑师就像莎士比亚作品中的弄臣，把自己扮演成奉承的角色去夸赞国王，同时，告诉国王一点点国内的逸事。

文丘里和劳赫的作品中的矛盾不像传统建筑中的矛盾，它们不服从于美学的整体统一。在通俗与高雅、平凡与精美、作为大众传媒的建筑与建筑师的建筑的辩证对立中，它们故意保持互不妥协。正如其他“后功能主义”建筑并不尝试以一种另类语言被定义为功能主义。它们不是克服而是显示潜伏在当代建筑状态中的矛盾，这使得艺术批评很难寻找到一种论证的基础。

对于这些原因的分析，我不过只作了一些尝试，用来解释文丘里的观点，并且在他的立场上揭露某种内在的矛盾。我并没有试图就他的作品作出某种盖棺定论的评价。

第三节　贡布里希和黑格尔主义传统

这篇评论以《贡布里希与文化史》为题发表在《建筑历史的方法论》(*Methodology of Architectural History*) 专刊 (伦敦：《建筑设计》, 1981 年), 第 34 ~ 39 页。

在贡布里希的评论《寻找文化的历史》(*In Search of Cultural History*) 中，作者在文化研究方面讨论了艺术历史学家的角色，通过研究，他宣布了一些形成他史学作品基础的原则。虽然他主要关注绘画史，但是作为一种文化的现象和美学表现的一个系统，这些已作必要修正的原则同样适用于建筑。这篇评论的用意是要讨论某些原则和它们的含义，如同贡布里希自己所做的那样，将选择出来的精华用作方法上的实例。

这段摘录是一篇独立思考的历史分析，能离开它的上下文关系而不致作出对贡布里希思想构成断章取义的损害。贡布里希的文章强烈地反抗这种肢解，因为它们所包含的思想在逐渐地展开，大部分是以螺旋形式，而且通常是在相当长的步骤之后其意义才被完全揭示出来。

然而，《寻找文化的历史》本身也有着自己的复杂性。这一部分归结于说明材料的丰富，论据通过这些材料相互交织，而更多的则归结于他要面对自己叙述的历史编纂问题。在阐明这个问题方面，贡布里希似乎一直在与他作为出发点的前提进行抗争，并对其进行限定。正因为这些前提基本上是黑格尔主义的，所以人们可通过讨论他对黑格尔的态度来更好地接近他的思想。

在这些笔记中，我不打算探寻贡布里希关于黑格尔历史理论的解释，或询问在什么范围内黑格尔思想可以不适用于18世纪晚期德国思想的整个趋势，特别是不适用于赫德尔和威廉·冯·洪堡（Wilhelm von Humboldt)。我的目的将只是要调查贡布里希如何处理他所看见的作为黑格尔学派问题的事物。他所关心的方面是黑格尔学派的理论，按照这种理论，文化在它所有的方面是人类历史阶段的反映，经过这些阶段，人类历史在从低级到高级的连续进化中演进。每个阶段有它的特殊精神，这种精神决定与它相关的文化现象的性质。如果人们持有时代精神的钥匙，他们就可以在它即便是最小化的显示中认识它。而且在任何一个阶段，既然历史能采用某一种形式而不采用其他的形式，那就说明每种文化现象是绝对必需的。可以呈现为“自由的”（亦即不能说明的）的东西将是一种不规则的东西，这种不规则在原则上需要通过关注更多的现象来决定。

依照贡布里希的观点，正是这种观点在搜寻风格发展的整体样式上给艺术历史提供了主要动力。[25]但是他也相信，这种观点通常将历史学家引向草率和过度简单的解释，这种解释忽略了艺术和文化事实的复杂性。这种观点与贡布里希对历史解释的探索相一致，大体上，这种观点遵从卡尔·波普关于证伪性的原则，而且明确地与历史目的论的理论不相容。然而，如果发现式样的欲望本身只是历史的偶然，那么对历史解释而言，证伪性原则的应用就似乎会出现问题。处理黑格尔假说的唯一方法将是把这些假说视为“假定”。然而就波普对假定所作的界定而言，黑格尔的理论能否被视为假定也值得怀疑。依照波普的观点，一个有效的假定在原则上能被反驳。但是没有一种历史目的论曾经被驳倒，因为它永远都不可能用尽那些被需要用来证伪的事实。因此在波普主义观点中，黑格尔的历史理论不是一个假定，它是一份明白的陈述。同样它组成了一个信念，而且如所有信念一样，它依赖于训诂式的注释使它看来合情合理。因为贡布里希明确地拒绝评释的方法，所以很难想象在艺术历史后面的所谓黑格尔假定不是一种困境。

一开始读贡布里希评论时，人们会发现自己在不断地询问这样一些问题：例如，人们如何能将黑格尔作为现代艺术史的一个必需的来源，同时似乎拒绝哲学教义上要求的方法学？或者，人们如何从稍微不同的角度调和下面这种观点，即同时坚持某一项假定既是自明的又是可证伪的？对可证伪性原则的应用看起来或者是将假定简化为一个同义反复（以“相同时期”为基础的一致性），或者使它成为无意义的单位。

贡布里希并不触及这种正面的问题。但是他使用了这些论据，这些论据建议了一些方法，人们使用这些方法可以保持黑格尔哲学必要的基本假定条件，而不用必须接受黑格尔的历史目的论。贡布里希提出的第一个论点基于“周期”和“潮流”之间的区别。潮流是被个体创造的，这一点在贡布里希的观点中是不容置疑的，而周期被构造在事件之后。依照贡布里希的观点，黑格尔将属于潮流的有意图的特性归结到了周期上。所以这个评论只在部分上像是成功的，因为他认可潮流不是孤立的和随意的事件；潮流伴随着“标识，标识是潮流的外在符号、行为风格、演讲或服装的风格”[26]——换句话说，这种集成式和团组式行为使人们能够认识并隔离历史的“周期”。从这一点上我们看到，潮流和周期的最初区别不是如它所看似的那样轮廓清晰。如果理解潮流的唯一通道是研究个人的行动和陈述，这些个体建立了这些行动和陈述的研究，那么以他们行动的重要性而言，我们不会比他们更聪明，而且历史将不会对我们显示新的数据信息；历史只是一种传记——无数的心理学事件的总合。但是历史是对社会的研究，而且个人行为在社会中展现为集体行为，这种行为时常与他们明确的意图不一致。如果我们没有来自个体心理学的外推法方面的证明，也没有被在个体中发现的心理学动机的聚合所证明，加之如果不能假定我们被赋予富有远见的“世界历史精神”，那么我们将如何在外在的、个别的和历史研究所要揭示的细小事件之间建立任何互相一致的关系呢？我们必须有一些作为假设基础的其他原则，而且这些原则不能够通过归纳法从事件自身当中获得。

贡布里希像是接受了黑格尔对历史“意义”的基本假设——他坚持在历史中没有任何事件是孤立的——但目的是拒绝黑格尔借以试图解释这种意义的方法。[27]他接受了黑格尔关于历史发展和需要学习历史的真实事件等一般观念，好像它们全都是意义所编织的部分，而不是依照一个推理方案承认或不予理睬。但是他拒绝了黑格尔重新提出先验的思想凌驾于所有事件之上，所有的事件一定被显示为“历史的意志”的必然结果。他的这种文化史观像是属于后黑格尔编年史的一般趋势，如贡布里希自己所提出的，这种编史的目标是为了“抢救黑格尔的假定，同时又不接受黑格尔的形而上学”。[28]

“周期”和“潮流”这对孪生观念在形而上学这件编织物上撕开了一条裂缝，但是它们自己并不解决人们如何将黑格尔广泛的假定与更“科学的”和经验主义的探索相结合的问题。贡布里希的“解决方案”——看起来对他的整体方法而言是主要的——在于另一组对立的观念，即征兆（symptom）和征候群（syndrome）。[29]

依照牛津英文字典，一个征兆是某物的存在符号或表征，而一种征候群是同时发生的一些征兆或一组并发征兆。如果我们将只属于个体意图的一致性归于周期的类型，我们将会寻找在一个时期事件下面的单一因素。看得见的事件将会是这个隐藏原因的“征兆”，并且将只会拥有对它们自身有帮助的兴趣或意义。针对这种解释事件的方式，贡布里希反对另外一种方式。即不是尝试以“隐藏的”因素解释每件事物，他建议我们观察相同类型的其他事件，这些事件伴随着正在被考虑的事件。这将为我们提供一种适于解释的工具，而且它有这样一种优势，即使人们所寻求解释的事件处于完整无缺的状态。事件不再被考虑为一个症状，因而可在一个比较低的水平上被简化为另外一个事件。它是事件群之一，这些事件并不是按合理的秩序分等级地被安排，但这些事件结合在一起去形成意义深长的式样——换句话说，它们组成了一个“征候群”。

通过对一个时期内测定的行为模式的否认，同时给这些模式以一定的独立性，贡布里希在暗示这些模式属于一个有意义的系统，并暗示维持在它们之间的关系是符号与其他符号的关系。历史分析的重要性并不在于是否知道一个事件如何被另外一个事件所引起，而是去了解一个事件将会引出某组特定的意义，这些意义所涉及的东西可能独立于任何单一的决定因素。这样，在我选择用来说明贡布里希的历史方法的文本中，集合在“浪漫”字眼下的思想因为特别的情形可能伴随着一种“软焦点”形式，所以我们不应该造成这样一种情况，即这些形式必然伴随所有的情况而出现（图 118 ～图 123）。“软焦点”形式不是浪漫态度的一个征兆；它们和浪漫的态度都属于一种征候群。这种征候群的元素将会在不同情形中重新编组自己。从这一点来看，我们显然不能够将历史编纂问题与含义的理论分开。一个时期内的所有文化现象都是时代精神的征兆，这种观点将暗示一件艺术作品“反映”一种思想而且只能够有一个解释。贡布

图118　弗里德里希·奥弗贝克（Friederich Overbeck）作，意大利和日耳曼，1828年，帆布油画，94cm×104cm，慕尼黑美术馆
▼

▲图119　弗里德里希·奥弗贝克作，弗朗茨·普福尔（Franz Pforr）画像，帆布油画，62cm×47cm，柏林国家画廊

▶图120　J.S.米勒（J.S.Millet）作，捆干草的男人和女人，1849～1850年，帆布油画，211/2in×251/2in（55cm×65cm），巴黎卢浮宫

图121　尤金·德拉夸（Eugène Delacroix）作，基督在加里利海上，1853年，帆布油画，20in×24in（51cm×61cm），美国大都会美术馆，H.O.哈夫迈耶夫人（Mrs.H.O.Havemeyer）赠送，1929年，哈夫迈耶收藏▼

▲图122　让-奥古斯特-多米尼克·安格尔（Jean-Auguste-Dominique Ingres）作，自画像，1804年，帆布油画，303/4in×26in（78cm×66cm），康德美术馆（Musée Conde），尚蒂伊（Chantilly）

▲图123　尤金·德拉夸作，自画像，约1837年，帆布油画，65cm×54cm，巴黎卢浮宫

里希将艺术作品作为部分征候群的观念暗示着一个不同含义的理论，某种角度来看，依照这种理论形式与意义的关系是任意的。意义不能够从形式中被推论出来。如果我们了解产生形式的社会和艺术的文脉关系，这些东西就能够被译解。

形式本身没有意义，形式的意义是被赋予的。每组形式能吸引许多不同的意义，形式和意义所共有的某种结构性质将限制意义的范围。任何特定的形式组合总是可能有更多的解释方式。因此，在他对阿诺·豪泽（Arnold Hauser）《艺术社会史》（*The Social History of Art*）一书的评述中，贡布里希引述了豪泽对法国古典主义的解释（“尊贵的贵族将会喜欢硬朗的风格……敏捷的商人则热衷于新奇”），并将这段文字和其他可能的段落（“慵懒的贵族喜爱每一个新的官能刺激，而厉害的生意人……想要他们的艺术更加优雅和坚实”）进行比较，从而展现出这两种解释虽然矛盾但同样华而不实（同样地不充分）。[30]

这种有关含义的态度，虽然在贡布里希的一些文章中明确地和传播理论有关联，但仍与以索绪尔为基础的结构语言学有某些相似之处。依照索绪尔的观点，语言学符号由形式（signifier）和内涵（signified）组成，虽然它们的关系是任意的，然而却是不能分解的统一体。内涵不能被认为是独立存在于语言本身之前或语言之外。语言中每一单位的意义不依赖与之关联的先在的思想，而是依赖在语言中对其他语言学单位的意义。了解语言如何工作，并不是将语言看成某种已经从“纯粹的”状态退化了的东西，或是正在向“完美的”状态进化的某种东西，而是将它作为一个共时的系统来研究。当贡布里希说到文化历史学家应该“依靠风格上的联想和回应来补充形式起源的分析”，[31]或者“连续性”研究应该由“接触”性研究来补充时，[32]虽然没有暗示文化事件的共时性分析可能曾经代替历时性研究，但看起来他说的基本上是相同的事情。

正是这种对在历时性和共时性之间的艺术作品的研究构造了贡布里希思想的辩证性质——这种思想一方面在寻求对历史的连续性和变化的适应，另一个方面寻求一种独立于历史决定论的含义理论。

在现代观点看来，艺术历史如同它在古典时期内被看作的那样，在历史或多或少不再被看作随意调味品堆积的时候，这种调味品使确定的标准变得模糊，那么这种艺术历史就正好变成可能的和必须的。一旦历史被用来揭示不同的艺术周期，每个周期拥有它自己存在的目的或理由，那么历史就必须寻求发现一个历史变化的逻辑和寻找艺术意义的一个新理论。贡布里希的观点似乎是这样的，即黑格尔尝试依靠目的论的理论同时解决这些问题，但这种努力只是导致了依靠历史终极的绝对价值观替换了史前绝对价值观的古典观念。这远非一种解决方案，绝对远离了所有的特异性，反而将古典主义艺术的规则赋予了这种观念，而且通过各种“理想”的观念替换了它，除非依靠一个自然的先验方式，否则不可能达成艺术的意义。尽管黑格尔承认艺术现象有其基本的独立性，但事实上这个理论在丰富性和特异性方面根本无能力解释任何艺术现象。

然而黑格尔的方案提供了一种方法，这种方法可以克服方案本身的界限。如果可以不再按照一种固定的外在参照点来解释艺术的意义，那么至少能指望得到部分解释来尽可能多地关注艺术作品的复杂因素。要做到这点，就必须假设在任何时刻都存在一个价值系统，并且这些价值必须作为这些艺术作品发生变更的一个必要条件。贡布里希提出了评估艺术风格变化的初步模型，它是一个笛卡尔坐标系，这个坐标系的坐标轴分别由一组图像和一组作品来表示。[33]图像是"必需的"(有动机的)，但是只有被具体的社会情形所覆盖的时候才变成"充分的"(意义深长的)。这样他暗示着任何一个历史上的美学系统 [如鲁道夫·安海姆（Rudolf Arnheim）] 都将会是一种误导，因为这种方式过分强调"自然的"和"空洞的"符号，贡布里希提醒人们注意"创造与组合"的理论，他在早期一本关于表现绘画中的"真实"问题的书中精心阐述了这一理论。[34]

在这个样板中，贡布里希也在寻求某种不同于结构语言学理论的东西，寻求最终揭示永久的结构，正是这种结构使意义成为可能，但是将意义本身留给了未经调查的历时性研究领域。贡布里希的方案，在强调图像的重要性方面，使意味成为美学意义研究的核心。在语言方面，这会暗示艺术作品中最重要的问题不是形式和内涵之间的关系，而是内涵和另一个内涵之间的关系——换句话说，隐喻。这种区别被托马斯·阿基纳（Thomas Aquinas）表达了出来：（如贡布里希在另外一个文本中所引述的）“任何的真理都可以用两种方式来显示：借助物体或借助文字。经典包含了双重的真理。一个真理存在于用习惯的文字来表达其意义的物体——这是一种文字上的表达；另一个真理是物体变成了其他物体的图像，并在这一层次上产生了精神上的表达。”[35]

因此对贡布里希而言，文化历史学家的工作并不是“解释”他所研究的艺术现象。这些现象包含“真理”和永久的价值，历史学家的部分工作是要保护这些真理和价值。[36] 但是这些真理与价值不能再被视为理所当然的，对它们的保护需仰赖持续的解释工作。解释需要分析和对神话进行解构，从图像原先的气氛中将图像抽离出来，对存在于无限复杂的意义网络中的艺术作品加以“解释”，这些艺术作品是这些意义中的一部分。

在作为价值积聚的历史和作为启迪的历史之间所维持着的一种微妙平衡中，贡布里希暗示我们他似乎在回应黑格尔学派试图将唯心论的二元论和整体的形而上学相融合的思想。

按照更现代的观点来看，贡布里希想要解决的问题，也能被看作 19 世纪语言学的遗产和 20 世纪初期“美学的复兴”之间的冲突。这个问题面对现代史的所有问题，前者带有实证主义者的偏见，后者只是将艺术的个别作品看作艺术 - 历史研究的唯一有效对象。贡布里希想保护艺术家的自由，艺术家被看作独特艺术作品的创作者，依靠趋向来准确地“解释”这些作品。为此他论述到，艺术类型学的不变性只是艺术家在处理作品时所发现的和组成意味场所的东西，由此他开启了分析的大门。艺术家和艺术史学家必须从这个价值系统开始，并且必须相信这些价值。但是他们也能够改变这些价值，而这也就构成了他们学术的自由状态。这样,作为社会沟通（相对的、任意的和传统的）的艺术和作为先验价值表现的艺术在逻辑上便不再自相矛盾。

贡布里希

文化史研究中的“征兆与征候群”

人们可能对文化的各种不同方面之间的多种交互作用感兴趣，但却仍然拒绝我所说的“训诂方法”，这种方法是将解释建立在某种具有“相似性”的发现上，这种相似性引导经典的诠释者将犹太人穿过红海与基督施洗联系在一起。人们会记得，黑格尔在埃及的狮身人面像中看见了与埃及文化在本质上的相似性，在这种文化中，精神开始从动物的本能中浮现出来，而且携带相同的隐喻，贯穿在黑格尔的关于埃及宗教和埃及象形文字的讨论中。这种假定基于总是会发现一些必要结构的相似性，这个相似性允许诠释者在一种公式下包容文化的各种不同的方面。在赫伊津哈（Huizinga）针对范艾克艺术所提出的有说服力的形态学中，艺术不但与时代的神学和文学连接在一起，而且分享了它们的一些基本原理。批评这项假定不是要否认一些文化历史学家为寻找意义深远的隐喻性描述所展现的智慧与博学；也不是否认一个时期内各种不同层面之间存在这种结构的相似性，如 A.O. 拉伍卓伊（A.O.Lovejoy）试图为 18 世纪的自然神论和古典主义所作的示范那样。但是在这里任何推演这种类似的假定都仅仅是损坏这种探索的兴趣。不只没有如此类质同象的铁律，我甚至怀疑 W.T. 琼斯（W.T.Jones）在他关于《浪漫运动》（*The Romantic Movement*）一书中所提出的用或然论的方法取代这种决定论是否可改变事物。请注意这个有趣的副标题："文化人类学和思想史的新方法"，这种新方法存在于这些极性的排列中，如静态与动态之间或秩序与混乱之间，借此可以检查某一特定周期的偏好如何由一端转移到另一端，在统计上人们希望这种偏好能用来揭示艺术、科学和政治思想中的黑格尔哲学的边界，尽管其中某些领域的表达与其他领域的表达可能不那么一致。在"软焦点"和"硬焦点"之间的对照中，琼斯发现浪漫的东西有可能在形而上学方面向第一个焦点倾斜，在诗意的想象方面以及在绘画上，这种偏爱一定具有浪漫精神的征兆。

无疑，这些希望与心理学的普遍常识很好地保持一致。虽然如此，但事实上能解决黑格尔问题的新方法仍旧与历史事实相冲突。它的发生使它具有一种浪漫精神，这种浪漫精神在绘画中发现了所谓"原语"的品味，这意味着有明显边界和焦点高度集中的范·艾克风格或意大利早期的风格。如果德国的第一代浪漫派画家有一个最厌恶的东西，那就是他们的巴洛克前辈对半聚焦的大胆尝试。无论他们如何偏爱于形而上学，他们模糊的轮廓线是艺术不诚实和道德腐败的一个症状。他们对征候群的偏见——让我们保持这种有用的术语——是基于另类的绘画问题而产生的。也许，他们荒谬地将轮廓强烈的和天真的东西视为代表纯洁的另一个世界。在当时，软焦点的自然主义反而成为堕落的征兆。

我们从前在文化史学家关于绘画风格的征兆价值的讨论中遇见过这个偏见。如果在黑格尔和年轻的伯克哈特（Burckhardt）时代它不是一个引起如此争议的问题，它可能不会显示这样的重要性。当然，正是法国革命的创伤使得在某些圆形剧院中唤醒了对失去的中世纪文化天堂的新渴望。以拿撒勒画派（Nazarenes）而闻名的德国画家把写实主义和物质欲望视为两个不能拆分的罪过，而且试图表现出具有弗拉·安杰利科（Fra Angelico）和类似画风的一种强调线性的风格。他们去过罗马，他们中大部分人改信罗马人的天主教，这群德国画家留着长头发，带着鹅绒无边帽散步，不知何故这种帽子被认为是高度德国化的。这些艺术家的风格和他们的世界观明显密切相关，他们的绘画模态如同他们的装束，是他们与 19 世纪社会分道扬镳的标志和宣言。如果你遇见了这个圈子里的一个成员，你几乎可以从他的服饰推论出他将会说什么，以及他会如何作画，当然，他所画作品是好是坏就不得而知了。

对文化史学家来说，有理由探讨这样一种征候群是如何发生的，这种征候群标记了我们所称之为运动的东西。书写这样一次运动的历史，推测它的开始和有关它成功或失败的理由是完全可能的。然后同样也需要探讨它曾经表达的风格和所主张的信念，例如，代表作为罗马天主教标志的反现实主义的绘画样式存续了多久。英国天主教的信仰和哥特式的爱之间的联系在普金（Pugin）那里有强烈的表现，但被约翰·拉斯金（John Ruskin）所中断，而前拉斐尔派（Pre-Raphaelite Brotherhood，1848 年成立于伦敦。——译者注）则甚至追求某种天真和偏激的写实主义。

虽然如此，风格在这里甚至表达了对信仰时代的某种忠诚。我们可以根据萧伯纳（George Bernard Shaw）1879 年之前写的一本小说的章节来判断，当他写这部小说的时候，这种征候群已经消失。虽然不够老道，萧伯纳还是机智地描述了一个艺术赞助人别墅的室内装潢，沙龙的墙壁覆有浅蓝色的缎子，它的护墙板“画有肌肤白皙的年轻未婚女子的仕女画，这些女子有的采集花卉，有的在阅读书籍；或心醉神迷地仰视，或作沉思状俯视，或弹奏当地制造的吉他，吉他的曲线形琴颈和指板富有表达力……所有图案全部画在黄色底面上。”“人们不喜欢戴毡帽、穿斜纹软呢和棉绒衣服的人，长头发、星期日音乐、裸体画、文学女人或掩饰或不着边际的声明。”如果萧伯纳是对的，征候群就会从中世纪变成唯美主义和普遍不遵从传统成规的作风。而伯恩 - 琼斯（Burne-Jones）则成为忠实于改革信条的标志。

第四节　巴黎美术学院的设计方案

这篇评论最初发表在《建筑设计概览》（*Architectural Design Profiles*）17，Vol.48，No. 11 ~ 12，1978 年，第 50 ~ 65 页。

雷科沃特教授屡次提示人们注意认识论上的断层，这种断层发生在古典传统受制于让 - 尼古拉斯 - 路易 • 迪朗（Jean -Nigolas-Louis Durand）的理性主义批评的时期，它一直持续到 J.P.F. 布隆代尔（J.P.F.Blondel）时期。通过迪朗，图像的程序被转变为纯粹的句法程序，而且古典形式被简化为一种纯粹形式上的组合。在这种句法的探索和迪朗的老师部雷的探索之间似乎有一种矛盾，部雷仍然相信古典形式的隐喻特性。但是从另外的一个观点来看，如果我们记得，对部雷而言这些隐喻是通过判断来直接说话，而且不依赖讽喻的习俗，那么迪朗的理论也许能被视为部雷的理论合乎逻辑的扩展。一旦能将古典形式的吸引力直接看作由心理上的因素所引起的，那么可以通过实验的方法来加以探讨（举例来说，我们在伯克发现的那种类型），[37] 并且有可能加以最终的描述和分类。

无论艺术实践依赖于迪朗的程度如何，很明显两者都仰赖于建立某种句法组织或“构成”规则的可能性。这个“构成”的观念被 19 世纪理性主义的“有机”派所反对（被维奥莱 - 勒 - 杜克表现得最清楚、最有系统），这种理性主义在20世纪先锋派的发展中是有影响的。依照“有机”理论，建筑的形式应该来自正确原则的应用，而不是出自一个对形式组合的处理。

隐藏在构成思想后面的固有形式的思想本身不是新的。它属于古代的传统，并且同时与手工技术和修辞传统相关。在18世纪晚期的解释中能够被说成是新事物的东西是将这些图形和比喻从传统实践的基础中分离出来，并加以系统分类。这个程序充满了“人为意图”，举例来说，这正是沙利文反对“构成”观念的原因，当时他这样写到：“人们发明了叫做‘构成’的一个程序：自然则总是在展示组织化。借助于物质的力量、体力的资源和心灵的智巧，人们可以将事物进行排列设置；意义作品就这样产生了，但不会是一件优秀的艺术作品。”

沙利文所批评的构图过程涉及某些高度发展的规则，这些规则穿插在一件作品的概念和完成之间，并且正是在美术学院的罗马大奖（Beaux-Arts Prix de Rome）中我们看见这样一种规则，这是一种平面的规则，它的表达或阐述达到了最高境界。

在观念和实践之间这种规则的发展也许能被音乐史中的例证所清楚地说明。在古代的音乐制作程序（在东方仍然繁荣）中，某些一般的规则从一代传承到下一代。通过个人不断地演奏并经过连续创作，这些规则被精心阐述，并被融入传统中。实践者将这些规则由即兴创作直接转换成音乐。

但是随着音乐记号法的发展和表现音乐思想规则的

发展，音乐的制作产生了分裂的局面。现在有两种“实践者”，一种是在案头上“构成”这种规则的作曲人，另一种是对这个构成进行诠释的演奏者。这种劳动的分工带来某种牺牲，但是它使更复杂的音乐结构成为可能，我们得感谢可视规则的有效性，这些规则帮助人们进行记忆，免除演奏者的压力，从而能够从容地操作。

如果我在这里提出，在音乐记号法和建筑平面之间有某种大致的相似，那不是暗示音乐与建筑作品有着完全相同的创作方式，也不暗示这些规则一直等到 18 世纪才获得某种“命运”。但就是在这期间，音乐和建筑都以最浪漫的程度被“想象”，如果没有这些规则的有效性和它们或多或少所包含的那些形式的精细“语言”，这种“想象”本来是不可能诞生的。交响乐的发展大约与美术的早期发展相一致，这当然不是意外事件。两者的情形包括相当复杂的和扩展的“构成”，其复杂性能够通过对规则的调解来加以控制，并且预示指定的目标。

当我们“解读”美术学院设计方案的时候，我们像是在同一时间或至少以快速的演进完成三个操作。首先，我们将纸上的记号解释为完形模式；其次，我们将这一模式翻译成在我们的想象中不断体验的二维空间——如跟随狭窄的、跳跃的空间，停顿在方形空间，将规律排列的点解释为透明的边界等；最后，我们将这些记号翻译成三维空间的体积。

从这些解释的步骤上我们完成了一个连贯的组织过

程，这种组织过程除了最一般化的功能归属外没有从任何其他方面获得意义。造型艺术计划和交响乐之间的最明显的相似之一正是位于这种一般化的“程序”中。两者都被强烈的理想和某种程度的抽象化赋予了特色。两者都是伟大的组合体。交响乐没有直接的社会目的，或用作指定的特殊场合。它是为了提供给音乐厅使用的，而不是提供给画室或教堂。尽管与场景分离，交响乐仍是一场表演，并且它所具有的思想与“人类”每天的思想状态密切相关。

当然，美术学院的设计有一个明确的社会目的，但是它有与交响乐相同的一般概论，而且比较喜欢同化为抽象思想的主题——君主政体、政府、法律、宗教、交换等。这些是18世纪晚期的主流思想，并且为早期的罗马大奖提供了标题内容。

19世纪30年代后，美术学院的设计变得更为特殊和更注重时效。随着资本主义给建筑提供了新的任务，较不具有道德和社会意义的设计开始取代18世纪宏伟的抽象概念：火车站、赌场、为富有的银行业主建造的私人住房。也许很多人认为在18世纪30年代后期[戴维·范·赞顿（Darvid van Zanten）在他的评论《美术学院的建筑》（*The Architecture of the Ecoles des Beaux-Arts*）中涉及了这个问题]美术学院设计已经发生的“僵化”与下述事实相关，即形式的发展是为了要具体表达启迪的思想，在这些思想已经开始失去它们的意义之后，这种启迪才继续发挥作用。正是在这种状况下，19世纪 60 年代浮现出两位建筑师，他们对第二帝国新的形式意义作出了同等有力的承诺，但是他们采用了不同的方式进行解释。就查理 • 加尼尔（Charles Garnier）而言，美术学院的设计方法被转换成建筑的一种虚饰和光彩。而对勒 - 杜克而言，因为强调“功能的”效率和“诚实”表达的资产阶级价值观而拒绝美术学院的设计方法。如果我们比较他们为巴黎歌剧院所做的平面设计，就能看到这两种不同的解释。在加尼尔的平面设计方案中可以立刻捕捉到逻辑和华丽；而勒 - 杜克的方案则缺乏所有直接的美学品质，而且其优点只有在详细研究空间的轴线和布局之后才会浮现出来（图 124、图 125）。

勒 - 杜克拒绝美术学院设计方法的一个更让人吃惊的例子可以从《对话》（*Entretiens*）[38] 中他为一座巴黎旅馆所做的平面设计中看到，在典型的美术学院设计中，一个规则的和“理想”的地界限定了建筑物的位置和范围。所有在这个地界里面的空间在形式上都受到控制，而且没有剩余的空间。因此，如果设计按照图形 / 背景来表达，如果这个图表被颠倒，那么原始方案中的“负”空间就变成了“正”空间。在这个感觉中，被外围界线所界定的空间可以说是具有相同的属性（图 126）。

虽然勒 - 杜克举例说明，17 世纪典型的宅第不像美术学院所发展的设计那样复杂，但还是具有相同品质的空间特性（图 127、图 128）。主庭院（cour d’honneur）的开放空间和马房都被处理成“房间”，具有与内部

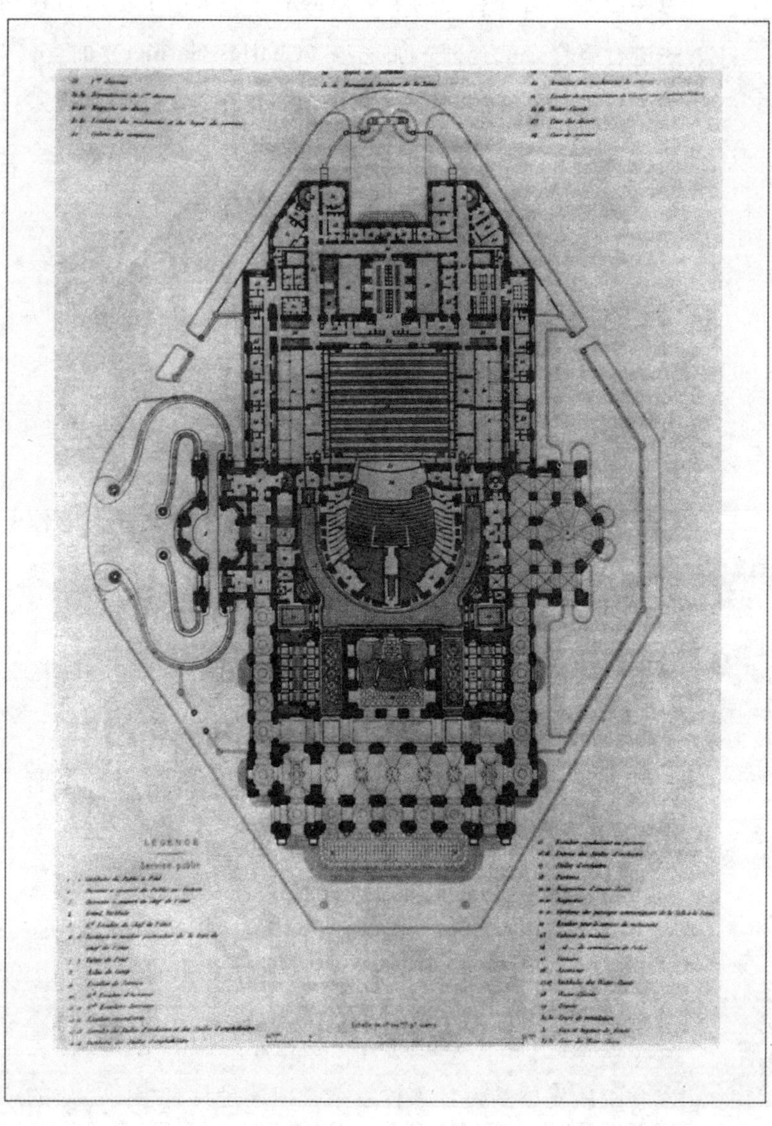

▲图124 巴黎歌剧院，查理·加尼尔设计，1862～1875年，平面图

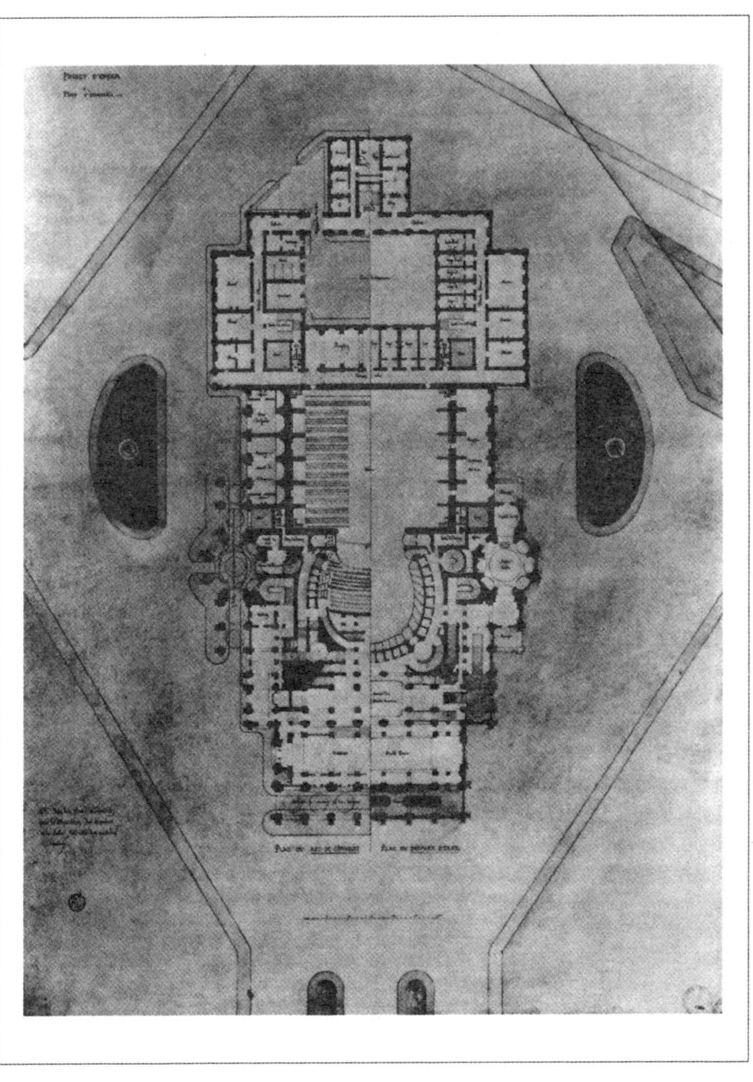

▲图125　巴黎歌剧院竞标方案。勒-杜克设计，1861年，平面图

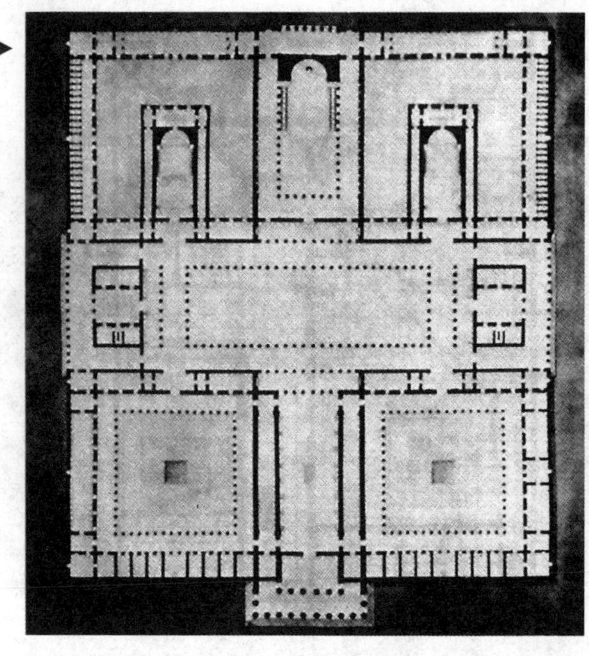

图126 最高法院，罗马大奖，亨利·拉布鲁斯特（Henri Labrouste）设计，1824年，平面图

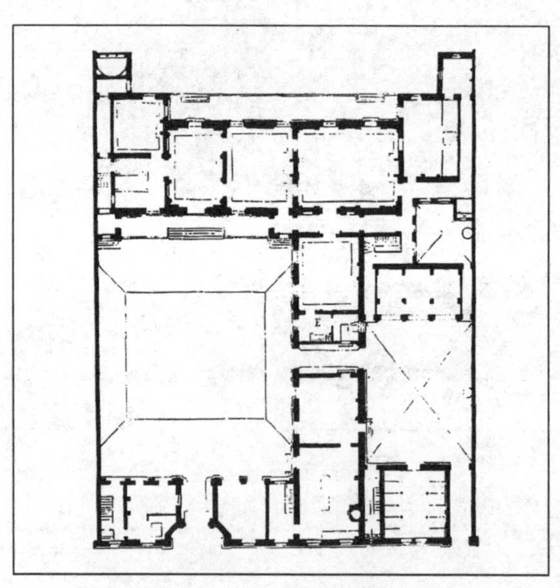

图127 17世纪豪宅特有的典型平面，底层[选自勒-杜克《17世纪的对话》（*17th Entretien*）]

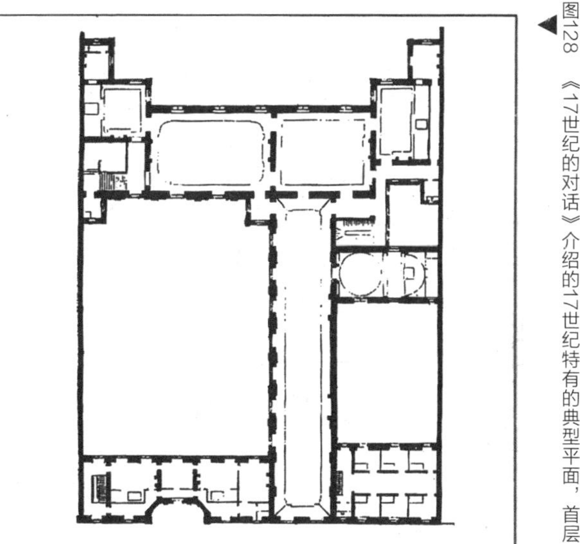

图128 《17世纪的对话》介绍的17世纪特有的典型平面，首层

空间相同的简单边界条件，从而平面可以读作一个中式百宝盒，以大尺度规则——借助主要体块与开放空间的关系来产生——在体块内的房间则按该规则进行重复，“在里面”也就是在规则用地边线之内没有留下空间。

在勒-杜克可供选择的解决方案中，这种统一的空间处理被放弃了（图129），建筑物变成了无限的空间场域中的一个物体，除了遗留在建筑物本身关系中的东西之外，这个领域无法被读作任何东西。的确，勒-杜克保留着某种模式，靠这种模式一个服务用翼楼和一排面向街道的房子限定着用地边缘的道路，但这些元素完全是不完善和不成熟的，而且建筑物的主体空间（corps de logis）本身形成一个独立的大房子，只是简单地连接到

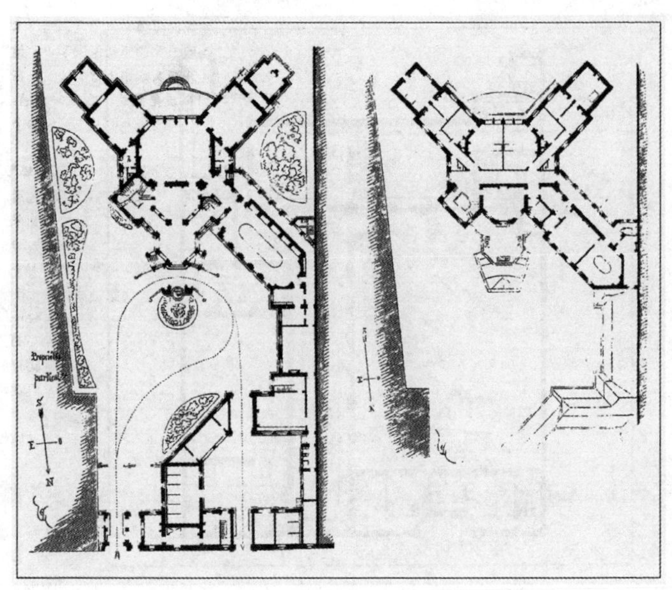

▲图129　勒-杜克《17世纪的对话》介绍的饭店特有的典型平面，首层（左）和二层（右）

用地的边缘。这个设计模型明显是市郊别墅的类型，在文章中勒-杜克将其推荐为新资产阶级理想的房子类型。

尽管勒-杜克引证了大量的有关这种新房子类型优越于传统类型的实际论据，但是这些理由并不能完全令人信服。他的动机部分是观念学的，而且不能在他小心建立的理性基础之上被验证。这个“非理性”成分与他所考虑的什么是资产阶级的房子有关——所谓一个“意象”，在这个意象中，不规则性、复杂性和肖像画效果发挥着重要的作用。

因此，借助于一定程度的空间安排，建筑物主体的八边形结构无疑为空间划分提供了方便，公寓的主要房间、厨房和中庭之间的通道没有明显地变短，而且主要空间占据了比 17 世纪的房子更多的基地，从而又减少了花园用地。尽管勒 - 杜克不喜欢对称，但他的建筑实际上比老建筑更对称，在一楼平面尽端是两个完全一样的房间，而且在二层有两间相同的主卧室。的确，对称几乎是不可避免的。然而在旧式平面中，对称是局部的，而整个平面本身将受制于结构的不对称性，勒 - 杜克的平面尽管不均衡地发展了“蝴蝶”形的双翼，但其平面在底层结构中是严格对称的。

在这个例子中我们能观察到一个变化，这个变化比勒 - 杜克按常识解释所能预期的更加深刻。它证明了对建筑空间的新态度。空间不再是“规则的”，并且完全被赋予了人性理想的领域，如同巴黎美术学院所表现出来的古典传统空间。这种空间与中世纪和文艺复兴时期城市希望创造出人造小宇宙的同质性（homeotopic）空间观念联系在一起。通过勒 - 杜克，我们看见设计者放弃了这种观点，转而支持异质性空间，这种空间由个别的建筑物所组成，而这种建筑物——在概念上和现象上——与它们的邻居无关。

勒 - 杜克批评美术学院的设计方法，说它犹如旧公式一样愚笨重复，不适宜于新统治阶级的习惯。他没能看到美术学院设计是一个象征了人与世界的关系的空间组织系统。他赞扬注重实效和手法的设计，并在实践中进行了发展，在现代城市中所呈现的异质性空间可以说是到达了表现的高潮，而且他特别关注现代建筑所主张的一种无限和抽象空间中的个别物件类型。

勒-杜克在所做的宅第替代方案中发展出来的“蝴蝶”平面产生了巨大的影响，并重现在英国的艺术和手工艺运动后期中。[39]举例来说，现代运动的建筑师为了某种设计采用了这种类型，如约翰内斯·杜伊克（Johannes Duiker）和贝尔南·毕吉伯（Bernard Bijvoet）在希尔沃萨姆（Hilversum）设计的臧纳斯察尔疗养院（Zonnestraal Sanatorium），阿尔托的帕米欧肺病疗养院，以及由康奈尔（Connell）、瓦德（Ward）和鲁卡斯（Lucas）设计的“High and Over”大楼。但是“蝴蝶”计划只是一般心态中一个比较特别的情形，而且有可能追踪到典型的现代运动的平面观念，即从内到外，从一个单一核心向外逐渐扩张，直到由于勒-杜克将设计规则用作建筑空间的构思和控制中的一种构成元素，而最终拒绝美术学院的设计。

第五节　从凑合到神话，或如何将一堆东西重新结合在一起

这篇评论最初发表在《反对派》，1978年春，第1～19页。

批评占据着狂热和怀疑、赞美和分析之间的真空地带。除非在罕见的情况下，否则批评的目的既不是称赞，也不是声讨，并且批评无法抓住它所讨论的作品的本质。它必须尝试支持作品明显的创意，并且暴露它的意识形态框架，而不是仅仅使自己自圆其说。

这特别适用于格雷夫斯的作品，带着它的自成一格的外表和它对外部影响的敏感，他及时地将这些影响吸收进自己的系统之内。因此，这篇随笔将会尝试按照这些宽泛的关系讨论他的作品：美国的传统、现代建筑的传统和古典的传统。这并非暗示用这种方式讨论他的作品便可以了解它的意义，而只提供一种简单的脚手架——一个间接接近作品的方式。

格雷夫斯的作品与国际现代运动密切相关，以至于乍一看很难发现他与美国传统有什么关联。但是它不同于（完全不同于）欧洲对现代运动的解释，格雷夫斯对该运动的解释是相当美国式的。他显然拒绝将现代建筑看作社会的工具——他坚持建筑是个人间的对话，而不是与阶级的对话——这种拒绝并不在社会领域中起作用。他的作品可能靠某些社会条件来完成，这些条件现在对美国而言或许是唯一的（虽然它们在 1890 ～ 1930 年也曾存在于欧洲）。这些条件的主要部分是存在这样一种类型的客户（无论机构的或私人的），这种客户不仅将建筑师视为能解决功能问题的技术人员，或大致上满足可事先阐明的和可预期的欲望，而且也是鉴赏品味的一个仲裁人。在这个角色中，他不但被召唤去决定礼仪风雅方面的事情，像现代画家，他还被期待去讲述某些“新的”东西，甚至提出一种哲学。这无疑只适用于少数客户（而且这些客户对产生的结果或许也感觉困惑），但是他们的确存在，因此像格雷夫斯这样具有强烈的“私密”化倾向的建筑师，尽管缺少清楚的“市场”定义，仍能将自身置于制度化的社会结构组织中。如果他的作品反映了对“文化”的怀旧之情，这种文化是具有美国特性的，并且如同塔富里指出的那样，[40]这种文化至少能被追溯到美化城市运动，那么其作品也依赖于这样一类客户的存在——尽管他们没被明确地限定，但他们对作品伴有相似的期望。在欧洲，唯物论对现代建筑批评通常被误认为是以大众主义的名义。也许正是因为发生在美国，所以这种批评能够以知识文化的名义来发起。确实，在格雷夫斯的作品中，法国传统风格有其纯粹美国传统的由来——包括对美术学院训练的同化，最初经过柯布西耶的实例，这种传统可上溯到亨利·霍布森·理查德森（Henry Hobson Richardson）和查尔斯·麦金（Charles Mckim）。

但是这里涉及科技的内容，尤其对美国而言，看起来似乎特别赞同格雷夫斯的建筑，这与社会阶层有关，即因为委托他的项目大多是私人住宅或改扩建方案。这里有球形框架——一种结构系统，它的轻巧和适应性给设计者以极大的自由，并允许以一种特别方式处理结构问题。没有这种结构形式，像格雷夫斯那样依赖于真实和虚拟之间，以及结构和装饰之间的一种模糊关系而形成的建筑语言将是很难想象的。通过使用限制较少的结构系统，格雷夫斯能够将结构处理为一个纯粹的“思想”。举例来说，规则的网格是他作品中重要的成分，它减缓了那些实证主义的和功利主义的品质，这些品质存在于柯布西耶的作品 [如多米诺住宅（Maison Domino）

（图 130）] 中。因为格雷夫斯的结构已经变为一个纯粹的隐喻，他以此颠倒了现代运动的基本假定，在现代运动中知觉和熟虑之间的裂痕造成了对手段的强调。

格雷夫斯设计的房子，其开敞性和透明性可能是通过使用框架得以完成，不过所有的复杂性和不明确性则可能是借助于对框架的自由运用。他的作品甚至超过萧伯纳风格（Shavian），而与鱼鳞板风格（Shingle Style）有着共同的特质，并且看上去正好符合 19 世纪晚期美国国内建筑的特性。在欧洲，现代运动的房子相对来说更像盒子。特奥・范杜斯堡（Theo van Doesburg）和密斯的新造型主义设计是例外，而且正如文森特・斯库利（Vincent Scully）指出的那样，这些设计具有一种与赖特的房子极为惊人的相似，它们都采用了盘旋的楼面和强烈的垂直特征。如果格雷夫斯的房子与新造型主义比与欧洲运动典型的房子有着更紧密的联系，那么可能立体派的空间原则和美国传统正好相吻合，如同在赖特的

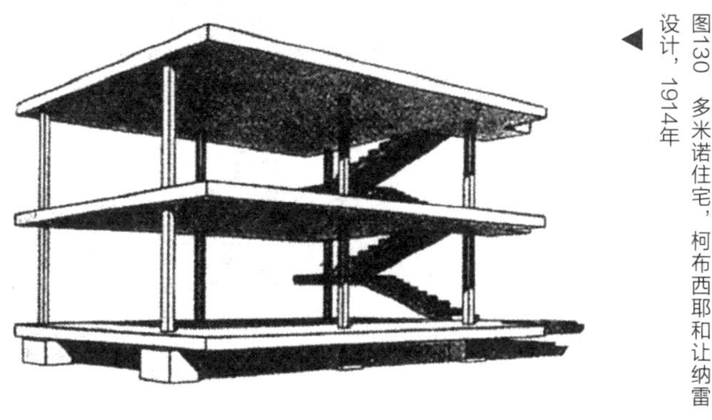

◀ 图130　多米诺住宅，柯布西耶和让纳雷设计，1914年

作品中，这种传统以其对气候的回应、趋向自然的态度和特殊的社交性，产生了一种媒介，在房子的私人领域和环境的公众领域之间产生了一种中间地带。这些作品不但具有19世纪美国房子的开放性，而且从阳台、门廊和凸窗的增加，到按对角线频繁地设置这些东西，这一切都暗示了格雷夫斯在框架边界里面和外面组织的次级空间，或在一个直角的部位上添加一个斜向的片段（图131、图132）。

所有这些可能只不过是说，19世纪肖像画风格的住宅是现代建筑的先驱者，它将立体派的装置和一种插图式相结合。将使我们吃惊的只不过是与其他艺术相似的

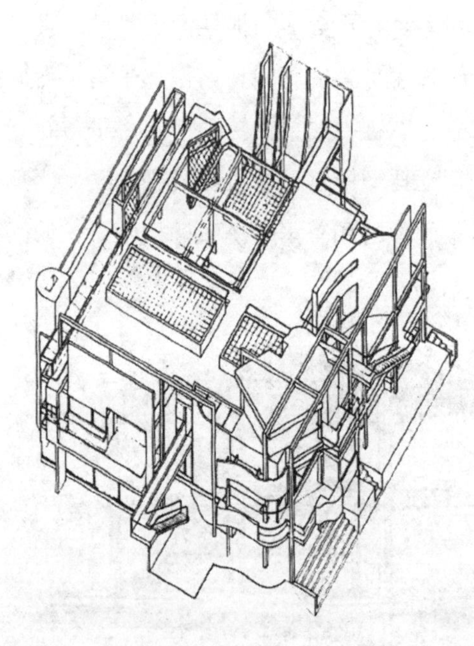

▶图131 斯奈德曼住宅（Snyderman House），韦恩堡（Fort Wayne），印第安纳州，格雷夫斯设计，1972年，轴测图

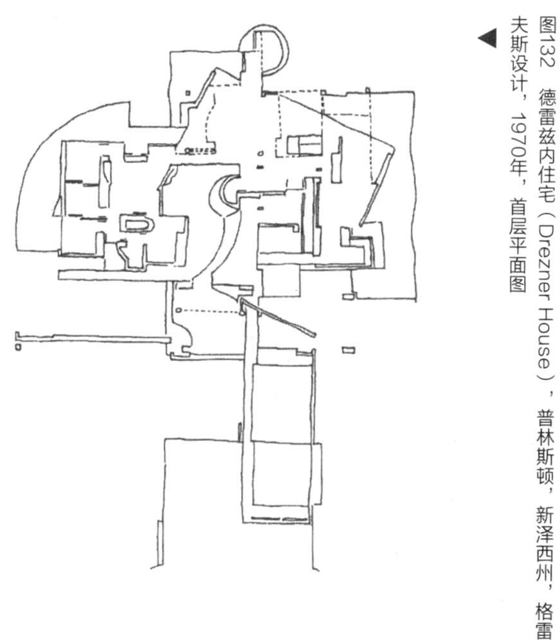

◀ 图132 德雷兹内住宅（Drezner House），普林斯顿，新泽西州，格雷夫斯设计，1970年，首层平面图

联系，举例来说，现代音乐取代了浪漫音乐，同时也拒绝了古典对称和古典韵律。

在同时代美国建筑中，人们可以举出两个人物用来与格雷夫斯相比较。在格雷夫斯曾与之联合的纽约五人组中，他似乎与建筑师彼得·艾森曼（Peter Eisenman）的关系最密切。他们20世纪60年代在曼哈顿西区的一个项目竞赛中一起工作，他们俩都受到科莫学派（Como School）的影响——而且尝试用现代运动的基本词汇构造新的建筑语言。但是从一开始他们就出现了分歧——艾森曼倾向一种排他性的符号关系学语言，而格雷夫斯倾向暗示和隐喻的语言。语义的包容性将格雷夫斯导向直接的历史引用语，这种情况现在将他的作品推向与艾森曼相反的一端。但是在两者的作品中，人们可以找到这样一种建筑，在这种建筑中理想的东西完全支配了实际的东西。与艾森曼不同，格雷夫斯从实际的空间需要以及如何安排生活空间开始。但是这些引用语的考虑只是一个出发点；它们随即被仪式化，并且转变成为象征符号——如入口的仪式。对艾森曼而言，语义的向度是概念的和数学的；对于格雷夫斯而言，它是感觉上的和形而上学的。

格雷夫斯稍后的作品讽刺性地模仿传统的主题，似乎承担了某种与文丘里的作品相似的东西。但是这个类似是表面的。格雷夫斯似乎表明对文丘里所重点关心的东西没有兴趣：例如在现代民主社会中的沟通问题和“建筑媒体块”的问题。如果说文丘里克服了在“流行音乐和威瓦尔第（Vivaldi）”之间的鸿沟，并在其间建造起一座桥梁，那么格雷夫斯则仍然要孤傲地当一个“严肃的”作曲家，对这位作曲家而言，沟通的可能性是以高品位建筑传统的存在为基础的——甚至以一种片段的形式。无疑，相比之下格雷夫斯对古典的学院传统建筑偏爱有加，文丘里则推崇浪漫的地方建筑中的大众主义。

尽管格雷夫斯的作品依赖美国传统的程度也许是有争议的，但它与现代运动的关系是毋庸置疑的。那些添加进来的怀旧特质已经被其他批评家所强调，但是人们不应该忘记，格雷夫斯属于这样一代人，对他们而言现代运动在建筑中仍然表现为非常重要的和有创造力的。除了对源头的回归之外，返回20世纪20年代和柯布西耶那里，并不是一个折衷的选择。有关这次回归的新事物是对功能主义的拒绝，以及宣称建筑从未像其他艺术所做的那样开发现代主义形式上的和语义上的可能性。人们也确信先锋派艺术的“新传统”构成了不可能折回的历史发展。

的确，先锋派的发展制造了与艺术语言形式根本的决裂，这种语言一直存在到19世纪后半叶。传统上，在“真实的”世界中，语言总是被当做是描述它本身之外的东西。自然语言（考虑为一个工具而并非诗学）和艺术语言之间的不同之处，只是在于后者看来形式是信息整体的一部分——“如何”一词与“什么”一词同样重要。从我们发现语言形式的“带修辞色彩的”认识论基础时开始分解，直到19世纪末，在与先锋派艺术的关联中，作品的内容开始能够从它的形式中辨别出来。外部的真实不再被看作一个带有它自己预定意义的主题（donneé），而是被看作一系列的片段，本质上是神秘莫测的，其意义依赖于它们如何在形式上被艺术家所阐述或并置。

在现代建筑中，这个程序破坏了与功能相关的传统形式的意义，但是这些意义已被另外一组功能的意义所替换，而且仍然按照已经被转化的功能程序，尽可能将建筑直接看成形式。在格雷夫斯和艾森曼的作品中，这个内容和形式之间的线性关系已经不复存在。

功能已经融入形式之中。“功能主义”的意义仍然存在，但是这些意义不再构成一种先决条件，或从操作的实际水平获得它们的食粮。建筑被作为纯粹的艺术作品，以它自身的内在规律，于建筑基础之上重建这种意义。

通过返回现代建筑的源头，格雷夫斯尝试在立体派绘画中打通一条从未被完全开发的通道。在他的作品中，技术（techné）元素和建筑元素（窗子、墙壁、柱子）是相互独立的，并以这样一种方式重新组合，这种方式允许使用新的转喻和隐喻的解释，同时，韵律、对称、透视和淡化也以这样一种方法被开发出来。在讨论他的作品时，这种方法提示我们需要运用一种描述的语汇，例如存在于美术学院的传统中的，并且在音乐评论中仍然存在的语汇，但是在现代建筑论述中通常缺乏这种语汇。

在这一过程中，功能和形式之间不存在语义上的差别。它们彼此强化，从而产生意义，这种意义在链条中扩展，从最习惯的和最多余的到最复杂的和满载信息的。要回应格雷夫斯的建筑，重要的是要理解被牵扯在这一过程中的“简化”概念，因为正是这种概念使他的作品明确无误地具有“现代”感。这种概念意味着抛弃人们原有的想法，即一座“房子”到底是什么样的，并且坚持由观察者或使用者完成项目的重建工作。格雷夫斯的元素主义与现代运动的建筑相关，大体上也与现代艺术相关。这种元素主义与一种元素化思想相联系，这种元素化直接产生于手工艺的消失和工业化，并且努力营造一种空白的心理状态，一种原始的声明。

客体的重建必须经过分析与简化过程，这其中包含了编码的使用，这些编码本身意义深长而且在内部是连贯一致的。但是让格雷夫斯感兴趣的不是这些经过语意组织和承载语义的元素已经形成的系统，这个系统的意义源于内在的意识形态。对他而言，所有的元素必须被简化到与“原始材料”相同的状态。它们已经变成反历史化的，并已取得“潜能”，有意识地被当作一个“结构”来重建。他感兴趣的是这一结构如何在知觉上、在个人的灵魂中产生冲突和紧张的效果。他示范了产生意义的过程，这引导他走向一种语言，这种语言的阐述依赖对立、片段和视觉的双关语。

在这个简化过程中，格雷夫斯没有尝试（如艾森曼所做的）摒弃它们元素的抽象内涵。柱子、通道、空间全部保持有物体图像和意义的特性，这些意义累积在它们的周围。不但基本的建筑元素有着与它们的功能相关的意义，而且这些元素的独立性允许它们变成隐喻。的确存在这样一种危险，即这些隐喻可能保持为私密的和不能传达的，在他的早期作品中，因为依赖于相对抽象的形式，这种情形更加明显。在他较早期的作品中所呈现的比较明确的意义大多是那些在现代建筑中已经建立起来的东西。

格雷夫斯（及与之相关的、号称纽约五人组的其他成员）作品的最基本的思想来源是柯布西耶。在柯布西耶的作品中，在法国古典传统的定势和对称与无限的自由创作之间总是存在一种张力，这种创作是现代生活所要求的，中性的网格这种创作方式随之变成可能（图 133）。格雷夫斯开发的正是这种张力，但是他在柯布西耶系统（主要以“自由平面”呈现）中添加了一个很少被柯布西耶使用的开敞的三维空间的框架。格雷夫斯作品的垂直平面与朱塞佩·泰拉尼（Giuseppe Terragni）的作品有密切的关系——这些建筑物，如位于科莫的法西斯总部（Casa del Fascio）和阿赛尔托儿所（Asile Infantile）（图 134、图 135）（图 136 与正文不符，疑有误。——中文版注），呈现出这样一些特点，例如它们开放式的结构框架，结构墙面一层又一层的空间关系，以及时常融入墙内的框架。框架结构的透明使格

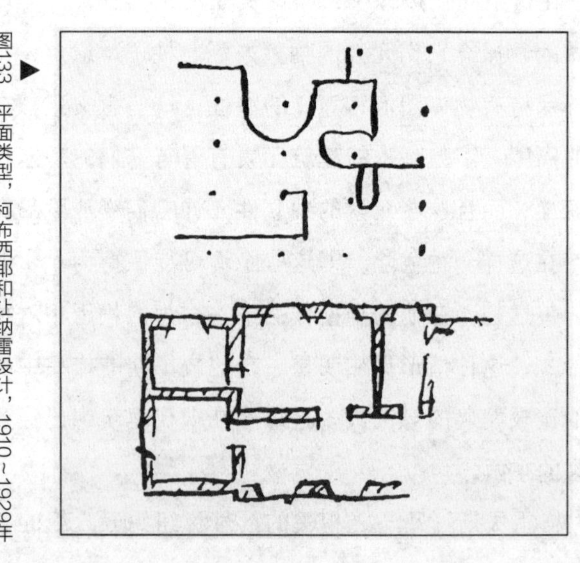

图133 ▶ 平面类型，柯布西耶和让纳雷设计，1910～1929年

图134 科莫的法西斯总部，科莫，意大利，朱塞佩·泰拉尼设计，1932～1936年

雷夫斯能够给建筑物的边界提供一个轮廓空间而不破坏在内部与外部空间之间的流动。实体的和平面的元素与结构网格之间的辩证关系变成了一个基本的建筑主题，不只在平面中，也如我们所感知的那样存在于三维中，而且以一种很少在柯布西耶的作品中采用的方式支配整个造型组织。

除了这些纯粹是建筑的根源之外，格雷夫斯的作品

图135 圣埃利亚护士学校（Sant'Elia Nursery School），科莫（Como），意大利，朱塞佩·泰拉尼设计，1936～1937年

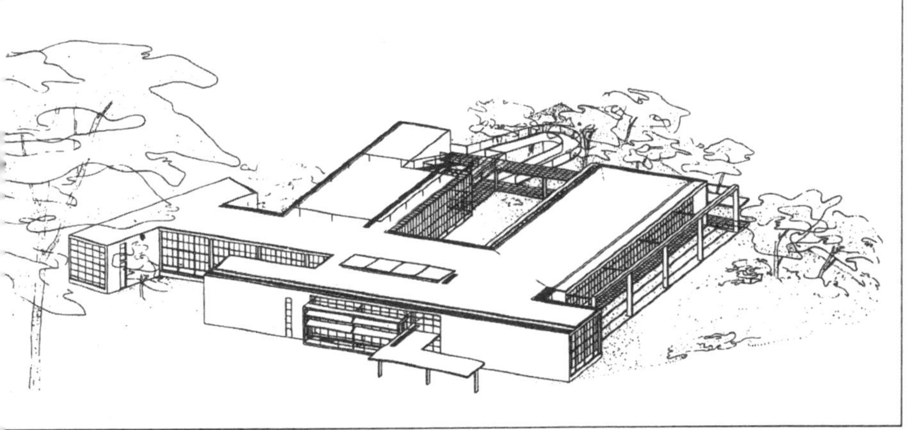

还直接与立体派艺术家和纯粹派绘画有关。作为一个画家,他的绘画作品更接近他的建筑,这一点胜于柯布西耶。对柯布西耶而言，在某种程度上绘画提供了一个抒情的出口，这个出口被建筑师的合乎逻辑的和有系统的研究所压抑。但是格雷夫斯在绘画和建筑之间发展了平行的主题，在这些主题中人们发现立体派绘画主张世界是由片段所构成的，这些片段彼此不是依照被感觉的世界所存在的逻辑，而是依照图画建构的规律。正如其以往所做的那样，他的建筑将表面的绘画空间投影为真实的三维空间，而且他的空间时常由产生了文艺复兴透视法的平面或巴洛克剧院的连续平面所构成。

虽然像新造型主义绘画一样，三维空间的结构支配作用暗示了所有三维空间之间的同等重要性，但是在格雷夫斯作品中平面仍然被认为是掌握图像特征的基础，由此产生垂直的和空间的构成，如同柯布西耶和巴黎美术学院的造型艺术方式，正是在平面的发展中，人们可以最强烈地感受到格雷夫斯的绘画影响力。绘画暗示美术拼贴作品创造了暧昧的对角线，或像撕开的纸，暗示物体实体边缘扭曲的轮廓。这些元素在他的平面里再次出现，并且在片段组成的平面中产生一个神经紧张的相互作用，一张抵消空间压力的网随着曲线缓慢弯曲，或以对角线的外形覆盖（图 136）。

与柯布西耶的平面不同，格雷夫斯的平面以其肌肉的、椎骨的秩序感呈现为分散的和插图式的，并且可能是偶然的，时常以其多重的中心、细分的复合空间和温

图136 耳鼻喉协会检验室的壁画草图细部，韦恩堡，印第安纳州，格雷夫斯设计，1971年

和的变形（图 137、图 138）相似于佩瑞 •查理奥（Pierre Chareau）设计的维拉公寓（Maison de Verre）平面。在格雷夫斯的平面中，有一种几乎永无止境的刻意经营和半发展状态的感觉，每个功能都是探究符号关系的复杂性或隐喻性的一个线索。

这个刻意经营不是任意的；它来自对文脉的极端敏感，而且这也许是它与现代运动传统的主要不同之处，以期努力在与现存建造环境的对照中创造具有新秩序感的建筑类型。我说过，格雷夫斯的大部分设计是扩建。这些扩建部分与已存在的建筑物的不同引起了人们的注意，他并不轻视已有的建筑物。旧的房子被认为是一个片段，这个片段可能以一种在原作中无法预料的方式扩

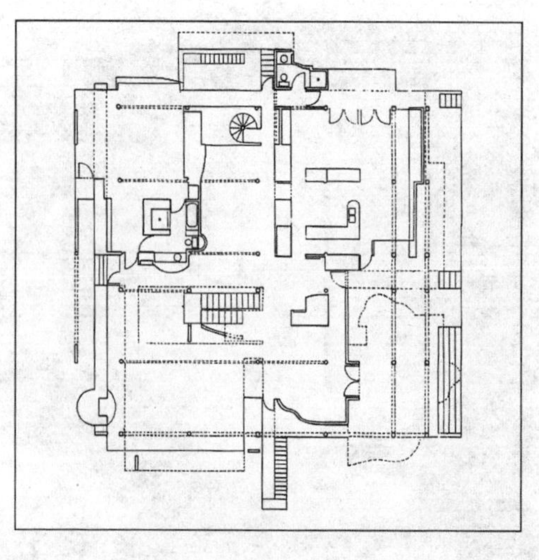

图137　斯奈德曼住宅，韦恩堡，印第安纳州，格雷夫斯设计，1972年，首层平面图

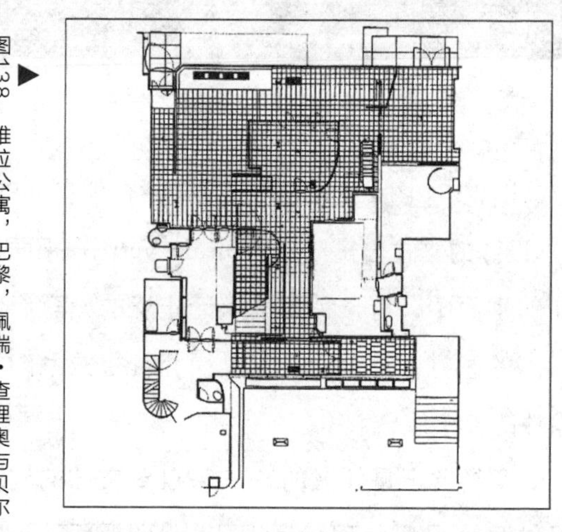

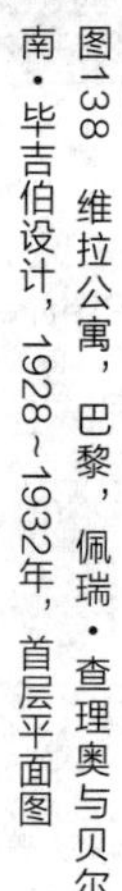

图138　维拉公寓，巴黎，佩瑞·查理奥与贝尔南·毕吉伯设计，1928～1932年，首层平面图

充和限定。举例来说，在贝纳塞拉夫住宅（Benacerraf House）中，用墙壁分开了老房子，扩展部分被移动了，而且添加的框架嵌入房子内已存在的空间中，从而形成一块透明面纱，这块面纱转换了最初的空间，并以新的空间意义覆盖了它。

在全新的结构中对文脉关系的敏感是同样明显的。房子回应自然的环境，同时环境本身被建筑物所修正。现代运动比较典型的房子趋向于通过建立基本对比来回应环境（特别方位）总的特征，举例来说，在它开放的一面完全是光滑的玻璃，而在它封闭的一面是固体的实墙。格雷夫斯使用这个基本对比作为构成的起点，例如在1965年的汉塞尔曼住宅（Hanselmann House）中我们可以看到，在那里开放/封闭的主题几乎是被无法克制地表现出来，而且被一个仪式化的前导和一个装置性的前立面所加强，形成入口的一个附加的立面（图139）。但是在其他的作品中，以1969年的斯奈德曼

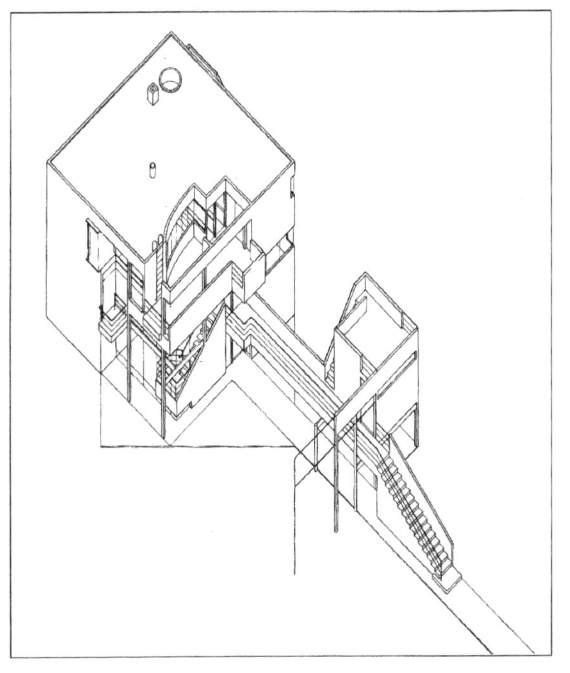

图139 汉塞尔曼住宅，韦恩堡，印第安纳州，格雷夫斯设计，1967年，轴测图

住宅为例，使用了更精妙的封闭/开放手法，并且用了大量文脉上的相互冲突表现出对立的效果。“封闭的”表面被各种开口所打通，作为一个界定层面的功能实际上被它的更强化的透明性所加强。这种操作方式在设计程序中修正了最初表现对立的示意图，这种方式可以通过比较斯奈德曼住宅的草图和最后的设计加以说明。在早先的草图中，平面由两个成直角布置的相同轴线所组成，东西向轴线在西端被坚硬的墙壁所界定，这道墙壁被一个唯一的开口所穿透，而在东面则被一个开放的分隔物所构成的开放性表面所界定（入口的墙面，图140）。随

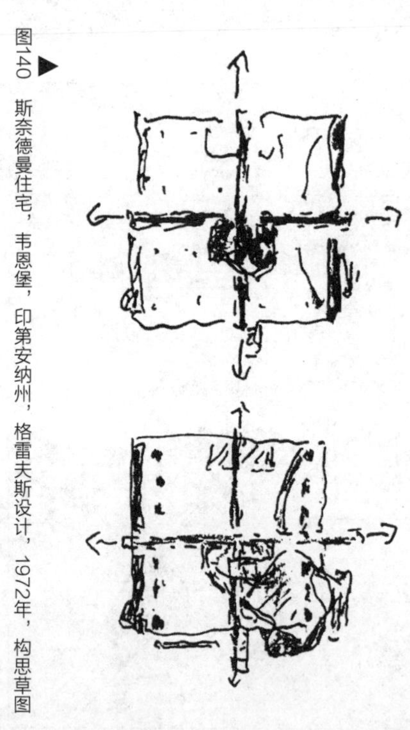

图140 ▶ 斯奈德曼住宅，韦恩堡，印第安纳州，格雷夫斯设计，1972年，构思草图

着设计的展开，这些思想被保留了，但是却与相反的构思交织。西端的墙壁变成一个被穿孔的屏风（图 141）。同时东西轴线通过结构网格的中断而得到加强，而南北轴线则受到压制（图 137）。斜线通过东南角的渗透被引进（图 142），二层住所有不对称的相位差——这种斜线

图141　斯奈德曼住宅，西南角

图142　斯奈德曼住宅，南立面

通过将南立面和东立面提升到第三层而得到强化。这些移动暗示入口从东南角开始，并且以与平面的对称二轴相反的对位法行进。房子不再是对位法的一个简单的陈述，而是几种不同对照法的重叠，每种元素都各自产生对立的解释。

通过分析 1972 年位于普林斯顿的甘温（Gunwyn）办公室，能看到格雷夫斯的建筑与其他较正统的现代建筑物的区别，在设计中使用的元素是那些人在西海岸经过典型“系统处理”的建筑物中可能发现的东西——管状的钢柱子、暴露的工字梁、标准照明轨道和办公室家具，基本景象呈工业化的、有效率的和流畅的。

但是有另外一种语言重叠在这一意象之上。然而依照功能主义的实践，在逻辑上系统应该是独立的。格雷夫斯一如既往地从柯布西耶的以诗意形式运用机械形式开始，随后几乎进入了一个自由幻想的世界，他故意将这些系统重叠以产生不明确性，这种模糊性逐渐推翻了它们早先明确的意义，而且模糊了彼此之间的关系。

办公室的空间是复杂的，有各种不同的渗透元素穿透三层。二层办公室挑空上方有出挑的空间。轻巧的工作面被支在一组支架上，这个支架附在对面的柱子上。如此取得了意想不到的效果，这看上去几乎是一种无法承受的荷载方式，而且同时提供了一个框架式的舱口，这个形式是从邻近管状栏杆模仿而来的（图 143）。当办公室的玻璃砖墙开口上方用工字梁支撑上半层墙面的时候（图 144），相似的不明确性便产生了。从办公室的侧

图143 投资局，甘温办公室（Gunwyn Ventures），普林斯顿，新泽西州，格雷夫斯设计，1972年，二层

图144 甘温办公室，从私人办公室内看带形窗

面来看，这个工字梁呈现出锯齿形的断面，神秘地从柱子上凸出来（图 143）。大部分柱子是圆形的，但是当出现在墙壁中时，它们就转变成壁柱，并合并到上面的墙壁中。所有的这些断面和变化都有它们自己独特的、内在的逻辑。它们之所以产生震撼效果是因为它们破坏了原先的整体架构。可以通过色彩区别这些片段，大致上的色彩是鲜艳的，混合以草绿色、天蓝色和粉红色。正如这些颜色所暗示的自然元素，功能元素的隐喻性游戏也是具有模仿人体形象的意味，有时则表现出超现实主义的性质。这种模仿将机械功能连接到我们自己身上，而且使我们对真实提出询问。

在格雷夫斯的作品最直接地受到现代运动影响的时期，大量依据有限数量主题的变化构成了他的建筑特征。他坚持用开放的框架限定部分被楼层和体块打断的连续空间和体量。横向空间不但是连续的，而且在决定性的位置发生纵向渗透，从而产生三维空间的连续性。这种框架穿越整个空间，在理性的推理秩序和偶然的、感觉上的、复杂的造型秩序之间创造了一种辩证关系。这基本上是柯布西耶的“自由的平面”，但是用一种重复的、转化的和混杂的主题发展了，这种主题令人回想起音乐结构。环绕建筑物的外围形成张力，而且依靠分层立面的屏蔽创造出丰富的空间层次和明暗退晕的效果——强调出发生在外部“世俗的”世界和内部“神圣的”世界之间的转换过程。

严格意义来说，格雷夫斯的作品不能被称为“古典的”。但是他的想法渗透着18世纪的自然神教信念，这种信念认为建筑是一种永恒的符号语言，这种语言的起源存在于自然和我们对自然的回应之中。他在斯科特和伊利亚德的这些现代作家中找到了对这些观点的支持。在他的这些文章中，“神圣的”和“世俗的”这些词汇的频繁使用说明他把建筑学视为一个永恒的信仰，这种信仰从某种观点来看具有启示性。

在他的早期作品中，象征和隐喻的图像主要得自柯布西耶和泰拉尼的抽象形式。这种语言与建筑的传统毫无关系，而且必须通过使用某种图式编码来操作，其中最重要的是平面。但是在20世纪70年代早期，格雷夫斯像是变得不满意于这种语言表达的可能性，最重要的是不满意于抽象化的平面，而且这个不满与风格的急进变化相一致。当时的心态被表达在下面针对一个学生方案的笔记中：“设计任务是为一栋别墅增加客房……目的是要将学生的注意力集中在建筑物的知觉元素上，如墙壁表面、描述的空间……平面被视为一个概念上的工具，一个二维空间的图表或记号，包括利用存在于三维空间中有限表达的知觉元素的能力。”[41]

格雷夫斯的建筑物一直将重点放在这些“知觉元素”上——特别是将平板式立面作为一种将空间分层的方法，同时让平板式立面所定义的或隐藏的空间成为某种象征。但是在他早期的设计中，立体和平板式立面元素本身的表现性被减少到零的程度，这符合功能主义规则，将“现成的”工业产品作为最低限度的介入原则。在他最近的作品中，这些元素开始从语义上详细地加以说明。它们不再形成富有丰富转喻的最小编码；它们被覆盖以属于建筑的传统意义。柱子发展了柱身和柱头；门洞被楣梁和山花赋予了特征；墙壁表面也变得富有装饰性。他的早期作品在功能的和自然的隐喻上又增加了一个纯粹建筑隐喻的新维度。

这些思想最初很少来自推演的过程，而更多地来自特殊的设计问题。举例来说，借喻元素的使用似乎与他习惯上从给定的文脉关系中摘取最大限度意义连接在一起。在1974年的克拉霍恩住宅（Claghorn House）中——这似乎是一件关键的作品——一种用在护墙板上带有凸嵌线线脚的朴素主题被用作连接新旧建筑物的一种方法（图145）。这一事实似乎暗示了这种方法是通过已

图145 ▶ 克拉霍恩住宅，餐厅墙壁

存在的房子中一些空间特质来实现的，具有一种强烈的19世纪的味道。这种主题的处理方式类似于在贝纳塞拉夫住宅中对框架的使用。但是程序被颠倒了。在住宅中不是将新的建筑语言扩充到旧的建筑物，而是旧的主题被重复使用到新建筑当中。好像与此一致的是，在外部的增建部分具有很浓重的借喻性质，一个破碎的山花和墙壁格架，将一个本应该是不合逻辑的表现形式转换成一个密集的比喻性的东西（图146、图147）。同时，散发着旧房子时代意味的灰暗颜色替换了早期作品惯用的明亮颜色。

在大约相同的时期，线脚和其他的借喻元素出现在

图146 克拉霍恩住宅，普林斯顿，新泽西州，格雷夫斯设计，1974年，从花园看扩建部分外景▼

格雷夫斯的草图中，而且这些东西强调这样一种事实，即对于比喻的、装饰性的建筑而言，这种变化没有改变他对美术拼贴构成方法的依赖（图 148）。这种状况像是来自合成立体派的一种解析变化。传统的图形被引作引语和片段，如同早期作品的功能主义主题。因为这些图形在我们的记忆中已经存在，而且它们是装饰性的和非结构性的，所以它们能被调换、剥离、反转或扭曲而不损失它们的最初意义。"元语言"的主要来源是意大利风格主义、18 世纪浪漫古典主义和后来的巴黎美术学院。但是在发展一种简单并且重复使用的装饰语言方面，格雷夫斯求助于装饰艺术派——一种"贬值的"风格，这

▼图147　克拉霍恩住宅，门厅

▲ 图148 壁画草图细部，特兰萨莫尼亚有限公司（Transammonia，Inc.），格雷夫斯设计，1974年

种风格试图将立体派装饰化的外表与记忆中的建筑装饰传统（图 149）相互连接在一起。

在格雷夫斯早期的建筑物中，基本元素是框架或网格，构造了一个笛卡尔式的背景，平板式立面和体积将它们自己置于这个背景中。在这样一个系统中，墙壁不可有任何的增加，它的功能只是调整空间（图 137）。在他新近的作品中，墙壁——或者是墙壁片段——作为主要组织元素来代替框架。由此带来两个结果，首先，空间不再是连续的，而是由墙壁或柱廊围绕着一些跳跃的、不连续的空间图形所组成。墙壁增加了厚度，而且出现

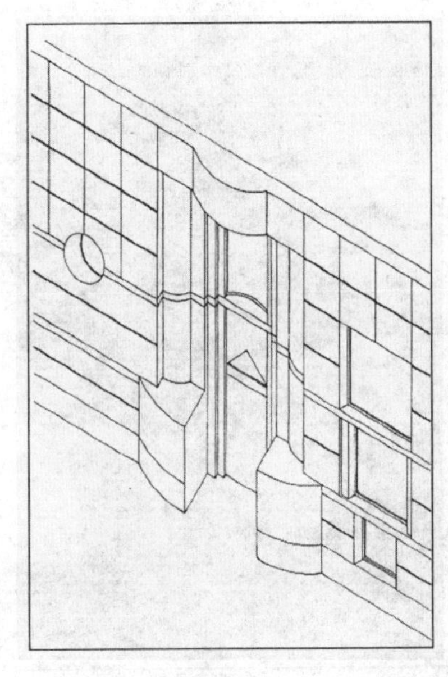

▶图149 查姆-富勒工厂（Chem-Fleur Factory），纽瓦克（Newark），新泽西州，格雷夫斯设计，1977年，进入办公区的入口

了为塑造空间而产生的厚墙。图形空间被看作由坚硬的体块雕刻出来的（图 150）。在设计的初步阶段，平面可以独立地显示与三维关系无关的空间构成；因此，在克鲁克斯住宅（Crooks House）中，早期的草图显示房子墙壁和花园树篱没有加以区分；依照平面的原则，两者不过是以空间和实体的不同方法来界定空间、图像。但是这在房子和花园之间造成了隐喻性的关系；修剪成装饰式样的灌木界定内在的空间，这个空间的“天花板”就是天空（图 151）。在这里我们看到了完全围绕的空间和半围绕的空间之间的含混性，这在格雷夫斯的建筑物中一直是一个特征（图 152）。另一个变化是赋予了墙壁新的重要性，即先前悬浮在网眼结构中的平行和分

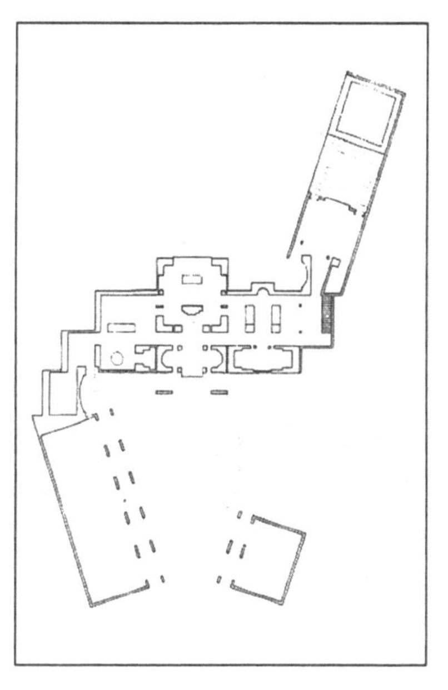

图150　卡尔考住宅（Kalko House），格林·布鲁克（Green Brook），新泽西州，格雷夫斯设计，1978年，最初的首层平面图

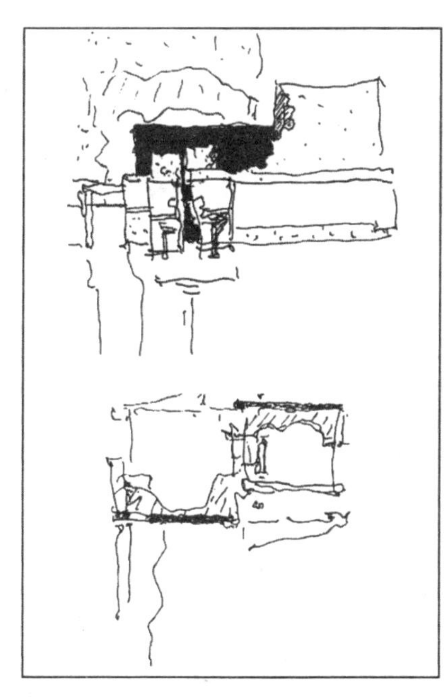

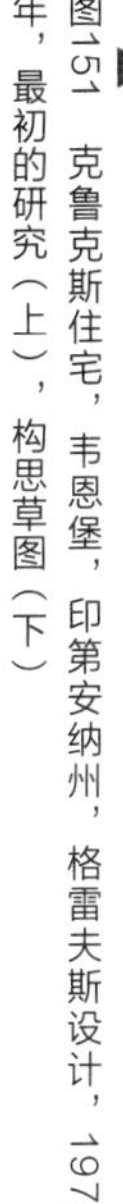

图151　克鲁克斯住宅，韦恩堡，印第安纳州，格雷夫斯设计，1976年，最初的研究（上），构思草图（下）

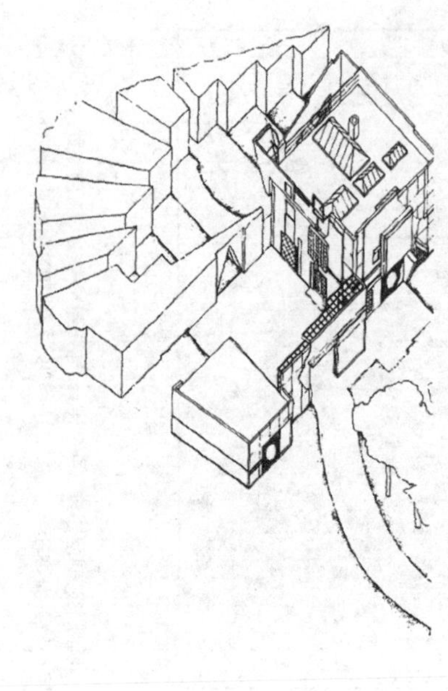

▶图152 克鲁克斯住宅，韦恩堡（Fort Wayne），印第安纳州，格雷夫斯设计，1976年，轴测图

离的平板立面创造了建筑物正面空间的层次，现在被压缩到墙壁表面本身。墙壁变成带有数层装饰的一个浅浮雕，这些装饰层可以被添加，也可以被剥离。通过对建筑主题片断的装配来产生一个均衡而非对称的整体（图 153）。

在立面上产生的重大建筑元素经常被扭曲和调换。因此，在对普洛塞克住宅（Plocek House）的研究中，同时出现了一些有关相同形式的解释。主要的入口以巨柱支撑一个平拱门来取得纪念感（图 154）。但是这种纪念感又被某种矛盾性所破坏。带有拱石的传统平拱门虽然被建立起来，但由于抽掉了拱心石而使基本图像发生了翻转。预想的金字塔形的构图被颠倒过来；中心是位

▲图153　克鲁克斯住宅，韦恩堡，印第安纳州，格雷夫斯设计，1976年，模型，沿街立面

于两侧体块之间的空间，两侧体块形成一个“劈开成对”的格局。拱石以其惯常的形态被识读，平坦墙面上的放射状楔形以及运用退线形成的透视效果，都暗示了消失的楔形拱石。在拱石结构中，柱子在结构上是多余的。通过简化柱头和在它们与拱门之间的线脚处理强化了柱

▲图154　普洛塞克住宅，“拱心石住宅”（Keystone House），沃伦（Warren），新泽西州，格雷夫斯设计，1977~1978年，街立面最初方案

子作为收缩门塔和保卫入口的角色。这种变化可以被视为风格主义在图形变体方面的扩展，两个意义系统由此被重叠起来，而且以主题产生相关变化的手法很明确地表现在相同的客体对象中（图 155）。

在格雷夫斯的早期作品中，必须借助元素之间的关系来创造转喻和隐喻的意义。这些元素本身是相对隐性的，一旦建立起来的建筑图像变成了基本的筹码，那么关系也就被确定了。这种关系不是存在于不能复归的形式之间，而是存在于图形当中的语义内容之间。格雷夫斯的建筑连同它们的历史内涵现在变成了可识别图像的作品。举例来说，法戈·穆尔黑德文化中心项目中的跨河大桥（图 156），与勒杜在盐城（Saline de Chaux）为河流测量员设计的“桶形”住宅明显有关，桥上的一

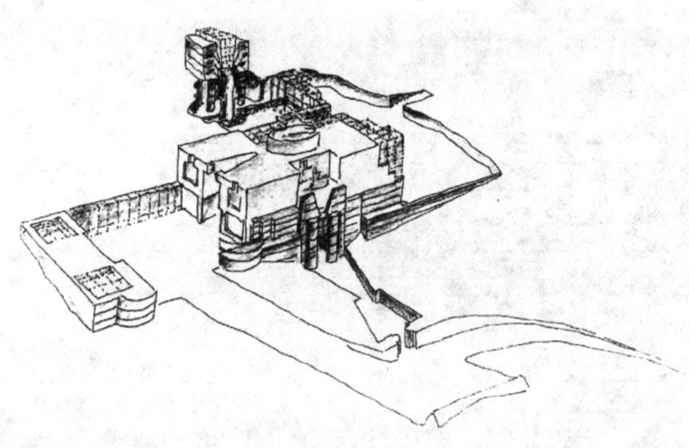

▲图155　普洛塞克住宅，轴测图

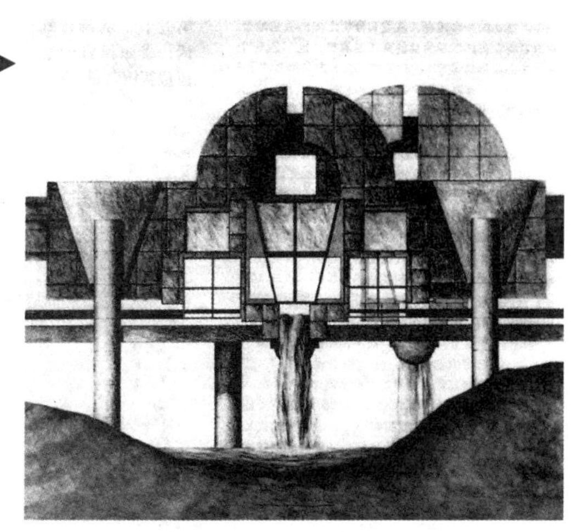

▶图156 法戈-穆尔黑德文化中心之桥（Fargo-Moorhead Cultural Center Bridge），北达科他州和明尼苏达州的穆尔黑德，格雷夫斯设计，1977～1978年，南立面

个凝固的瀑布图像令人想起大门上装饰性的流盐图案（urnes à congélation）（图 157）。勒杜正是使用这种方法将古典戏剧性内容变成纯粹的几何图像，这种图像使他的形式能够释放本色的和原型感觉。参考历史本身是不够的。格雷夫斯的作品因此不仅依靠纯粹的历史联想，而且还依赖于 18 世纪感觉论者的理论。

也许格雷夫斯作品的独特外观的最重要特质，在于作品所反映的对自然的态度。在他的作品中，建筑作为推理的产品且使自身和自然取得平衡与建筑作为自然隐喻之间，有一个持续不断的辩证关系。这种辩证的戏剧性内容被凝结在建筑本身中（图 158）。他早期作品中开放的结构特性允许建筑空间被外面的空间所穿透，而且构成天然的景致。借着结构元素的限定，建筑物保持着一种未完成的状态，好像停泊在适居空间的规划过程中。

▲图157　流盐图案，制盐场大门（Porte de la Saline），勒杜设计，1773~1779年

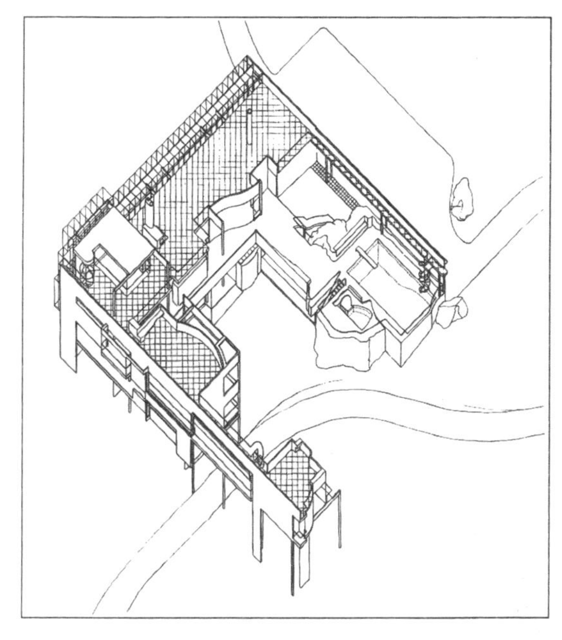

▶图158 洛克菲勒住宅，坡卡坦蒂克山（Pocantico Hills），纽约，格雷夫斯设计，1969年，轴测图

原始时期建造房屋的方式已经经过立体派的语言和先进的技术（它本身是一个隐喻，因为真实的技术大概是处在前工业化时期）过滤，变成参考形式的来源。圆形的柱子朝向天空，暗示作为原始建筑材料的大树；在平面中（图 159）或立面中（如贝纳塞拉夫住宅）通过对自由形态的描绘，使人联想到在人造的建筑世界里面有自然的存在（图 160）。有许多涉及驾驭自然的参考借鉴，如穿孔钢梁就带有一种原始棚架的暗示。颜色可以唤起对无所不在的自然的联想，这些颜色联系着自然原本的外貌——天空、大地、水和植物。早期的建筑物令人回想起温室、凉亭或藤架，这些建筑通过来自自然本身的

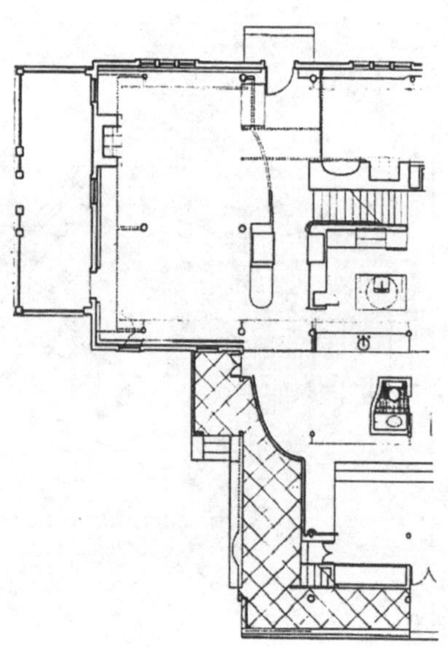

▶ 图159 贝纳塞拉夫住宅，普林斯顿，新泽西州，格雷夫斯设计，1969年，首层平面图

▼ 图160 贝纳塞拉夫住宅，花园立面

材料保护人们不受自然侵扰。

在格雷夫斯晚期的作品中，他对古典主义的偏爱主要是因为那些花园构图（修剪成装饰形式的装饰剪修法以及格架）或因为那些建筑主题，这些主题涉及被神话了的自然——乡村生活、洞穴、小瀑布遗迹（图 161）。建筑物的片段暗示了自然障碍的存在，这些障碍针对概念上的完形，同时也暗示人们面对时代变化而无力建立秩序：人们对这里有一种世外桃源的印象，这种世外桃源让人感觉是不能恢复和挽救的，而且因某种原因是有缺憾的。

这些品质将格雷夫斯作品的两个时期联系起来，允许他使用立体派的语言或古典的传统语言，用原始元素再创造一种建筑，为建筑本身和人们与自然相关的文化困境提供了一种全新的解释。

▲图161　仓库改为私人住宅，普林斯顿，新泽西州，格雷夫斯设计，1977年，花园草图

格雷夫斯的作品是对建筑的一种沉思。这就是说，它使人更专注于审美。这种关注是与建筑问题完全兼容的，在柯布西耶或密斯的作品中，这种关注又是美学选择的条件，而且以经济方法（美学）原则为基础。由于格雷夫斯对这个问题持不同观点，建筑的意义又退回到了“纯粹可见性”的领域；建筑的物质部分并不是建筑师想象中理想世界的一部分。结构变成了纯粹的表现。建筑的客观条件和它的主观效果现在终于被分开了。建筑在精神中被创造和维持，并且是通过自动的判断在其合理范围内被建造，这种判断依赖于由历史滋养的想象。

如果我们比较工程师古斯塔夫·埃菲尔（Gustav Eiffel）所做的两件作品，就能看到这两个表现系统之间的区别，以及它们对“真实”所持的不同态度。埃菲尔铁塔和自由女神表现出两个极端，在19世纪末结构向这两个极端发展。在埃菲尔铁塔中，结构是意义的充要条件；在自由女神像中，结构是纯粹的“促成”角色，而不是在对象中扮演符号角色。只要人们接受在雕刻和建筑之间的传统区别，那么在这两种态度之间自相矛盾的关系就保持着朦胧。但是当人们将雕刻和建筑看作两种表现模态时，这一点就很显然，在这里意义既来源于雕刻的传统主题——人类的形体——也来源于建筑。人类的形体和它的“房子”都被当作是文化的“痕迹”，而不是被当作自然的和客观的“指示物”。如果建筑变成表现的主题，这种表现必然包括对结构“问题”的记忆。

这个表现的系统与“古典的”程序正好对立，古典的程序是将短命的转变为永久的，依照这一过程永久性同样是一种价值，而实质性则是一个先验的符号。通过将结构工具化，神秘的东西改换了门庭，并以工具化方式在现代运动中大显身手。格雷夫斯的建筑采取了其他可能的路径。神话变成纯粹的神话，建筑的符号飘浮在格式塔非物质化的世界中，飘浮在没有历史记忆与联想的世界中。

第六节　形式与图像

这篇评论为 1977 年 11 月在洛桑联邦理工学院的演讲稿，最初发表在《反对派》12 号，1978 年春，第 28 ~ 37 页。

对功能主义学说的反抗，其中之一是恢复使用过去历史上的样式元素。这个行动获得多种意识形态（时常互相矛盾）的支援，而形式相应地也是各式各样的。稍后我将会讨论这些立场中的两种，它们分别与“新写实主义”和“新理性主义”相关联。[42]但是我的主要目的是把样式上的引用视为一种单一的现象，并在历史的传统和现代主义的关系中加以审视。

在同时代的建筑物中，对过去样式元素的使用似乎与现代运动的原则有直接的矛盾。但是这个运动从未像它的主要辩护者所鼓吹的那样完整而统一。在 20 世纪 20 年代和 30 年代中，我们发现许多有关法国美术传统和地方建筑的参考介绍，特别是在柯布西耶的作品中。

而且自第二次世界大战以后，人们开始质疑所谓国际风格的功能主义和机械论的原则，并且以各种形式寻求复原“建筑的传统”；人们在美国思考新古典主义，而在意大利考虑社会写实主义，这两者都存在于20世纪50年代。但是这种恢复容易趋于句法的而不是图式的（古典式设计结合典型现代空间的或立面的处理），或是得自传统的形式（窗户、装饰），得自传统材料的“自然”应用，这样就保留了与功能主义学说的连接。在该运动中这些修正主义趋向通常避免对过去形式进行引用，而且维护了现代建筑最固执的原则之一——禁止所有样式上的直接参照。

这种禁令在19世纪后半叶先锋派的文脉关系中是完全可以理解的——先锋派将语言的发现作为它的任务，这种语言将是它在历史位置中的产物。折中主义已经将文化的相对论介绍到建筑中。先锋派寻找风格的一种新的定义，这种风格将会使“自然”和“理智”的要求与文化受制于历史的进化这一事实和谐一致。

有关先锋派建筑的讨论通常会围绕形式和功能之间的关系进行。功能被坚持用来给形式以意义，而形式被坚持用来“传递”功能。这个主张形成先锋派理论甚至学院派理论中建筑论述的理性基础，已达150年之久。这种主张假设了建筑形式的“意义”是自然表达的结果。

这里，我想从另外的观点来审视先锋派建筑——自然表达的理论忽视了建筑传统意义在整个历史上的重要性，而不是将建筑看成一个进化过程中的最后步骤。在这个过程中形式与功能之间的关系是一个常数，我认为将自然表达的原则看作一个与旧有传统的决裂是有必要的。如果我们以这样的方式来看现代运动，那么基本辩证法不再像是形式和功能之间的东西，而是形式和另外一个实体之间的东西。所谓形式，我的意思是指构造，这个构造被用来拥有一个天然的意义或根本没有意义。所谓图像，我的意思是指一个其意义是由文化所给予的构造，不管是否假设这种意义最终在自然中有其基础。

就所讨论的建筑形式方面而言，现代批评通常诉诸形式原则，并在与功能的关系中调整这些原则。最近参考样式的趋向似乎激发了这种需要，即将图像的观点引进建筑，并将建筑的构造配置看作已经包含文化意义的一套方法。

我所称之为图像的东西，其渊源存在于修辞学中的古典传统。事实上,“图像”一词连同“修辞”一词一起，在古典的诗学里面作为一个技术术语是相当精确的。我这里是将它更轻松地使用于艺术上而非文学上，但是由于在某些程度上，文艺复兴时期的绘画理论明确地以古典修辞学理论为基础，所以有一些与此有关的争辩。我们知道古典的修辞学，特别是它的文学形态，通过整个中世纪被保存下来。经院哲学家的想法是犹太教与基督教所共有的传统与古代传统的融合，同时也有二者之间的和解。在文艺复兴中，鉴于古典文学来源的一项最新研究，这些传统得到了进一步的解释。

依照修辞学的原则，在能被想象的东西和什么能被想的之间有一种区别。这种区别暗示一个图像表现一个思想。表现的目的是说服。图像表现思想这一观点被组织用来说服教育人们为了社会或灵魂的利益采用良好的和完美的价值。这项观念也包括图像和内容之间的一种区别。图像给出有关内容的尽可能忠实的一个近似值，这个内容保持着无法形容的状态。这样，当我们看着图像的时候，我们看见的并不是真实本身，而是它的反映或它的象征。这些图像或修辞，在某种程度上变得很稳定——它们变成了传统的类型。这些类型的社会功能要在观众或收听者的头脑中建立某些特定的思想，最终加强并保护某种意识形态。

图像或修辞的效力存在于它们的综合力量中。它们一起汲取和明确一系列复杂的经验，这些经验是漫射的和不能感知的。因此，图像是一个浓缩，其直接的效果是暗示事实的丰富和复杂。这样，观众或听众能够在他看见或听到的和他自己体验到的东西之间建立一个联系。在文艺复兴绘画中，迈克尔·巴克森德尔（Michael Baxandall）研究了图像的使用。[43] 巴克森德尔指出，在15世纪的绘画中，图像是人类的姿态图像。这种姿态图像的目标既是唤醒情绪也是帮助某种思想的记忆。这些图像总是展现一般的和非个别化的类型，而且“以强大的和戏剧化的姿态来表达图像所参与的叙述功能”。阿尔伯蒂在他关于绘画的论文中说，在身体的运动中辨认出灵魂的运动。[44]“感情”（痛苦、欢喜、恐惧、羞愧等）拥有和它们对应的手势或体态（图162）。

▲图162 托马索·G.马萨西奥（Tommaso G.Masaccio）作，圣彼得成为西奥菲勒斯（Theophilus）之子，1428年，布兰卡奇小教堂（Brancacci Chapel），卡尔米内圣母教堂（Santa Maria del Carmine），佛罗伦萨

我将提出，在建筑中存在与绘画一样的姿势或图像的对应物。虽然建筑学不模仿外部世界，建筑与外在世界的关系通过我们的经验或我们对建筑物的知识将自己附着在这个世界上。建筑物的所有构造方面的事实，所有对地心引力的知觉和我们所有关于空间围合的意向都被“赋予人性”并且变成其他物体的符号。在中世纪和文艺复兴时期的建筑中，我们找到了有限数量的基本元素符号：墙壁和它们的开口、柱子、梁、拱门、屋顶等。从所有这些不同的元素的可能组合之中，每种风格选择一个特

▲图163　哥特式大门，图尔斯（Tours）

定的组合，并创立一个关于结构形式的注释（图 163）。

我现在正在使用的图像概念是一般的概念，而且适用于哥特式和文艺复兴式建筑两者，尽管它们的基本原理不同。我们同样能在约翰•萨默森特别提到的神龛[45]和维特鲁威所制定的柱式中看到这些概念。在这两种情况中，一个图像的组合能够传达一组复杂思想，这些思想并不是产生它的基本结构形式所固有的，而且这些思想涉及文化中的其他思想。在维特鲁威的系统中，不同的柱式规则通过它们相互间的对比 [多利安式（Doric）/ 科林斯式（Corinthian）] 和由此进一步产生的联想（男性化 / 精美）最终承担起意义，并导致对神祇的联想（这些神祇本身是图像的表现）。这样的系统是通过可认识的——照字面上来说是在隐喻的情况下——和可记忆的实体的组合来发展的。当一个人想象一根柱子或一个屋顶的功能的时候，他在自己的想象中看见一种特别的柱子或屋顶并进而产生意义的联想。在类似的方法中，一座完整的建筑物能变成一个隐喻，并被它的类型学的内容所决定。如此存在着一个类型的系统，这个系统符合古典文学各种不同的类型。

在某种程度上，如果人们考察流行建筑的话，那么人们能够看到这种转喻、隐喻和类型学的进程一直持续到 19 世纪，甚至持续到今天。这种程序仰赖于成为惯例和典型化的形式和一些意义，这些意义已经通过社会化的应用变成确定的。但是，因为使用达尔文的类推方法，这个系统在 18 世纪逐渐趋向退化。依附于柱式规则和类型学元素的最初意义变成含糊的或平凡的，并且思想的潜在系统分解为一种分散的记忆。如果思想仍然使用固定的古典图像和修辞，那么在世界观里面对于元素所扮演的精确角色和它们的意义就有一种不确定性。

图像系统中的这种退化自文艺复兴时期开始，在18世纪这种退化通过努力复原建筑的原始经验而被缓和。马克-安东尼·洛热（Marc-Antoine Laugier）提出的原始小屋的理论（图164）甚至至今仍不缺追随者，不管是亚历山大的行为主义理论或是新理性主义理论，都仍然希望保留对8世纪新古典主义的提炼，并以历史的特异性加以包装。但是在法国大革命时期的“空想建筑师”的作品中发现了或许是对建筑图像古典系统的最激

图164 ▶ 自然模式：洛热的原始小木屋，1753年

进修正——勒杜、部雷和勒克。例如在文艺复兴时期，这些建筑师不再相信建筑的图像符合隐藏的真实，揭示圣经的或古典的权威。然而，他们继续使用古希腊和古罗马的元素和内容，这种元素的意义被看作由社会的习惯所建立的。虽然他们在源自文艺复兴的概念系统里面操作，按照这种系统这些图像具有隐喻性的特质，但是他们仍以新的方法来结合传统的元素，这样能够扩充并修正古典的意义。勒克所设计的“贝尔维尤会所”（Le Rendezvous de Bellevue）（图 165）是一个多种样式的组合体，这些样式得自不同的风格，并且依照“特殊的”构成原则进行组织。这座建筑物是一种由借喻的片段构成的作品，无论扭曲到什么程度，仍然是可以辨认的。因为在勒克的作品中古典的成分时常像是被完全抛

▲图165　“贝尔维尤会所”，勒克设计，1780年

弃了，所以他的情况也许不同于部雷或勒杜。但即使是在以肖像画原则为基础的建筑学中，这些原则的目的也是要产生令人震惊的效果，这个震惊的产生则依赖于传统图像的存在。因而人们可以说，所有纸上建筑师的相关作品不但是会说话的建筑，而且是自言自语的建筑（une architecture qui parle de soi même）。这些作品有意识地操纵着已有的规则，即使在勒克打碎了这个规则以后。埃米尔・考夫曼（Emil Kaufmann）和其他人将部雷、勒杜和勒克的作品看作形式和抽象趋向的先驱，这种趋向存在于20世纪20年代和30年代的新建筑中，特别是存在于柯布西耶的作品中。我更喜欢把这种趋向看作与生存平行的现实问题，是对图像修辞学传统的重新解释。

基于这一点，我想要从图像观念的考察转移到形式的考察。纯粹的形式观念[来自盖斯塔尔通（Gestaltung）的概念]，某种超脱风格之外的东西，或许来自某些18世纪晚期的理论家，如卡特勒梅尔・德坎西。“类型”是完全不同于“模型”的一个实体，模型可能会是符合于某种特别风格的一个具体的实体，而类型则暗示着某种程度的抽象化，并且超越了样式上的意外。

但是直到19世纪末，与建筑学和应用艺术相关的造型范畴才被整合到一个理论系统之内。最重要的就是通过穆特修斯我们知道了这一形式的观念。穆特修斯从未精确地定义这项观念意味着是什么，但是我们有可能通过观察19世纪晚期影响了穆特修斯的某些英国设计者的作品来接近一种定义，如克里斯托弗·德雷瑟（Christopher Dresser）的茶壶（图166）。这些作品被赋予一定程度的抽象化特征，呈现出单纯、纯净的外形，没有细节和装饰特色，所有这些都是工艺美术运动晚期的典型。如果我们看一看穆特修斯在他的德意志制造联盟（Deutscher Werkbund Jahrbuchs）年鉴里面举例说明的某些工业的结构，如美国谷仓（American grain storage）（图167），我们就有可能了解到形式与建筑的关系。

有关形式的理念同样体现在19世纪后半叶的某些美学家的文章中。康拉德·菲德勒（Konrad Fiedler）的“纯粹视觉性”理论强调感知在艺术活动之中的重要性，这一点与海因里希·韦尔夫林（Heinrich Wölfflin）按照样式文法讨论绘画与建筑的方式以及贝内代托·克罗齐（Benedetto Croce）将艺术作为一个独立于所有论述或联想的操作认知系统不无关系。

看起来形式的思想很可能出自新古典主义。在17世

图166 克里斯托弗·德雷瑟，茶壶，1880年 ◀

纪“科学的革命”时期，由中世纪与文艺复兴时期所流传下来的思想系统消失以后，建筑理论在当时“客观的或天然的美”和“任意的或习惯的美”之间进行了区别。举例来说，克里斯托弗·雷恩（Christopher Wren）宣布，建筑中的“客观的美”仰赖几何学，而所有其他的美则仰赖习俗[46]。这种观点持续到20世纪，举例来说，查理·爱德华·让纳雷-格里斯（Charles Edouard Jeanneret-Gris）和阿梅代·奥藏方（Amédee Ozenfant）在20世纪20年代主张艺术是按照一种最初被简单的几何体所定义的性质而构成，同时还宣称次级的性质可以通过思想的联想浮现出来。[47]

就效果而言，纯粹形式的观念使每种艺术保持自己适当的表达方式。艺术被划分为平行的部类，音乐变成了艺术表现的范例，因为这种艺术的意义像是来自内在

▲图167　美国谷仓，1920年

关系而没有任何外部参照。非图像的绘画具有同样的特性（图 168）。如果音调和旋律是音乐领域的特征，那么形式和颜色就是造型艺术领域的特征。绘画的目的不是要记述或描绘外部世界的物体，而是通过形式显示规律，这种规律位于事物的外表之下。文学展现了相似的需要——不只有具备创造力的文学，而且有文艺批评。这种形式主义的批评 20 世纪 20 年代最先在莫斯科发展起来，并以索绪尔的语言学为基础。这种批评提出了一种理论，根据这种理论批评的对象被完全限于本文之中，而非本文所探讨的主题。

我尝试用较少的例子去描绘相当含糊的形式观念，这种观念是现代艺术发展中的基本观念。虽然建筑中社会的、经济的和科技的特别状态导致建筑需要强调功能

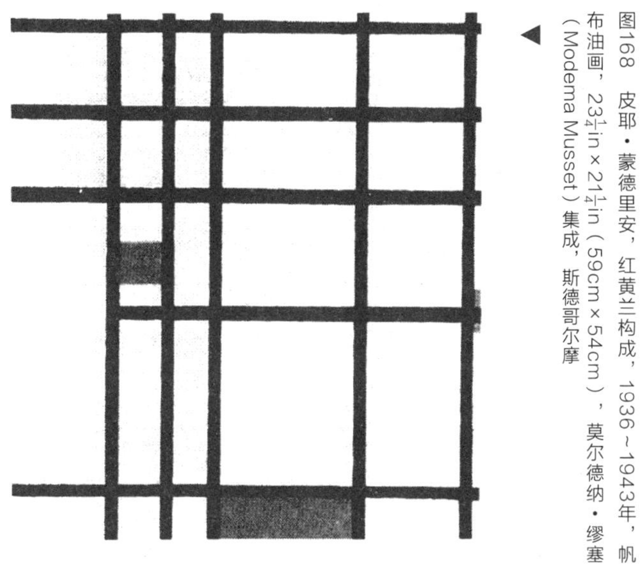

◀ 图168　皮耶·蒙德里安，红黄兰构成，1936～1943年，帆布油画，$23\frac{1}{4}$in×$21\frac{1}{4}$in（59cm×54cm），莫尔德纳·缪塞（Modema Musset）集成，斯德哥尔摩

的重要性，但在现代建筑发展中这种纯粹形式的观念的重要性并不亚于它在其他艺术类型中的重要性。

从历史背景来看，在造型艺术、建筑意义的关系方面显然存在两个对立的观点。虽然图像的观念包括传统的和联想的意义，然而形式的观点排除了这些意义。虽然图像的观念假设建筑是带有一组有限制元素的语言，这种元素已经存在于它们历史特性中，但形式的观点则坚持建筑的形式能被简化为与历史无关的“零程度”：建筑作为一种历史现象并不被以前存在的东西所决定，而是被迫切的社会和科技的事实所决定，这些事实在最小限度上按合乎逻辑和心理学的规律进行运作。

这种情形产生了进一步的矛盾。一方面，建筑的传统图像存在于想象中，并且希望继续承载传统意义的形貌；另一方面，技术的发展在手段和目的之间、技术和意义之间产生了一种分歧，所以当图像被使用的时候，它们不一定是所应用的科技合乎逻辑的结果。对技术需要的承认和对意义需要的承认是相等的，但是它们属于不同的心智组合。形式观念的发展是对这种手段和目的分离的一个回应，进而寻找一个美学的普遍规律，这个规律被看作独立于科技或历史变化的外在事实。以这些规律为基础,技术与艺术可能嫁接,这是可以想象得到的；同时，接受技术作为无法逃避的命令，这种命令不再有破坏意味的力量，因为被破坏的东西——“传统”——不再被认为是意味的构成元素。

任何向起源于修辞学的传统图像进行回归的努力，或任何回应流行趋势的尝试都不能忽略这种进化，这些趋势通过将建筑的意义看作历史发展过程中的一部分来领会建筑的形式。我们看到，早在18世纪，修辞学传统就不再被视为理所当然的东西。一方面，迪朗尝试将它简化成类型学的一个子系统，目的是将它变成一个抽象系统，可以独立于生活传统之外进行操作；另一方面，新近发现的“风格”将被应用于建筑物中，并提供整个一系列亚文化意义，这种亚文化不再是形成连贯的宇宙哲学的组成部分。这个将意义平凡化的程序今天则继之以庸俗作品的增加，在这些作品中图像被简化成陈词滥调——“僵死的”隐喻。图像的陈词滥调与形式的观念是相同硬币的正反两面，后者表现相同历史现象中“本能的”一面——这种本能可以在制造系统中自然地发展。赞成回到图像的主要论据之一是市场已恢复——使用新马克思主义者的术语——基于纯粹形式观念的最简单派艺术家的建筑。经济学的要求和效用显示了现代建筑的“原则”可能脱离所有的承认而容易被推翻。但是同样需要了解的是，这种相同的迫切要求是否有利可图以及目前所保留下来的图像传统究竟是什么。

人们尝试使这种传统合法化和赋予它权威性，这种权威性是庸俗作品在形式中所缺少的，因此这种尝试不是一种简单的恢复行为，它只有在完全意识到它想要代替什么的时候才被完成——不仅是抽象的和不能维持建筑中的意义的形式原则，而且包括只能以贫乏的形式表达意义的庸俗作品领域。

我们正在处理一种呈现为片断状态的传统。通过一定的过程这些片断可能被重新组装起来，但这个过程还远远没被弄清楚；但如果我们调查两组尝试恢复这种图像传统的建筑师的工作，我们就能看见这种努力在不同的方面的结果。第一组由一些美国建筑师组成，查尔斯·摩尔和文丘里也许是其中最有代表性的。摩尔使用所谓“比喻的片断”的东西，这些片断并未被组织成一个一致的系统。如同 19 世纪初期折衷主义者所做的那样，他没有尝试去重建整个建筑物的比喻系统。他宁愿使用孤立的和局部的图形，如屋顶、窗户和柱廊，而且以表现“现代”特征的方法组成它们——也就是说，依照语法来说，这种语法是功能性的肖像画语法关系，是一种濒临模仿品边缘（图 169、图 170）的语义关系。在摩尔和文丘里那里，图形符号很容易变成独立的，作为一种符号它不再被限制为建筑符号的特定种类。建筑被看作属于一个比较一般的符号系统，依照地方性的特殊环境，这个系

图169　纽约附近的住宅，摩尔和理查德·B.奥利弗（Ricard B.Oliver）设
▼计，1976年，南立面

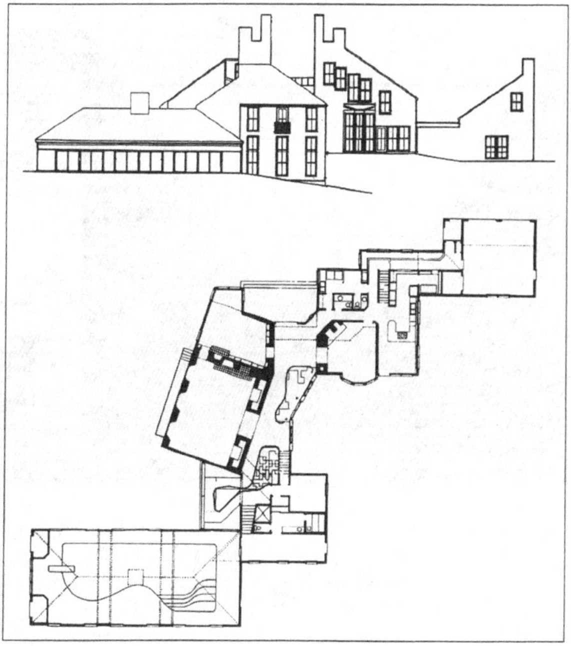

▲图170　纽约附近的住宅，南立面图（上）和底层平面图（下）

统的指示物可能是，也可能不是建筑本身。这些符号的环境性质维护自然主义的传统，这种传统强调设计的独特性，强调客户特别的品味。

第二组建筑师由阿尔多·罗西和意大利新理性主义者组成。除去最普通的类型，罗西的作品尝试摆脱一切，并尝试避免那些依照特殊情况发生的偶然的东西（图 171、图 172）。使用特别的图形符号，不是因为它们在特别的文脉中或与特别的功能的关联中唤醒联想，而是因为它们暗示原型的能力——这种原型被认为属于建筑本身的独立传统。这些符号的“理想”性质属于意识形态的一个框架，试图将建筑复原为一种集体的

▲图171　小学校，法拉诺·奥罗纳（Fagnano Olona），罗西、G.布拉菲厄里（G.Braghieri）及A.坎塔弗拉（A.Cantafora）设计，1927年

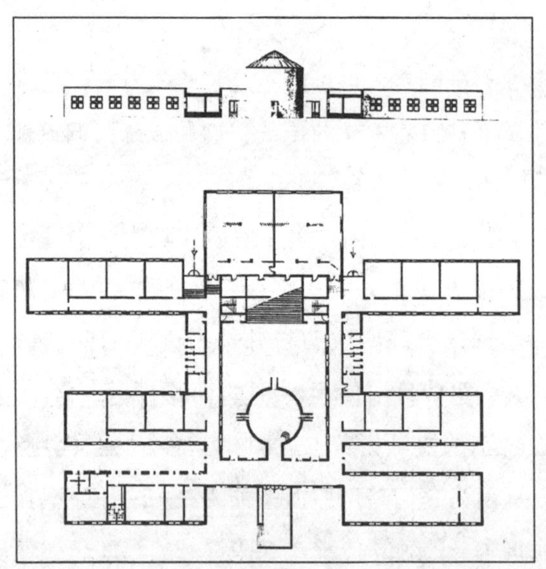

▲图172　小学校，服务区立面（上），首层平面图（下）

经验。

但是无论有什么不同，新现实主义者和新理性主义者都拒绝将建筑简化为纯粹的形式。两者都接受建筑的图形符号传统和它的语义内涵。那么这些图形符号传统如何在他们的作品中再现呢？它当然不是在修辞上整个再现“失去的传统”。图形传统的恢复仰赖一个程序，在这个过程中比较旧的语言碎片被重复使用。而且，指示物不是那些最初的传统，整体上而言它们是一组属于文化的思想，建筑语言是文化整体的一部分。在对传统的现代恢复中，正在被提到的东西同样是建筑的形式符号。原先作为内容的表现形式现在变成内容本身。我们正在面对一种元语言——一种讲述它本身的建筑语言。

在这种建筑中，传统的“片段”被再分配使用。摩尔和文丘里的作品由碎片组成的性质是非常明显的。但是在罗西的作品中它并不那么清晰，因为他公开声明有重建“整个”建筑的意图。但是当我们在与技术的关系中看待它的时候，他的作品能合法地应用“片段”术语这一点是明确的。正因为罗西要求一种普遍性，这个关系就变成十分紧要的了。摩尔和文丘里的作品没有这种主张：他们在任何已存在的实用技术极限里进行生产，而且他们生来的权限（小设计项目，主要是私人房屋）避免了与“先进”技术的冲突。另一方面，尽管在文章中罗西表示需要回应技术上的进步，然而在许多作品中他仍暗示要回避这个规则。他想要说的东西似乎是旧技术持有较多借喻能力（图 173）。历史的形象符号是有

▲图173　位于基耶提（Chieti）的学生住宅，罗西、布拉菲厄里及坎塔弗拉设计，1976年，透视图

效的，因为这些图像易受象征要求的影响，这是一种历史的需要。如果我们引用一种特别的风格，不是因为这种风格的图形符号在保留历史记忆的过程中积累了意义（这种历史将是纯粹联想主义的），而是因为这种风格对普遍的意义敞开了大门。我们可以因为简单的理由引用该样式，其原因即在于所采用的技术仍然是完全合理和可实行的（即使它们不可能把我们技术上的能力伸展到极限）。我们必须引用样式，因为任何到达图形符号“零程度”的尝试（即达成形式）将自动将我们导向能够看到这些普遍意义的未来历史时代。

但是当整个建筑的象征主义停留在它所被附着的历史技术上的时候，建筑将它本身从某种富有特性的现代生产方法上脱离开来。建筑保留了人的视觉幻象，因为建筑技术的不平衡发展，这种幻象可能在私人委托（甚至可能规模非常大）中实现，但是在经济规律施以影响的地方可能遭到潜在的抵抗。在社会中“理性的”一词所指的东西就是“实用的”。在建筑的修辞时代中，实用论的要求与象征形式的要求不是对立的；今天它们倒常是这样。

因此，我们必须将建筑图形符号的回归看作对有关片断组合规律的服从，我们在其他“现代”艺术中看到这种片段组合正在进行——这种片段存在于作品本身中，也存在于它们社会背景中。在排除了任何对过去风格的参照之后，现代建筑采取了类似以十二音律对抗主调音乐系统的立场。但与音乐不同，现代建筑合理地被授权对“真正的”世界进行转换。如果建筑已经放弃这个要求，那它必须接受另一个角色，大体上讲这个角色类似于其他艺术与文化——在这个角色中产生一个“可能的”和“虚拟的”世界。经过建筑图形符号的使用，传统意义的恢复不再像它在修辞学传统中那样整合出完整的表现系统。

注

导言　现代建筑与历史性

1. 参见埃尔温·帕诺夫斯基（Erwin Panofsky），《理想：艺术理论的一个观念》（*Idea*：*A Concept in Art Theory*），约瑟·皮克（J.S.Peake）翻译，[纽约：哈珀与罗有限公司（Harper & Row）出版，1974年]，第40页。

2. 参见威特科尔·鲁道夫（Rudolf Wittkower），《人本主义时代的建筑原则》（*Architectural Principles in the Age of Humanism*）[纽约：兰登书屋（Random House），1962年]；同样，亨利·米隆（Henry Millon），《在文艺复兴艺术中的"乔吉奥建筑理论"》（*"The Architectural Theory of Francesco di Giorgio" in Renaissance Art*），克赖顿·吉尔伯特（Creighton Gilbert）出版（纽约：哈珀与罗有限公司，1970年）。

3. 参见威特科尔·鲁道夫，《哥特式对古典式：在17世纪意大利建筑设计》（*Gothic versus Classic*：*Architectural Projects in Seven-teeth-Century Italy*），[纽约：乔治·布拉吉勒公司（George Braziller，Inc.），1974年]，第23页。

4. 起源的神话总是同时包括神的和人类的两方面解释。马克 - 安东尼 • 洛热（Marc-Antoine Laugier）关注的对象与维特鲁威（Vitruvius）的不完全相同。不管这种解释是神的还是人类的，总会涉及对古代文本的注释。然而尽管崇尚经验的克里斯托弗 •雷恩（Christopher Wren）相信柱廊来自神圣洞穴的理论，但他基本上仍然遵照圣经和维特鲁威的架构进行工作。而且即便是劳吉尔，如安东尼 • 维德勒（Anthony Vidler）在他不久后就要出版的关于勒杜（Ledoux）的艺术一书中指出的，建筑的原始“瞬间”被寓言般地显示为自然向建筑的转化。当作为发展的历史代替了作为系谱的历史，真正的变化就将伴随着实证哲学而出现，而起源的问题就随之消失了。

5. 比较“任意的美”（珀劳尔特）和“习惯的美”的范畴（雷恩）。但至少在雷恩来说，经验主义不能只停止在描述上，而必须建立在永恒的法则上；几何学是天然美的来源，而习惯美是提供“错误的盛大场合”。参见沃尔夫冈 • 赫尔曼（Wolfgang Herrmann）《克劳德 • 珀劳尔特的理论》（*The Theory of Claude Perrault*）[伦敦 : A. 威默有限公司（A.Zwemmer Ltd.）,1973 年]；以及《雷恩家族的传记》[Parentalia（*Memoirs of the family of the Wrens*）],第一版 [伦敦 : T. 奥斯本（T.Osborn）,1750 年]；摹写本 [范伯格，汉斯（Farnborough，Hants），格莱戈出版社（Gregg Press），1965 年]。

6. C. 戴 • 路易斯，《诗的图像》（*The Poetic Image*，

伦敦，1947年），如卡斯坦·哈里斯（Karsten Harries）在“隐喻和超越”中所引述的，《批评的质询》（*Critical Inquiry*），Vol.5，1978年。

7. 恩斯特·卡西雷尔，《有关人的一篇评论》（*An Essay on Man*）[纽黑文（New Haven）：耶鲁大学出版社（Yale University Press），耶鲁，平装版，1962年]，第119页。

8. 事实上，这种情况同样适用于自然语言。这里在语言和艺术之间所做的区分——在什么是传统的和什么是固定的之间，以及什么是有根据的和什么是自由的之间——只有严格地采用索绪尔式的想法才能成立。最近在构造主义批评中发生的重心变化，即从关心句子的结构到关心本文整体的变化，这种想法已被盎格鲁-撒克逊的新批评主义和某些俄国形式主义所接受。举例来说，在20世纪20年代的文章中，V.N. 沃洛西诺夫（V.N.Voloshinov）[或许是M.M. 巴克丁（M.M.Bakhtin）的笔名]写道：“复合句结构是语言学延伸的最远的界限。全部发音结构的发挥被某些（索绪尔式）语言学家留给了修辞学和诗学。语言学缺乏对全部形式构成的任何研究”[《马克思主义和语言的哲学》（*Marxism and the Philosophy of Language*），纽约和伦敦：塞米纳出版社（Seminar Press），1973年]。也可参见保罗·里克尔（Paul Ricoeur），《隐喻的规则》（*The Rule of Metaphor*）[伦敦：罗德里格（Routledge）和凯甘·保罗（Kegan Paul），1978年]。

9. 这是卡特勒梅尔·德坎西（Quatremere de Quincy）使用“类型”一词的感觉。

10. 在《城市建筑》(*L'Architettura della Città*)[Padua：马尔西利奥（Marsilio）出版社，1966年；英文版，剑桥，马萨诸塞州：麻省理工学院出版社，1982年]一书中，阿尔多·罗西（Aldo Rossi）提出建筑与功能没有什么关系，但只有当我们用实证主义的观点来解释“功能”时这一点才是真实的。事实上，罗西对类型学的使用和美国“现实主义者”对类型学的使用之间最大的不同在于，他的建筑物像是暗示一种早先使用过的一般性类型。鉴于此，曼弗雷多·塔富里（Manfredo Tafuri）认为他所使用的是“空的符号”，因此是很难理解的。

11. 在里奥珀尔多·冯·兰克（Leopold von Ranke）的历史决定论中讨论隐含的决定论时，阿纳尔多·莫米利亚诺（Arnaldo Momigliano）提到：“如果上帝存在于个别的事实中，我们为什么应该关心宇宙的历史？如果上帝不存在于个别的事实中，上帝又如何能存在于宇宙历史中？”[《古代和现代历史编纂学》(*Essays in Ancient and Modern Historiography*)，“回顾历史相对论”随笔（牛津：巴兹尔·布拉克维尔（Basil Blackwell），1977年)，第366页]。

12.《艺术史的原则》(*Principles of Art History*)，M.D.霍丁格（M.D.Hottinger）翻译[纽约：多佛出版公司（Dover Publications，Inc.)，1950年]。

第一章　现代建筑与符号的向度

第一节　现代建筑运动

1. 雷纳·班纳姆,《第一代机器的理论和设计》(纽约: Praeger, 1960 年), 第 14 页。

2. 查理·勃朗（1813 ~ 1882 年）是 *Grammaire des Art du Dessin* 的作者 [巴黎 : Vve J. 瑞纳德（Vve J. Renouard), 1870 年]。

3. 泰奥迪勒·阿尔芒·里博（1839 ~ 1916 年）出版了数本有关心理学的著作，这些著作是以实证哲学家和机械学家的观点来写的。

4、5. 班纳姆,《第一代机器的理论和设计》, 第 327、325 页。

第三节　形式与功能的相互作用：对柯布西耶两件后期建筑作品的研究

6. 勒·柯布西耶,《走向新建筑》(巴黎 : G.Cres et Cie, 1923 年)；柯布西耶和皮埃尔·让纳雷（Pierre Jeanneret),《作品全集》(*Oeuvre Complète*) 1910 ~ 1929 年 [苏黎世: 葛斯博格（Girsberger）版本, 1937 年]。

第二章　类型和它的转换

第一节　类型学与设计方法

1.《结构人类学》(*Structural Anthropology*)，克莱尔·雅各布森（Claire Jacobson）和布鲁克·格伦德费斯特（Brooke Grundfest）翻译，纽约：基础丛书（Basic Books），1963 年，第 50 页。

2. 弗里德曼在 1966 年建筑协会举行的演讲中讨论了这个有争议的问题。

3.《运动中的视觉》(*Vision in Motion*)[芝加哥：保罗·西奥博尔德（Paul Theobald），1947 年]，第 68 页。

4. 有趣的是这本书出版以后，据说中国人事实上变更了他们的交通信号灯的意义。

5. 对于语言作为象征表现的一个系统的研究，参见卡西尔，《象征形式的哲学》(*The Philosophy of Symbolic Forms*)，拉尔夫·曼海姆（Ralph Manheim）翻译 [纽黑文：耶鲁大学出版社（Yale University Press），1957 年]。对于语言的讨论与文学的关系（语言分析用的语言），参见罗兰·巴特（Roland Barthes），《批评文集》(*Essais Critiques*)（巴黎：Edition du Seuil，1964 年）。

第二节　柯布西耶作品中的概念转移

6. 雷纳·贝内沃洛（Leonardo Benevolo）在其《现代建筑历史》(*History of Modern Architecture*) 中记录了这一观点，2 vols.[剑桥：麻省理工学院出版社（MIT

Press)，1971 年]。

7. 科林 • 罗和罗勃特 • 斯卢茨基，《透明：文字的和现象的》，第 2 部分，Perspecta，No.13 ～ 14（1971 年），第 287 ～ 301 页。

8. 肯尼思 • 弗兰普顿，“人类学者与功利的理想”，《建筑设计》（*Architectural Design*），38（1968 年 3 月），第 134 ～ 136 页。

9. “许多现代艺术家……他们相信能建立多维的真正空间……洛巴切夫斯基（Lobachevsky）和高斯最先证明欧几里得空间只表现了其他无数空间中的一个情形。然而我们的视觉不能觉察这些空间……我们只能改变我们的物理空间的形式，但不能改变它的结构”[利西茨基《俄国：为世界革命的建筑》（*Russia*：*An Architecture for World Revolution*），剑桥，马萨诸塞州：麻省理工学院出版社，1970 年，第 145 ～ 146 页]。

10. 这项惊人的观察是由罗伯特 • 麦克斯韦尔（Robert Maxwell）提供给我的。

第三节　规则、现实主义与历史

11. 《俄国形式主义者的批评：四篇评论》（*Russian Formalist Criticism*：*Four Essays*），翻译及介绍李 • T. 莱蒙（Lee T.Lemon）和马里恩 • J. 赖斯（Marion J.Reis），《语言学》[林肯：内布拉斯加大学（University of Nebraska），1965 年]，第 82 ～ 83 页。

12. 在这里我并不关注艺术的标准是否以自然为基础这一问题。这个问题属于认识论的问题，有其漫长的和复杂的历史，而且，作为一个问题，它在不同历史时期表现为不同的外观。在文艺复兴时代，艺术的规律被认为像神一样被预先注定。随着资产阶级的崛起和经验主义的发展，艺术的基准开始被认为存在于感觉和思想的联系中（也就是说，在主体中而不是在客体中），而且它们的普遍性被认为是社会的习俗。但是从 18 世纪起，而且随着大众文化和消费主义的发展，社会的习俗遗失了它们的主导力量，而且产生了不一致性（表现在折中派中），这种结果当然是先锋派艺术尝试再发现原型和使主题还原为心理学甚至生理学规律的理由之一。同时出现了一个相反的趋势——作为对社会功能的一项研究，符号不再像它在 18 世纪所被认知的那样是标准社会习俗的自然反映，而是无论在什么样的社会里，在它所表现出的一般化的形式中，作为构成事实上而非价值上的系统，基本上是任意的和惯性的。这篇评论强调建筑符号的性质、惯性的层面，可能无法完全洞察建筑符号的滑稽的外观，且并不涉及符号受到历史所限而反映出来的意识形态的意义。

第四节　阿尔托：类型对应功能

13.《记忆的破裂：关于阿尔托的类型学设计观念的一篇评论》，《建筑设计》49，No. 5 ~ 6（1979 年）：第 143 ~ 148 页。

14. 参见卡尔 • 弗莱德（Karl Fleig）出版的由亨利 • N. 傅雷（Henry N.Frey）翻译的《作为城镇标志的水塔》，《弗莱德和阿尔托之间的对话》（*Conversation*

between Karl Fleig and Alvar Aalto)，1969 年夏季特刊，阿尔托，1963 ～ 1970 年（纽约：Praeger，1971 年），第 13 页。

第三章　建筑与城市

第一节　超大街区

1. 格鲁利奥·卡洛·阿尔甘（Giulio Carlo Argan），《文艺复兴城市》（*The Renaissance City*），苏珊·埃德娜·巴斯奈特（Susan Edna Bassnett）翻译（纽约：乔治·布拉吉勒公司，1969 年）。

2. 如卡尔·波普（Karl Popper）指出的那样，注意到这种学说是有用的和形而上学的这一点很重要；现代科学的发展是基于这一事实，即理想的世界要服从于洞察力必须被审视并构成预测的基础。参见波普《推测和反驳：科学知识的成长》（*Conjectures and Refutations*：*The Growth of Scientific Knowledge*）（纽约：哈珀与罗有限公司，1968 年）。

3. 海伦·罗斯诺（Helen Rosenau）引述并翻译，《建筑的社会目的：巴黎和伦敦的比较，1760 ～ 1800 年》（*Social Purpose in Architecture*：*Paris and London Compared*，*1760 ～ 1800*）（伦敦：工作场所街景，1970 年），第 15 页；原始资料：Ph.Buonarotti，Histoire de la conspiration pour l'égalitédite de Babeuf(巴黎,1850年)，第 146 页。

4.《城市不是一棵树》,选自《建筑论坛》(*Architectural Forum*)第 122 期(1965 年 4 ~ 5 月):第 58 ~ 61 页。

5. 阿尔多・范艾克(Aldo van Eyck)公正地批评了亚历山大(Alexander)的论点,指出他的控制论模型在一个分等级的结构城市中运作得与未分等级的结构城市同样正常。被亚历山大描述的那些程序可能是必需的,但不是充分的。亚历山大创造的心智图像是完善的、深奥的和连续的。同样,它在操作的层面上是一个图像,并且忽略了它的目的论,这个目的论假定操作必须有某种的意义。理想是什么?"城市"本身"适应"这个理想吗?

6. 参见罗西,《城市建筑》(*Padua*:*Marsilio Editori*,1966,Engl. 版,剑桥,马萨诸塞州:麻省理工学院出版社,1982 年);柯林・罗和佛瑞德・克特尔(Fred Koetter),《拼贴城市》(Collage City,剑桥:麻省理工学院出版社,1978 年)。

7. 相比其他国家,这种现象也许更具有盎格鲁 - 撒克逊人国家的特性,尽管它迄今似乎扩大到各种文化,因而变成都市文化问题。

8. 事实上它是文艺复兴城市的"非规划性的"部分,并非真正提供这种图像的中世纪城市。富有特性的街道是那些包含有一定数量商人用房的街道,在那里巨额的财富展示其社会地位——利用这一点作为廉价住屋的炫耀,则为荒谬。

9."转喻"一词在这里被用在罗曼・雅各布森

（Roman Jakobson）所界定的语义和位置方面，见“两种语言状况和两种类型的失语症扰乱”，选自《对儿童语言和失语症的研究》（*Studies in Child Language and Aphasia*）（海牙：Mouton & Co.，1971 年）或文选，Vol.2，第 239 ~ 259 页。

10. 这里我不关心市场研究是否能提供比已经贬值的或简化的既有传统更多的东西。我只关心事实。

第二节　比希尔中心

11. 戴维·梅勒（David Mellor），“赫兹伯格（Hertzberger），比希尔中心综合性办公室建筑，阿珀尔多伦（Apeldoorn）”，《建筑设计》第 49 期，No. 2（1974 年）：第 108 ~ 117 页。

第三节　比奥博格高地

12. 蓬皮杜中心和（英国）国家剧院的同时出现，不但以实例巧妙地说明了两个国家的不同文化观，其差异也反映在建造周期上，国家剧院用了 15 年，蓬皮杜中心则用了 5 年。

13. 乔治·蓬皮杜中心（L'enjeu du Centre Georges Pompidou）（巴黎，1976 年）。

14. 亚瑟·O. 拉伍伊卓（Arthur O.Lovejoy），《假说中的卢梭原始主义》，选自《思想史随笔》（*Essays in the History of Ideas*）[巴尔的摩：约翰·霍普金斯出版社（Johns Hopkins Press），1948 年]。

15. 柯布西耶，《保卫建筑》，由乔治·拜尔德（George Baird）注释翻译，见《反对派》第 4 页（1974 年 10 月）：第 93 ~ 108 页。

16. 克劳德·莫拉尔（Claude Mollard），乔治·蓬皮杜中心，第 154 页。

第四节 构架与架构

17. 班纳姆，《巨型结构：最近的都市未来》（纽约：哈珀与罗有限公司，1968 年，Icon 版本，1976 年），第 9 页。

18. 奇萨·罗萨（Chiesa Rossa）集合住宅由乔治·贝（Giorgio Bay）在米兰综合理工学院设计，整个小区则由罗多维科·夸罗尼（Lodovico Quaroni）和他的小组设计。

19. 班纳姆，《巨型结构：最近的都市未来》，第 188 ～ 189 页。

20 ～ 24. 约瑟夫·雷科沃特（Joseph Rykwert），《城镇的概念：罗马、意大利和古代世界中的都市形式人类学》（*The Idea of a Town：The Anthropology of Urban Form in Rome，Italy and the Ancient World*，伦敦：Faber & Faber，1976 年），第 24、194、195、86、87 页。

25. 詹姆斯·伯德（James Bird），《中心和城市》（*Centrality and Cities*）（伦敦和波士顿：罗特里格与保罗·凯根公司，1977 年）。

26. 曼弗雷多·塔富里，《建筑和理想国》（*Architecture and Utopia*），芭芭拉·路易贾·拉彭塔（Barbara Luigia LaPenta）翻译，（剑桥，马萨诸塞州：麻省理工学院出版社，1976 年）。

27 ～ 30. 尼古劳斯·佩夫斯纳，《建筑类型的历史》（普林斯顿，新泽西州：普林斯顿大学出版社，1976 年），第 293 页。

第四章　历史与建筑符号

第一节　历史主义与符号学的极限

1.“语言的现象学”,《符号》(*Signs*)[埃文斯通(Evanston),伊利诺伊州:西北大学出版社(Northwestern University Press),1964年],第84～97页。

2.由诺曼·乔姆斯基(Noam Chomsky)引述和翻译,《笛卡尔的语言学:理性主义者思想历史的章节》(*Cartesian Linguistics*:*A Chapter in the History of Rationalist Thought*)(纽约:哈珀与罗有限公司,1966年),第53页。

3.大卫·休谟(David Hume),《一个关于人类理解的质询》(*An Inquiry Concerning Human Understanding*),查尔斯·W.韩德尔(Charles W.Hendel)出版[印第安那波里(Indianapolis):鲍伯斯·麦尔公司(Bobbs-Merrill Company Inc.),1955年],第93页。

4.卢梭,《社会契约论》,柯尔(G.D.H.Cole)翻译[纽约:E.P.杜顿公司(E.P.Dutton&Company,Inc.),1950年],第3页。

5.弗里德里希·恩格斯(Friedrich Engels),《路德维希·费尔巴哈和古典德国哲学的终结》(*Ludwig Feuerbach and the Outcome of Classical German Philosophy*),C.P.杜特(C.P.Dutt)出版[纽约:国际出版人(International Publishers),1935年],第44页。

6.《现代建筑和历史学家,或对历史主义的回归》,

RIBA 杂志，68，1961 年 4 月，第 230 ~ 237 页。

7. 恩格斯，《路德维希·费尔巴哈》和古典德国哲学的终结，第 59 页。

8. 参见奥托·安东尼亚·格拉夫（Otto Antonia Graf），《*Die Vergessene Wagnerschule*》（维也纳：Verlag Jugend & Volk，1969 年）。

9. 威廉·沃林格（Wilhelm Worringer），《抽象化和移情作用：对风格心理学的贡献》（*Abstraction and Empathy : A Contribution to the Psychology of Style*），迈克尔·布洛克（Michael Bullock）翻译 [纽约：国际大学出版社（International Universities Press），1953 年]。

10. 柯布西耶，《保护建筑》，《反对派 4》（1974 年 10 月）：第 93 ~ 108 页。

11. 罗兰·巴特，《今日神话》，《神话》（*Mythologies*），安妮特·拉弗（Annette Lavers）翻译（纽约：Hill and Wang，1972 年），第 133 页。

12. 克劳德·列维 - 施特劳斯（Claude Levi-Strauss），《生与熟：对神话科学的介绍》（*The Raw and the Cooked : Introduction to a Science of Mythology*）约翰和多利恩（John and Doreen）翻译（纽约：哈珀与罗有限公司，1969 年）。

13. 这像是某记号学家的观点，举例来说，亚伯拉罕·莫尔斯（Abraham Moles），《传播理论和审美知觉》（*Information Theory and Esthetic Perception*），乔尔·E. 科恩（Joel E.Cohen）翻译 [乌尔班纳（Urbana）：伊利诺伊州大学出版社（University of Illinois Press），1966 年]。

14. 让·皮亚热（Jean Piaget），《构造主义》（*Structuralism*），马斯克勒（Chaninah Maschler）翻译和出版[纽约：Basic Books，Inc.，1970年]。

第二节　符号与实体：对复杂性、拉斯维加斯和奥伯林的反思

15～16. 罗伯特·文丘里，《建筑的复杂性与矛盾性》（纽约：现代艺术博物馆，Donbieday & Co.，1966年），第46～47页，第26页。

17. 塔富里，《建筑的理论和历史》（*Theories and History of Architecture*）（纽约：哈珀与罗有限公司，1980年），第213～214页。

18. 罗伯特·文丘里，《建筑的复杂性与矛盾性》，第29页。

19～21. 罗伯特·文丘里、布朗和史蒂文·艾泽努尔（Steven Izenour），《向拉斯维加斯学习》（剑桥，马萨诸塞州：麻省理工学院出版社，1972年），第128、106、105页。

22.《装饰不是罪恶》，《国际工作室》（*Studio International*），Vol.190（1975年10月），第91～97页。

23. 罗伯特·文丘里、布朗和史蒂文·艾泽努尔，《向拉斯维加斯学习》，第163页。

24. 对于"品味的折衷主义"的定义参见亨利·罗素·希契科克（Henry Russell Hitchcock），《现代建筑：浪漫精神和复兴》（*Architecture：Romanticism and Reintegration*）[纽约：涡流艺术书屋（Hacker Art Books），1970年]；第一版（纽约：Payson & Clarke，公司，1929年）。

第三节　贡布里希和黑格尔主义传统

25 ～ 26. 贡布里希，《寻找文化的历史》，[牛津：克拉伦登出版社（Clarendon Press），1969 年，第 13、37 页]。

27. 提到由黑格尔的传统的衰弱所引起的两难困境，贡布里希写道："文化不可能被全部映射出来，文化的任何元素都不能以单独的方式被了解。"（《寻找文化的历史》，第 41 页）

28.《寻找文化的历史》，第 25 页。事实上，经验主义历史和某种历史哲学的趋向之间的对立可以追溯到 19 世纪初期。这已经暗示在威廉・冯・洪堡（Wilhelm Von Humboldt，1821 年）发表的评论《关于历史学家的任务》中，在文章中他对以终极原因解释历史的哲学诱惑提出警告，并认为它是一个目的论的过程。虽然在推测上这是对启蒙思想的一个批评，但它预示了一些反黑格尔的历史学家的立场，如利奥波德・冯・兰克（Leopold von Ranke）。由此看来，贡布里希的反黑格尔主义似乎属于历史主义思想传统的一部分。

29. 贡布里希，《寻找文化的历史》，第 30 页。

30. 贡布里希，《艺术的社会史》，《关于一匹木马的沉思和关于艺术理论的评论》（*Meditations on a Hobby Horse and Other Essays on the Theory of Art*），第二版（纽约：Phaidon 出版者公司，1971 年），第 90 页。

31 ～ 32. 贡布里希，《寻找文化的历史》，第 38、43 页。

33. 贡布里希，《符号图像：文艺复兴的艺术研究》（*Symbolic Images Studies in the Art of Renaissance*）（伦

敦: Phaidon 出版社有限公司，1972 年)，第 8 页。

34. 贡布里希,《艺术和幻影：绘画再现的心理学的研究》(*Art and Illusion : A Study in the Psychology of Pictorial Representation*) [纽约：帕提农丛书公司（Pantheon Books，Inc.)，1960 年]。

35. 贡布里希引述,《符号图像》，第 13 ~ 14 页。资料来源：圣托马斯·阿基纳（St.Thomas Aquinas)，Quaestiones quodlibetales，P. 芒多内（P.Mandonnet）出版（巴黎，1926 年)，VII14，第 275 页。

36. “如果我们想以开放的心态理解人类最优秀的创造，我们就一定要学习和传授比前一代更深刻的文化历史”(阿基纳,《寻找文化的历史》，第 45 页)。

第四节　巴黎美术学院的设计方案

37. 爱德蒙德·伯克（Edmund Burke),《关于壮观和美丽概念的起源的哲学探索》(*A Philosophical Enquiry into the Origin of Our Ideas of the Sublime and the Beauiful*),出版: 詹姆士 •T. 布康（James T.Boulton) [圣母玛利亚，印第安纳州: 圣母玛利亚大学出版社，(Notre Dame University Press)，1968 年]。

38. 尤金 - 伊曼纽尔·维奥莱 - 勒 - 杜克（Eugène-Emmanuel Viollet-le-Duc),《关于建筑的对话》(*Discourse on Architecture*)，第 17 节对话，本杰明·布克纳尔（Berrjamin Bueknell）翻译 [纽约：小树林出版社（Grove Press)，1959 年]，第 264、278、280 ~ 281 页。

39. 参见吉尔·富兰克林（Jill Franklin),《爱德华时代的蝶形住宅》，《建筑回顾》（*The Architectural Review*），157 期（1975 年 4 月），第 220 ～ 225 页；圣安德鲁（Andrew Saint），理查德 • 诺曼 • 肖（Richard Norman Shaw）（纽黑文，康涅狄格：耶鲁大学出版社，1976 年），第 332 页。圣安德鲁认为在切斯特（英国城市，柴郡首府。——译者注）的乡村房子（1891 ～ 1893 年）是肖蝴蝶形平面的源泉，但是肖一定很熟悉《对话》（*Entretiens*）这本书，至少有一点是可能的，即他受到勒 - 杜克的豪邸平面的影响。

第五节　从凑合到神话，或如何将一堆东西结合在一起

40.《"欧洲的涂鸦" 5×5=25》，《反对派》，第 5 期（夏季特刊，1976 年），第 37 页。

41. 迈克尔 • 格雷夫斯和卡罗尔 • 康斯坦（Carol Constant），《瑞典的联系》，《建筑教育日记》（*Journal of Architectural Education*），1975 年 9 月。

第六节　形式与图像

42. 我在这里使用的分类法是马里奥 • 甘代尔索纳斯（Mario Gandelsonas）在《反对派》第 5 期（夏季特刊，1976 年）《新功能主义》中所采用的，虽然"现实主义者"术语允许有不同的解释，概念十分含糊，如马丁 • 期坦曼（Martin Steinmann）和布鲁诺 • 赖希林（Bruno Reichlin）的"Zum problem der innerarchitektonischen Wirklichkeit"，"Realismus in der Architektur"等，《建筑》（*Archithèse*）第 19 期（1976 年）第 3 ～ 11 页。在为这一

问题所作的论述中。斯坦尼斯洛斯·冯·莫斯（Stanislaus von Moos）提醒人们注意这两种定义之间的不一致。

43. 迈克尔·巴克森德尔，乔托（Giotto）和奥拉托斯（Orators），《有关意大利绘画的人类学者的观察和对绘画构图的发现》（*Humanist Observers of Painting in Italy and the Discovery of Pictorial Composition*），1350～1450年（牛津：克拉伦登出版社，1971年）；以及《15世纪意大利的绘画和经验画：绘画风格的社会历史入门》（*Painting and Experience in Fifteeth-Century Italy：A Primer in the Social History of Pictorial Style*）（牛津：克拉伦登出版社，1972年）。

44. 莱昂内·巴蒂斯塔·阿尔伯蒂（Leone Battista Alberti），《关于绘画》（*On Painting*），纳翰·R. 斯宾塞（John R.Spencer）翻译（纽黑文，康涅狄格：耶鲁大学出版社，1956年）。

45.《天上的大厦》(*Heavenly Mansions*)[纽约:W. W. 诺顿（W.W.Norton），1963年]；第一版.[伦敦：灯号出版社（Cresset Press），1949年]。

46. 这个判断明显地受到卡特勒梅尔的影响，雷恩的几何学观念和卡特勒梅尔的类型观念都是以不同的方式参照旧的象征传统。现代抽象形式产生的相似的参照在某种程度上至少敞开了问题的大门。

47. 查理·爱德华·让纳雷-格里斯和阿梅代·奥藏方，《纯粹主义》，《新精神》（*L'Esprit Noureau*），第4期（巴黎：新精神版本，1920年）。

参考书目

建筑历史、理论与批评

Alberti, Leone Battista. L'architettura(De re aedificatoria). Edited by Giovanni Orlandi, introduction by Paolo Portoghesi. Milan:II Polifilo, 1966.

Argan, Giulio Carlo. The Renaissance City. Translated by Susan Edna Bassnett. New York:George Braziller, Inc., 1969.

Banham, Reyner. Theory and Design in the First Machine Age. New York:Praeger Publishers, Inc., 1960.

——. Megastructure:Urban Futures of the Recent Past. New York:Harper&Row, Icon Editions, 1976.

Choay, Francoise. L'Urbanisme, Utopies et Realties: une anthologie. Paris:Editions du Seuil, 1965.

Herrmann, Wolfgang. Laugier and Eighteenth-Century French Theory. London:A. Zwemmer Ltd., 1962.

——.The Theory of Claude Perrault. London:A. Zwemmer Ltd., 1973.

Hitchcock, Henry Russell. Modern Architecture: Romanticism and Reintegration. New York:Hacker Art

Books, 1970.

Jencks, Charles, and Baird, George, editors. Meaning in Architecture. New York:

George Braziller, Inc., 1969.

Kaufman, Emil. Architecture in the Age of Reason; Baroque and Post-Baroque in England, Italy, and France. Cambridge, Massachusetts:Harvard University Press, 1955.

Le Corbusier, Precisions sur un etat present de l'architecture et de l'urbanisme. Paris:

Les Editions G. Cres et Cie, 1930.

Lissitzky, El. Russia:An Architecture for World Revolution. Translated by Eric Diuhosch. Cambridge, Massachusetts: MIT Press, 1970.

Lynch, Kevin. The Image of the City. Cambridge, Massachusetts:MIT Press and Harvard University Press, 1960.

Quatremere de Quincy, Antoine-Chrysostome. Dictionnaire Historiqiie d'Architecture. Vols. 1, 2. Paris: Librairie D'Adrien Le Clere, 1832.

Rossi, Aldo. L'architettura della cifta. Padua:Marsilio Editori, 1966. English ed. Cambridge. Massachusetts:MIT Press, 1982.

Rowe, Colin. The Mathematics of the Ideal Villa and Other Essays. Cambridge, Massachusetts:MIT Press, 1976.

Schuyler, Montgomery. American Architecture and Other Writings. Edited by William H. Jordy and Ralph

Coe. Cambridge, Massachusetts:Harvard University Press, Belknap Press, 1961.

Summerson. John. Heavenly Mansions. New York:W. W. Norton & Co., 1963.

Tafuri, Manfredo. Teorie e storia dell'architeti. ura. Bari, Rome:Laterza, 1968. English ed. Theories and History of Architecture. New York:Harper & Row, 1980.

Venturi, Robert. Complexity and Contradiction in Architecture. New York:The Museum of Modern Art, 1966.

——;Scott Brown, Denise;and Izenour, Steveii. Learning from Las Vegas. Cambridge, Massachusetts:MIT Press, 1972.

Viollet-le-Duc, Eugene-Emmanuel. Entretiens sur l'architecture. Paris:A. Morel et Ciė Editeurs, 1872. Englished. Discourses on Architecture. Translated by Benjamin Bucknell. New York: Grove Press, 1959.

Wittkower, Rudolf. Architectural Principles in the Age of Human-ism. New York:Random House, 1962.

美学、艺术史与语言学

Barthes, Roland. Mythologies. Translated by Annette Lavers. New York:Hill and Wang, 1972.

Baxandall, Michael. Painting and Experience in Fifteenth-Century Italy:A Primer in the Social History of

Pictorial Style. Oxford:Clarendon Press, 1972.

Benveniste, Emile-Problems in General Linguistics. Translated by Mary Elizabeth Meek. Coral Gables, Florida: University of Miami Press, 1971.

Croce, Benedetto. Guide to Aesthetics. Bari:G. Laterza, 1920. Translated by Patrick Romanell. Indianapolis:Bobbs-Merrill, 1965.

Culler, Jonathan D. Ferdinand de Saussure. New York:Penguin Books, 1977.

Engels, Friedrich. Ludwig Feuerbach and the Outcome of Classical German Philosophy. Edited by C. P. Dutt, New York:International Publishers, 1935.

Foucault, Michel. The Order of Things:An Archaeology of the Human Sciences. New York:Pantheon Books, 1971.

Gombrich, E. H.. In Search of Cultural History. Oxford: Clarendon Press, 1969.

——. Meditations on a Hobby Horse and Other Essays on the Theory of Art. New York:Phaidon Publishers, Inc., 1971.

——. Symbolic Images:Studies in the Art of the Renaissance. London:Phaidon Press, Ltd., 1972.

Herbert, Robert L., ed. Modern Artists on Art:Ten Unabridged Essays. Englewood Cliffs, New Jersey: Prentice-Hall, Inc., 1964.

Jakobson, Roman. Selected Writings. 5 vols. The

Hague: Mouton & Co., 1971.

Kandinsky, Wassily. Point and Line to Plane: Contribution to the Analysis of the Pictorial Elements. Translated by Howard Dearstyne and Hilla Rebay;Edited by Hilla Rebay. New York:Solomon R. Guggenheim Foundation for the Museum of Non-Objective Painting, 1947.

Lemon, Lee T., Reis. Marion J., trans. Russian Formalist Criticism:Four Essays. Lincoln:University of Nebraska Press, 1965.

Levi-Strauss, Claude. The Savage Mind. Chicago: University of Chicago Press, 1966.

——. The Raiv and the Cooked:Introduction to a Science of Mythology:I. Translated by John and Doreen Weightman. New York:Harper & Row, 1969.

Merleau-Ponty, Maurice. Signs. Translated by Richard C. McCleary. Evanston, Illinois:Northwestern University Press, 1964.

Moore, C., ed. Charles Sounders Peirce:The Essential Writings. New York:Harper&Row.

Ozenfant, Amedee Foundations of Modern Art. Translated by John Rodker. New York:Dover Publications, Inc., 1952.

Panofsky, Erwin. Idea:A Concept in Aft Theory. Translated by Joseph J. S. Peake. New York: Harper & Row, 1960.

——. Meaning in the Visual Arts:Papers in and on Art History. Garden City, New York:Doubleday & Co., Inc., Anchor Books, 1955.

Poggioli, Renato. The Theory of the Avant-Garde, Translated by Gerald Fitzgerald. Cambridge, Massachusetts:Harvard University Press, Belknap Press, 1968.

Popper, Karl. Conjectures and Refutations:The Growth of Scientific Knowledge. New York:Harper&Row, 1968.

Richards, Ivor Armstrong. The Philosophy of Rhetoric. New York, London:Oxford University Press, 1936.

Ricoeur, Paul. The Rule of Metaphor. London: Routledge and Kegan Paul, 1978.

Saussure, Ferdinand de. Course in General Linguistics. Translated by Wade Baskin. Edited by Charles Bally and Albert Reidlinger. New York:McGraw-Hill, 1966.

Voloshinov, V. N.. Marxism and the Philosophy of Language. Translated by Ladislav Matejka and I. R. Titunik. New York and London:Seminar Press, 1973.

Williams, Raymond. Culture and Society, 1780-1950. New York:Columbia University Press, 1958.

Wolfflin, Heinrich. Renaissance and Baroque. Translated by Kathrin Simon. Ithaca, New York:Cornell University Press, 1966.

——. Principles of Art History:The Problem of the Development of Style in Later Art. Translated by M. D.

Hottinger. New York:Dover Publications, Inc., 1950.

Worringer, Wilhelm. Abstraction and Empathy:A Contribution to the Psychology of Style. Translated by Michael Bullock. New York:International Universities Press, Inc., 1953.

图版引用

All Le Corbusier illustrations are under copyright by SPADEM,Paris/VAGA.New York,1981.

1,2 Reprinted from Douglas Stephen,Kenneth Frampton,and Michael Carapetian,British Buildings,1960-196U(London:A. & C.Black,Ltd.,1965).

3.10,13,20,25,67,70,71,76,88,91,92,108,113,114,117,167 Courtesy Alan Colquhoun.

4.31,48 Reprinted from Le Corbusier,Oeuvre Complete 1952-1957(Zurich:Editions Girsberger,1957).

5-9,11,12,14-16,18,36 Reprinted from Le Corbusier, Oeuvre Complete 1957-1965(Zurich:Editions Girsberger,1965).

17,29,30 Reprinted from Le Corbusier,Oeuvre Complete 193U-1938(Zurich:Editions Girsberger,1946).

19,27,33 Reprinted from Le Corbusier,Oeuvre Complete 1929-1934(Zurich:Editions Girsberger,1938).

21,35 Reprinted from Le Corbusier,Oeuvre Complete 1938-1946(Zurich:Editions Girsberger,1946).

22 Reprinted from 0.A.Shvidkovsky,editor,Building in the USSR 1917-1932(New York:Praeger Publishers,

Inc.,1971).

23,24,51 Photographs by F.R.Yerbury.Collection of The Architectural Association,London.

26,38,40,46,47,54,131,139 Reprinted from Le Corbusier,Oeuvre Complete 1910-1929(Zurich:Editions Girsberger,1946).

28 Reprinted from Hans M.Wingler,Bauhaus:Weimar,Dessau,Berlin,Chicago(Cambridge,Mass.:MIT Press,1978).

32 Foto Gabinetto Nazionale.

34,43 Reprinted from Le Corbusier,Oeuvre Complete 1946-1952(Zurich:Editions Girsberger,1952).

37,55-59.61,64 Reprinted from Karl Fleig,editor,Alvar Aalto 1922-1962(Zurich:Girsberger,1963),courtesy of Architectural Publishers Artemis Zurich.

39 Reprinted from Michel Gallet,Stately Mansions(New York:Praeger Publishers,Inc.,1972).

41 Reprinted from Le Corbusier Precisions sur un etat present de l'architecture et de Vurbanisme(Paris:Les Editions G.Cres et Cie,1930).

42,45 The Museum of Modem Art,New York.

44,166 Reprinted from Le Corbusier,Towards a New Architecture(New York:Praeger Publishers,Inc.,1960).

49 Reprinted from Oppositions 15/16,Winter/Spring 1979.

52 Reprinted from Philippe Boudon,Lived-In Architecture:Le

Corbusier's Pessac Revisited (Cambridge,Mass.:MIT Press,1972).

53 Reprinted from Francesco Moschini,editor,Aldo Rossi:Projects and Drawings 1962-1979(New York:Rizzoli International Publications,Inc.,1979).

54,90 Courtesy Herman Hertzberger.

60 Reprinted from Frederick Gutheim,Alvar Aalto (New York:George Braziller Inc.,1960).

63 Courtesy the MIT Museum and Historical Collections.

65,66 Reprinted from Karl Fleig,editor,Alvar Aalto 1962-1970(New York:Praeger Publishers,Inc.,1971),courtesy of Architectural Publishers Artemis Zurich.

68,77 Reprinted from Giulio C.Argan,The Renaissance City (New York:George Braziller Inc.,1969).

69 Fratelli Alinari,Florence.

72 Reprinted from Leonardo Benevolo,The Architecture of the Renaissance,vol.1(Boulder,Colorado:Westview Press,1978).

74 Reprinted from Dimore Genovese(Milan:Edizioni Alfieri,1956).

75 Reprinted from Jacob Burckhardt,The Civilization of the Renaissance in Italy(New York:Harper&Row,Publishers,Inc.,1958).

78,79,82,87 Reprinted from Leonardo Benevolo, History of Modern Architecture(Cambridge,Mass.:MIT

Press,1971).

80,156 Reprinted from Marcel Raval,Claude-Nicholas Ledoux,Architecte dzi Roi,1736-1806(Paris,1945).

81 Reprinted from Helen Rosenau.Etienne-Louis Boullee(London:Academy Editions).

83 Reprinted from Maria Lul'sa Borras and Joan Valles,Ltuis Domenech i Montaner(Barcelona:Ediciones Poli'grafa,S.A.,1971).

84 Reprinted from Stanislaus yon Moos,Le Corbusier: Elements of a Synthesis(Cambridge,Mass.:MIT Press,1979).

85 Courtesy Rockefeller Center,Inc.,New York.89 Courtesy the Public Archives of Canada.

93 David Sweet,Fredericksburg,Va.

94 Reprinted from Architectural Review 156,December 1974.

95,96,98a Courtesy Herman Hertzberger,reprinted from Architecture Plus(Sept.-Oct.1974).

97 Courtesy Herman Hertzberger.Photograph by Rudolf Menk.

98b Courtesy Willem Diepraam.

99 Courtesy French Embassy Press & Information Division,New York.

Photograph by A.M.Markarians.

100-104 Courtesy Alan Colquhoun,reprinted from Architectural Design,Vol.47,No.2,1977.

105,106,110,112,115,116 Reprinted from Progressive Architecture,October,1977.

107 Reprinted from the October 1977 issue of Progressive Architecture,copyright 1977,Reinhold Publishing.

109,111 Reprinted from Werk-Archithese,No.7-8,Vol.64,July-August 1977.

118,119 Reprinted from Keith Andrews,The Nazarenes(Oxford:Clarendon Press,1964).

120 Reprinted from Timothy J.dark,The Absolute Bourgeois,18^8-1851(New York Graphic Society).

121 Metropolitan Museum of Art,New York.

122 Reprinted from Robert Rosenblum,Ingres(New York:Harry N.Abrams,Inc.,n.d.).

124-126 Reprinted from Arthur Drexler,editor,The Architecture of the Ecole des Beaux-Arts(New York:The Museum of Modern Art,1977).125 Courtesy the Centre de Recherches sur les Monuments Historiques,Palais de Chaillot,Paris.

127-129 Reprinted from AD Profiles 17," The Beaux-Arts."

130,132,133,136,138,140,141,143,146,148-155,157-159,161 Courtesy Michael Graves.

134,135 Courtesy Peter Eisenman.

137 Reprinted from Global Architecture 46,1977.

142 Courtesy Michael Graves.Photograph by Yukio

Futagawa.

144,145,147 Norman MeGrath,New York.

160 Courtesy Michael Graves.Photograph by Laurin McCracken.

162 Reprinted from Masaccio Frescoes in Florence (Paris:New York Graphic Society,1956).

164 Reprinted from Marc Antoine Laugier,Essai sur I'architecture(Paris:Chez Duchesne,1753).

165 Reprinted from Visionary Architects: Boullee, Ledoux,Lequeu (Houston, Texas:University of St. Thomas, 1963).

168 Reprinted from Piet Mondrian(Basel:Edition Galerie Beveler,n.d.)

BEELDRECHT,Amsterdam/VAGA,New York,1981.

169,170 Reprinted from L'Architecture d'Aujourd'hui, March-April,1976.

171-173 Reprinted from Lotus 15,June 1977.

人名中英文对照

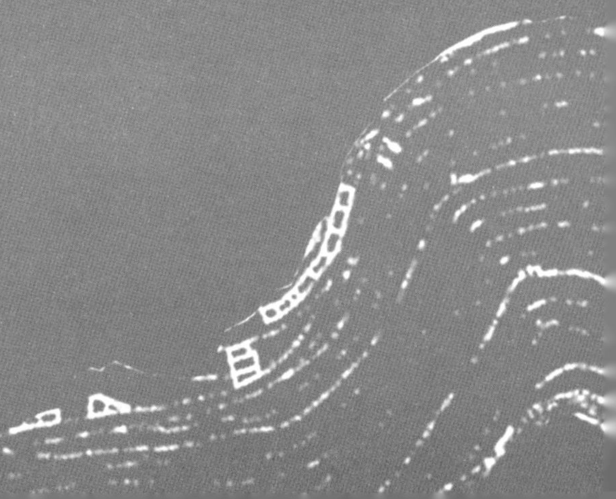

伯德，詹姆斯（Bird，James）

勃朗，查理（Blanc，Charles）

布隆代尔，J.F（Blondel，J.F.）

布勒，皮埃尔（Boulez，Pierre）

部雷（Boullee，Etienne-Louis）

布罗林，布伦特·C.（Brolin，Brent C.）

布鲁内莱斯基，菲利普（Brunelleschi，Filippo）

博纳罗特（Buonarotti，Ph）

伯克哈特，雅各布（Burckhardt，Jacob）

伯克，爱德蒙德（Burke，Edmund）

伯恩-琼斯，爱德华（Burne-Jones，Edward）

伯纳姆，丹尼尔（Burnham，Daniel）

C

卡德伯里-布朗，H.T.（Cadbury-Brown H.T.）

康迪利斯，若西克和伍兹（Candilis，Josic and Woods）

卡西雷尔，恩斯特（Cassirer，Ernst）

塞尚，保罗（Cezanne，Paul）

查理奥，佩瑞（Chareau，Pierre）

奇萨罗萨（Chiesa Rossa）

舒瓦西，奥古斯特（Choisy Auguste）

乔姆斯基，诺曼（Chomsky，Noam）

奇塔（Citta-Territorio）

科洪，艾伦（Colquhoun，Alan）

康奈尔，瓦尔德和卢卡斯（Connell，Ward & Lucas）

康斯坦，卡罗尔（Constant，Carol）

克罗齐，贝内代托（Croce，Benedetto）

D

德·索绪尔，费尔南（de Saussure，Ferdinand）

多米尼安尼，卡恰（Dominiani，Caccia,）
德雷瑟，克里斯托弗（Dresser，Christopher）
杜伊克，约翰内斯（Duiker，Johannes）
迪朗，让 - 尼古拉 - 路易（Durand，Jean-Nigolas-Louis）

E

埃姆斯，查尔斯（Eames Charles）
埃伦克兰茨，埃兹拉（Ehrenkrantz Ezra）
埃菲尔，古斯塔夫（Eiffel Gustav）
爱因斯坦，阿尔伯特（Einstein，Albert）
艾森曼，彼得（Eisenman，Peter）
伊利亚德，米尔恰（Eliade，Mircea）
艾普森，威廉（Empson，Wiliam）
恩格斯，弗里德里希（Engels，Friedrich）
厄斯金，拉尔夫（Erskine，Ralph）

F

菲德勒，康拉德（Fiedler，Konrad）
弗莱格，卡尔（Fleig，Karl）
傅立叶，查理（Fourier，Charles）
弗兰普顿，肯尼思（Frampton，Kenneth）
富兰克林，吉尔（Franklin，Jill）
弗洛伊德，西格蒙德（Freud，Sigmund）
弗里德曼，约拿（Friedman，Yona）
富勒，巴克敏斯特（Fuller，Buckminster）

G

甘代尔索纳斯，马里奥（Gandelsonas，Mario）
加尼尔，查尔斯（Garnier，Charles）

高斯，卡尔·弗里德里希（Gauss，Karl Friedrich）

吉耶蒂恩，西格弗里德（Giedion，Sigfried）

哥德尔，库尔特（Gödel，Kurt）

贡布里希，E.H.（Gombrich，E.H.）

格拉夫，奥托，安东尼亚（Graf，Otto，Antonia）

格雷夫斯，迈克尔（Graves，Michael）

格罗皮乌斯，瓦尔特（Gropius，Walter）

高德特，朱立恩（Gaudet，Julien）

H

哈布凯恩，尼古拉斯（Habraken，Nicholas）

黑林，胡戈（Häring，Hugo）

豪泽，阿诺德（Hauser，Arnold）

豪斯曼，乔治（Haussmann，George）

黑格尔，乔治·威廉·弗里德里希（Hegel，Georg Wilhelm Friedrich）

赫尔德，J.G. 冯（Herder，J.G.von）

赫尔曼，沃尔夫冈（Herrmann，Wolfgang）

赫兹博格，赫曼（Hertzberger，Herman）

希珀达姆斯（Hippodamus）

希契科克，亨利，罗素（Hitchcock，Henry，Russell）

霍布斯，托马斯（Hobbes，Thomas）

霍奇金森，帕特里克（Hodgkinson，Patrick）

霍夫曼，约瑟夫（Hoffmann，Josef）

雨果，维克多（Hugo，Victor）

霍塔，维克托（Horta，Victor）

赫伊津哈，约翰（Huizinga，Johan）

洪堡，威廉·冯（Humboldt，Wilhelm von）

休谟，大卫（Hume，David）

I

艾泽努尔，史蒂文（Izenour，Steven）

J

K

L

勒克，让 - 雅克（Lequeu，Jean-Jacques）
列维 - 施特劳斯，克劳德（Levi-Strauss，Claude）
路易斯，C. 戴（Lewis C.Day）
利普斯，特奥多尔（Lipps，Theodor）
利西茨基，埃尔（Lissitzky，El）
洛巴切夫斯基，尼古拉（Lobachevsky，Nikolai）
洛克，约翰（Locke，John）
卢斯，阿道夫（Loos Adolf）
拉伍卓伊，A.O.（Lovejoy，A.O.）
卢钦戈，阿努尔夫（Lüchinger，Arnulf）
卢蒂恩斯，爱德温（Lutyens，Edwin）
林奇，凯文（Lynch，Kevin）

M

槙文彦，（Maki，Fumihiko）
马尔多纳多，托马斯（Maldonado，Tomas）
马丁，莱斯利（Martin Leslie）
马克思，卡尔（Marx，Karl）
麦克斯韦尔，罗勃特（Maxwell，Robert）
麦金，查尔斯（McKim，Charles）
麦金，米德和怀特（McKim Mead & White）
梅勒，大卫（Melior，David）
梅洛 - 蓬蒂（Merleau-Ponty）
迈尔，汉内斯（Meyer，Hannes）
密斯 • 凡德罗，路德维希（Mies van der Rohe，Ludwig）
米隆，亨利（Millon，Henry）
莫霍伊 - 纳吉，拉斯洛（Moholy-Nagy，Laszlo）
莫尔斯，亚伯拉罕（Moles，Abraham）
莫拉尔，克劳德（Mollard，Claude）
莫米利亚诺，阿纳尔多（Momigliano，Arnaldo）
蒙德里安，皮耶（Mondrian，Piet）

N

O

P

Q

夸罗尼，罗多维科（Quaroni，Lodovico）

卡特勒梅尔·德坎西，安托尼·克里索斯托姆（Quatremere de Quincy，Antoine Chrysostome）

R

兰克，利奥波德·冯（Ranke，Leopold von）

赖希林，布鲁诺（Reichlin，Bruno）

里博，泰奥迪勒·阿尔芒（Ribot，Theodule Armand）

里卡多，哈尔塞（Ricardo，Halsey）

理查森，亨利·霍布森（Richardson，Henry Hobson）

里克尔，保罗（Ricoeur，Paul）

罗斯诺，海伦（Rosenau，Helen）

罗西，阿尔多（Rossi，Aldo）

卢梭，让-雅克（Rousseau，Jean-Jacques）

罗，柯林（Rowe，Colin）

鲁道夫，保罗（Rudolph，Paul）

拉斯金，约翰（Ruskin，John）

雷科沃特，约瑟夫（Rykwert，Joseph）

S

萨里宁，埃罗（Saarinen，Eero）

萨夫蒂，摩西（Safdie，Moshe）

圣安德鲁（Saint，Andrew）

圣伊利亚，安东尼奥（Sant'Elia，Antonio）

夏隆，汉斯（Scharoun，Hans）

舍恩贝格，阿诺德（Schoenberg，Arnold）

斯科特，杰佛里（Scott，Geoffrey）

T

U

V

韦斯宁兄弟（Vesnin brothers）

维德勒，安东尼（Vidler，Anthony）

维尼奥拉，贾科莫达（Vignola，Giacomo da）

维奥莱-勒-杜克，尤金-伊曼纽尔（Viollet-le-Duc，Eugène-Emmanuel）

维特鲁威（Vitruvius）

威瓦尔第，安东尼奥（Vivaldi，Antonio）

沃洛希诺夫（Voloshinov，V.N）

冯・莫斯，斯坦尼斯劳斯（Von Moos，Stanislaus）

W

瓦格纳，奥托（Wagner，Otto）

韦伯恩，安东（Webern，Anton）

威廉斯，雷蒙德（Williams，Raymond）

威特科尔，鲁道夫（Wittkower，Rudolf）

韦尔夫林，海因里希（Wölfflin，Heinrich）

伍兹，谢德拉克（Woods，Shadrach）

沃林格，威廉（Worringer，Wilhelm）

雷恩，克里斯托弗（Wren，Christopher）

赖特，弗兰克・劳埃德（Wright，Frank Lloyd）

克塞纳斯基，扬尼斯（Xenakis，Yannis）